计 算 机 科 学 丛 书

密码工程
原理与应用

尼尔斯·弗格森（Niels Ferguson）

[美] 布鲁斯·施奈尔（Bruce Schneier） 著 赵一鸣 沙朝锋 李景涛 译

大仓河野（Tadayoshi Kohno）

Cryptography Engineering
Design Principles and Practical Applications

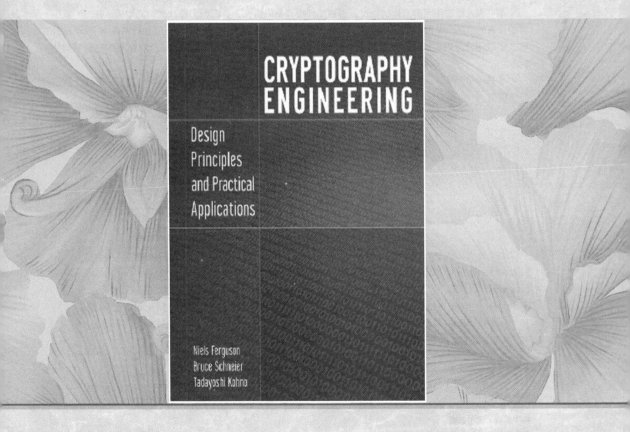

机械工业出版社
China Machine Press

图书在版编目（CIP）数据

密码工程：原理与应用 /（美）尼尔斯·弗格森（Niels Ferguson）等著；赵一鸣等译 .
—北京：机械工业出版社，2017.7
（计算机科学丛书）
书名原文：Cryptography Engineering: Design Principles and Practical Applications

ISBN 978-7-111-57435-4

I. 密… II. ① 尼… ② 赵… III. 密码学 IV. TN918.1

中国版本图书馆 CIP 数据核字（2017）第 167697 号

本书深入地探讨明确具体的协议，讲述如何设计密码协议，分析做出设计决策的原因，并指出其中可能存在的陷阱，从而帮助读者像密码学家一样思考。本书分为五部分，第一部分对密码学进行概述，第二到四部分分别讲述消息安全、密钥协商、密钥管理方面的内容，第五部分介绍标准和专利等其他问题。

本书可作为高等院校计算机安全和密码学相关专业的教材或教学参考书，也可作为应用密码工程的自学指南。

出版发行：机械工业出版社（北京市西城区百万庄大街 22 号　邮政编码：100037）
责任编辑：迟振春　　　　　　　　　　　　责任校对：殷　虹
印　　刷：中国电影出版社印刷厂　　　　　版　　次：2018 年 1 月第 1 版第 1 次印刷
开　　本：185mm×260mm　1/16　　　　　印　　张：16
书　　号：ISBN 978-7-111-57435-4　　　　定　　价：79.00 元

凡购本书，如有缺页、倒页、脱页，由本社发行部调换
客服热线：（010）88378991　88361066　　　投稿热线：（010）88379604
购书热线：（010）68326294　88379649　68995259　　读者信箱：hzjsj@hzbook.com

版权所有·侵权必究
封底无防伪标均为盗版
本书法律顾问：北京大成律师事务所　韩光 / 邹晓东

文艺复兴以来，源远流长的科学精神和逐步形成的学术规范，使西方国家在自然科学的各个领域取得了垄断性的优势；也正是这样的优势，使美国在信息技术发展的六十多年间名家辈出、独领风骚。在商业化的进程中，美国的产业界与教育界越来越紧密地结合，计算机学科中的许多泰山北斗同时身处科研和教学的最前线，由此而产生的经典科学著作，不仅擘划了研究的范畴，还揭示了学术的源变，既遵循学术规范，又自有学者个性，其价值并不会因年月的流逝而减退。

近年，在全球信息化大潮的推动下，我国的计算机产业发展迅猛，对专业人才的需求日益迫切。这对计算机教育界和出版界都既是机遇，也是挑战；而专业教材的建设在教育战略上显得举足轻重。在我国信息技术发展时间较短的现状下，美国等发达国家在其计算机科学发展的几十年间积淀和发展的经典教材仍有许多值得借鉴之处。因此，引进一批国外优秀计算机教材将对我国计算机教育事业的发展起到积极的推动作用，也是与世界接轨、建设真正的世界一流大学的必由之路。

机械工业出版社华章公司较早意识到"出版要为教育服务"。自1998年开始，我们就将工作重点放在了遴选、移译国外优秀教材上。经过多年的不懈努力，我们与Pearson，McGraw-Hill，Elsevier，MIT，John Wiley & Sons，Cengage等世界著名出版公司建立了良好的合作关系，从他们现有的数百种教材中甄选出Andrew S. Tanenbaum，Bjarne Stroustrup，Brian W. Kernighan，Dennis Ritchie，Jim Gray，Afred V. Aho，John E. Hopcroft，Jeffrey D. Ullman，Abraham Silberschatz，William Stallings，Donald E. Knuth，John L. Hennessy，Larry L. Peterson等大师名家的一批经典作品，以"计算机科学丛书"为总称出版，供读者学习、研究及珍藏。大理石纹理的封面，也正体现了这套丛书的品位和格调。

"计算机科学丛书"的出版工作得到了国内外学者的鼎力相助，国内的专家不仅提供了中肯的选题指导，还不辞劳苦地担任了翻译和审校的工作；而原书的作者也相当关注其作品在中国的传播，有的还专门为其书的中译本作序。迄今，"计算机科学丛书"已经出版了近两百个品种，这些书籍在读者中树立了良好的口碑，并被许多高校采用为正式教材和参考书籍。其影印版"经典原版书库"作为姊妹篇也被越来越多实施双语教学的学校所采用。

权威的作者、经典的教材、一流的译者、严格的审校、精细的编辑，这些因素使我们的图书有了质量的保证。随着计算机科学与技术专业学科建设的不断完善和教材改革的逐渐深化，教育界对国外计算机教材的需求和应用都将步入一个新的阶段，我们的目标是尽善尽美，而反馈的意见正是我们达到这一终极目标的重要帮助。华章公司欢迎老师和读者对我们的工作提出建议或给予指正，我们的联系方法如下：

华章网站：www.hzbook.com

电子邮件：hzjsj@hzbook.com

联系电话：（010）88379604

联系地址：北京市西城区百万庄南街1号

邮政编码：100037

华章教育

华章科技图书出版中心

译 者 序

Cryptography Engineering: Design Principles and Practical Applications

随着信息科学技术的高速发展和广泛应用，人类社会进入信息时代。信息技术改变着人们的生活和工作方式，同时也使得信息存在着严重的不安全性、危险性及脆弱性，更容易被窃听、篡改和破坏，信息安全问题越来越成为全社会关注的焦点，并成为制约信息技术应用发展的主要瓶颈之一。密码学作为实现信息安全的核心技术，在保障信息安全的应用中具有基础性的意义，已成为信息安全应用领域人员必须了解的基础知识。近年来国内外出版了大量适合学习和了解密码学的系列书籍，从各个层面为人们展示了密码学的基本概念、基本理论和实用技术。但多数密码学书籍通常侧重于密码算法的设计以及密码协议的工作过程，而对"如何在构建信息安全系统时正确实现密码协议"介绍较少。事实上，如果在实际使用中出现问题，对信息系统的安全造成的损害可能会更大。

由 Niels Ferguson、Bruce Schneier 和 Tadayoshi Kohno 编写的这本书，让读者像密码工程师一样思考，体会将加密技术构建到产品中的技术，并领悟应用过程中的技术变化。本书涵盖了密码学的所有主要领域，对明确具体的协议的实现问题进行了深入的分析，并且每章的应用实例和动手练习利于读者更好地理解密码学知识。本书明确描述了密码学的现实约束，侧重探讨如何设计并实现一个安全的密码系统。

本书三位作者在设计和构建密码系统方面都有丰富的实践经验，Niels Ferguson 参与设计了著名密码算法 Twofish，Bruce Schneier 已在安全领域出版了 14 部著作，包括著名的《应用密码学》，Tadayoshi Kohno 是华盛顿大学的教授，他们三位还是 Skein 散列函数设计团队的成员。他们对密码算法设计到使其成功工作所需的基础设施实现上的各个环节都十分清楚，因此本书对用密码算法构建安全信息系统具有极强的指导价值，是有关密码协议设计与实现的不可多得的参考书，也适合相关课程作为教材使用。鉴于本书的特点，在出版社邀请我翻译本书时，我欣然答应。我拿到书后认真阅读并做了摘记，深有启发，深深认同书中的观点：密码学研究中，通常关注密码算法的安全性问题，而很少关注算法实现过程中的问题，较少考虑密码算法用来构建安全的信息系统过程中可能存在的安全隐患（这种隐患不是算法本身所造成的，而是在实现过程中可能出现的问题）。

感谢我的学生丁圣龙、朱晗、刘雨阳、冯超逸在我所做摘记基础上做了部分扩充工作，使得翻译工作得以延续，之后李景涛老师、沙朝锋老师和我对全书进行了完整翻译，最后我对全书进行了审定和修改。由于译者的知识和翻译水平有限，对于本书中出现的错误，恳请广大读者批评指正。

本书翻译过程中，得到了出版社负责本书编辑出版工作的相关人员的支持和鼓励，他们工作认真，一丝不苟，为出版付出了大量辛勤劳动，在此表示衷心的感谢！

赵一鸣

2017 年 10 月

大多数图书涵盖了"密码学是什么?"——现在的密码是如何设计的,以及现有的密码协议(如 SSL / TLS)是如何工作的。Bruce Schneier 的早期著作《应用密码学》(Applied Cryptography)[⊖]就是这样。这样的书对于任何密码领域的人都是非常有价值的参考书,但与现实中密码工程师和安全工程师的需求有差距。密码工程师和安全工程师不仅需要知道当前的密码协议如何工作,还需要知道如何正确地使用密码。

要知道如何使用密码,人们必须学会像密码学家一样思考。本书旨在帮助你实现这一目标。我们通过深入的讨论做到这一点——对明确具体的协议进行深入的设计和分析,而不是对密码学中的所有协议进行泛泛的探讨。我们手把手地教你设计密码协议,分享我们做出某些设计决策的原因,并指出其中可能存在的陷阱。

通过学习如何像密码学家一样思考,你还将学习如何成为更聪明的密码使用者。你将能够查看现有的加密工具包,理解其核心功能,并了解如何使用它们。你还将更好地理解加密技术所涉及的挑战,以及如何克服这些挑战。

本书也是学习计算机安全的一本指导书。在许多方面,计算机安全是密码学的超集。计算机安全和密码学都是关于设计和评价以某些方式表现的对象(系统或算法)的,甚至在有对手的情况下。在本书中,你将学习如何在加密技术的背景下思考对手的行为。一旦知道如何像对手一样思考,你就可以将这种思维方式扩展到一般的计算机系统安全上。

历史

这本书基于 Niels Ferguson 和 Bruce Schneier 编著的《实用密码学》(Practical Cryptography),并由 Tadayoshi Kohno(Yoshi)增补内容修改而成。Yoshi 是华盛顿大学计算机科学与工程系教授,也是 Niels 和 Bruce 之前的同事。Yoshi 以《实用密码学》作为基础,将其修改为适合课堂使用和自学,同时保持了 Niels 和 Bruce 的原书主旨。

教学大纲

本书可以用作应用密码工程的自学指南,也可以用作教材。可以在关于计算机安全的一季度或一学期的课程中使用本书,例如作为 6 周或 10 周的密码学课程的基础教材,如果时间允许,还可以增加高级材料。为了方便课堂使用,我们提供以下几种可能的教学大纲。

下面的教学大纲适合于 6 周的课程。对于这一课程,假设第 1 章的内容在一般的计算机安全的更广泛背景下单独讨论,此处不考虑。

第 1 周:第 2 ～ 4 章;

第 2 周:第 5 ～ 7 章;

第 3 周:第 8 ～ 10 章;

第 4 周:第 11 ～ 13 章;

第 5 周:第 14 ～ 17 章;

⊖　本书已由机械工业出版社翻译出版,书号为 978-7-111-44533-3,定价为 79.00 元。——编辑注

第 6 周：第 18 ～ 21 章。

以下大纲是针对 10 周的密码学课程。

第 1 周：第 1 和 2 章；

第 2 周：第 3 和 4 章；

第 3 周：第 5 和 6 章；

第 4 周：第 7 和 8 章；

第 5 周：第 9 和 10 章；

第 6 周：第 11 和 12 章；

第 7 周：第 13 和 14 章；

第 8 周：第 15 ～ 17 章；

第 9 周：第 18 ～ 20 章；

第 10 周：第 21 章。

以下大纲适用于 12 周的课程，可以增加密码学或计算机安全的高级材料。

第 1 周：第 1 和 2 章；

第 2 周：第 3 和 4 章；

第 3 周：第 5 和 6 章；

第 4 周：第 7 章；

第 5 周：第 8 和 9 章；

第 6 周：第 9（续）和 10 章；

第 7 周：第 11 和 12 章；

第 8 周：第 13 和 14 章；

第 9 周：第 15 和 16 章；

第 10 周：第 17 和 18 章；

第 11 周：第 19 和 20 章；

第 12 周：第 21 章。

本书有几种类型的练习，建议你尽可能多地完成这些练习。其中包括传统的练习，旨在测试你对加密技术的理解。但是，由于我们的目标是帮助你学习如何在真实系统中考虑加密，所以还引入了一组非传统练习（参见 1.12 节）。密码学不是孤立存在的，而是由其他硬件和软件系统、人、经济、伦理、文化差异、政治、法律等组成的更大生态系统的一部分。非传统练习是明确设计的，以促使你在真实系统和周边生态系统的上下文中考虑加密。这些练习提供了将本书的内容直接应用到真实系统中的机会。此外，通过这些练习，随着学习的推进，你将看到自己的知识不断增加。

其他信息

虽然我们努力使本书没有错误，但是无疑错误不可避免。我们为本书维护了在线勘误表，使用此勘误表的方法如下。

- 阅读本书之前，请访问 http://www.schneier.com/ce.html 并下载当前的更正列表。
- 如果你在书中发现错误，请检查其是否已在列表中。如果它不在列表中，请发邮件到 cryptographyengineering@schneier.com。我们将把错误添加到在线列表中。

希望你有一个学习密码学的美好旅程。密码学是一个奇妙和迷人的主题，希望你从本书中学到很多东西，并且像我们一样享受密码工程。

致谢

非常感谢密码学和安全社区，如果没有他们在推进这一领域研究上所做的努力，本书是不可能出现的。本书还反映了我们作为密码学家的知识和经验，非常感谢我们的同行和导师帮助我们形成对密码学的理解。

感谢 Jon Callas、Ben Greenstein、Gordon Goetz、Alex Halderman、John Kelsey、Karl Koscher、Jack Lloyd、Gabriel Maganis、Theresa Portzer、Jesse Walker、Doug Whiting、Zooko Wilcox-O'Hearn 和 Hussein Yapit，他们对本书的早期版本给出了非常有价值的反馈意见。

本书的部分内容是在华盛顿大学的本科生计算机安全课程教学中得到发展和完善的，感谢所有学生和助教。特别感谢 Joshua Barr、Jonathan Beall、Iva Dermendjieva、Lisa Glendenning、Steven Myhre、Erik Turnquist 和 Heather Underwood，他们对本书提出了具体意见和建议。

感谢 Melody Kadenko 和 Julie Svendsen 在整个编写过程中的所有行政支持。感谢 Beth Friedman 对手稿所做的文字编辑。最后，感谢 Carol Long、Tom Dinse 和整个 Wiley 团队，他们鼓励我们准备本书，并一直给予我们帮助。

我们也感谢生活中所有其他人在幕后默默无闻地工作，使我们写成了本书。

2009 年 10 月

《实用密码学》前言

Cryptography Engineering: Design Principles and Practical Applications

在过去十年中，加密技术事实上对数字系统的安全性造成的损害更多，而不是更好地增强了它。密码学在 20 世纪 90 年代早期作为互联网的安全保障登上了世界舞台。一些人认为密码学是一个伟大的技术均衡器，一个将有最低的隐私保障需求的个人与最需要安全性保障的国家情报机构放在同样地位的数学工具。有些人认为，当政府失去在网络上当警察的能力时，它会成为国家垮台的武器。其他人认为它是毒贩和恐怖分子的可怕的完美工具，他们能够利用它非常安全地进行沟通。即使是那些具有更现实态度的人也认为密码学是一种能够在这个新的在线世界中实现全球商业化的技术。

十年后，这一切都没有得到验证。尽管密码学普遍存在，但国际互联网的国界更加明显。检测和窃听犯罪通信的能力与数学相比，更多地涉及政治和人力资源。个人仍然没有机会去与强大和资金充足的政府机构对抗。全球商业的兴起与密码学的普遍性没有关系。

在大多数情况下，加密技术只是承诺给互联网用户一种假的安全感，而不是提供安全性。除了攻击者，这对任何人都不利。

产生这种现象的原因与密码学作为数学科学的关系较少，而与作为工程学科的关系很大。我们在过去十年中开发、实现和现场使用了很多加密系统。我们不擅长的是将加密安全的数学理论承诺转化为现实。事实证明这是困难的部分。

太多的工程师认为加密是一种"魔法粉末"，它们可以洒在硬件或软件上，使这些产品具有神秘的"安全"属性。太多的消费者阅读写着"加密"的产品说明，并相信同样的安全魔法粉末。审查人员只是去比较密钥长度这样的东西，并且以此为基础声明某种产品比另外一种更加安全。

决定安全性的永远都是最弱的那个环节，而密码学中的数学几乎从来不是最弱的环节。密码学的基础是重要的，但更重要的是如何实现和使用这些基础。争论一个密钥应该是 112 位还是 128 位长相当于一个巨大的木桩撞到地面，并希望攻击者正好跑到木桩下。你可以争辩该木桩是 1 英里⊖还是 1.5 英里高，但攻击者只是走在木桩附近。安全是一个密码学的栅栏，它是使密码学变得有效的东西。

过去十年的密码学书籍促成了这个魔法光环。一本接着一本的书宣传 112 位三重 DES 加密的优势，却没有说应该如何生成或使用它的密钥。一本接着一本的书都提出了复杂的协议，却没有提到使得这些协议工作所必需的业务和社会上的限制。一本接着一本的书将密码学解释为一个纯数学理想，却没有现实的约束，但恰恰是那些现实世界中的约束代表着密码学魔法的诺言与数字安全的现实之间的差异。

《实用密码学》也是一本关于密码学的书，但它是一本"贬损"密码学的书。我们的目标是明确描述密码学的现实约束，并谈论如何设计安全密码系统。在某些方面，这本书是 Bruce Schneier 第一本书《应用密码学》的续集，《应用密码学》是十年前首次出版的。然而，虽然《应用密码学》给出了密码学的广泛概述和加密技术可以提供的无数可能性，但是比较局限而且主题集中。我们不给你几十个选择，而是给你一个选项，告诉你如何正确实现它。

⊖ 1 英里 =1609.344 米。

《应用密码学》显示了密码学作为数学科学的令人惊奇的可能性——什么是可能的，什么是可实现的，而《实用密码学》给设计和实现密码系统的人提供了具体的建议。

《实用密码学》是我们对弥合密码学的承诺和密码学的现实之间的差距所做的尝试。我们尝试通过这本书来教工程师如何使用加密来增加安全性。

我们有资格写这本书的原因是，我们两位都是经验丰富的密码学家。Bruce 以他的书《应用密码学》和《秘密和谎言》(Secrets and Lies) 以及他的通讯"Crypto-Gram"而知名。Niels Ferguson 在阿姆斯特丹的 CWI（荷兰国家数学和计算机科学研究所）建立了加密支付系统，后来任职于一家名为 DigiCash 的荷兰公司。Bruce 设计了 Blowfish 加密算法，我们两人都在设计 Twofish 的团队中。Niels 的研究促成了当前这一代高效匿名支付协议的第一个例子。我们的学术论文数量加起来达到了三位数。

更重要的是，我们在设计和构建密码系统方面都有丰富的经验。从 1991 年到 1999 年，Bruce 的咨询公司 Counterpane Systems 为世界上一些最大的计算机和金融公司提供设计和分析服务。最近，Counterpane Internet Security 公司已经向全球的大公司和政府机构提供了安全监控服务。Niels 在创立自己的咨询公司 MacFergus 之前，也在 Counterpane 公司工作。我们已经看到密码学在现实世界中的存在情况，它艰难地对抗着工程实现上的现实，甚至更糟糕的是，对抗着商业上的现实。我们有资格写这本书，是因为我们不得不一次又一次地为我们的咨询客户写这些同样的内容。

如何阅读本书

与其说《实用密码学》是一本参考书，不如说它是一本叙事书。它涉及从特定算法选择的密码系统的设计，到使其成功工作所需的基础设施实现上的各个环节。我们讨论单一的加密问题（一个让两个人能够安全沟通的方法），这是几乎每个密码应用程序的核心问题。为了这个目标，我们专注于一个问题和一个设计哲学，这样我们相信可以更多地教授密码工程的现实情况。

我们认为密码学是你可以通过数学得到的最有趣的内容。我们试图把这种乐趣渗透到这本书里，希望你能够喜欢这个结果。感谢你参与到我们的旅途中。

致谢

这本书是基于我们在密码学领域工作多年的共同经验写成的。非常感谢所有与我们合作的人。他们使我们的工作很有趣，帮助我们把洞察写成书。还要感谢我们的客户，不仅因为他们提供资金，使我们能够继续密码研究，也因为他们为我们提供了写这本书所必需的真实经验。

特别感谢以下这些人的工作：Beth Friedman 进行了非常有价值的编辑工作，Denise Dick 的校对工作大大提高了稿件质量，John Kelsey 提供了关于加密内容的有价值的反馈。还要感谢 Carol Long 和 Wiley 团队的其他成员将我们的想法付诸现实。

最后，要感谢世界上所有的程序员，他们一直在编写有加密功能的代码，并将其免费提供给了全世界。

Niels Ferguson
Bruce Schneier
2003 年 1 月

Niels Feiguso 的整个职业生涯都是密码工程师。在 Eindhoven 大学学习数学后，他在 DigiCash 分析、设计和实现用来保护用户隐私的高级电子支付系统。后来，他担任 Counterpane 公司和 MacFergus 公司的密码顾问，分析了数百个系统并参与了几十个系统的设计。他参与了 Twofish 分组密码设计，对 AES 做了一些最好的初步分析，并参与了现在 WiFi 所使用的加密系统的研发。自 2004 年以来，他在微软工作，帮助设计和实现 BitLocker 磁盘加密系统。他目前在 Windows 密码小组工作，负责 Windows 和其他微软产品中的加密实现。

Bruce Schneier 是国际知名的安全技术专家，被《经济学人》杂志称为"安全教父"。他是 14 本书的作者，其中包括畅销书《超越恐惧：在一个不确定的世界中明智地思考安全》《秘密和谎言》和《应用密码学》，并发表了数百篇文章和学术论文。他的很有影响力的通讯"Crypto-Gram"和博客"Schneier on Security"有超过 25 万读者。他是电视和广播电台的常客，并且他关于安全和隐私问题的言论经常被报纸引用。他曾多次在国会作证，并且曾在多个政府技术委员会任职。他是 BT（原英国电信）的首席安全技术官。

Tadayoshi Kohno（Yoshi）是华盛顿大学计算机科学与工程系教授。他的研究兴趣是提高当前和未来技术的安全性和隐私性。他在 2003 年对 Diebold AccuVote-TS 电子投票机的源代码进行了初步安全分析，并从此将研究领域转向了从无线植入式起搏器和除颤器到云计算的新兴安全技术。他获得了国家科学基金会 CAREER 奖和 Alfred P. Sloan 研究奖学金。2007 年，鉴于他对应用密码学的贡献，入选《麻省理工学院科技评论》全球青年科技创新人才榜（TR35），是 35 岁以下的世界顶级创新者之一。他在加州大学圣迭戈分校获得计算机科学博士学位。

Niels、Bruce 和 Yoshi 是 Skein 散列函数设计团队的成员，该团队是 NIST 的 SHA-3 竞赛的参与者之一。

概　　述

Cryptography Engineering: Design Principles and Practical Applications

密码学研究范围

密码学是一门关于加密的艺术和科学，至少在最初是这样的，如今该领域更广泛了，它涵盖了认证、数字签名以及更多基本的安全功能。密码学仍是一门科学和一门艺术：建立良好的密码系统需要科学背景以及在考虑安全问题时将经验和正确的心态结合起来的良方。本书的初衷就是帮助你培养这些关键的素质。

密码学是一个极其丰富的领域。一个密码学研究会议会涵盖各种主题，包括计算机安全、高等代数、经济学、量子物理学、民法和刑法、统计学、芯片设计、软件优化、政治、用户界面设计等。从某些方面来说，本书仅着重讨论密码学非常小的一部分：实际应用领域。我们的目的是教你在实际系统中实现密码技术。另外，本书能够帮助你获得安全工程方面更广泛的经验，同时能够培养你像安全专业人员一样思考密码学和安全问题的能力。本书丰富的内容有助于你解决各种安全方面的挑战，无论是否与密码学直接相关。

这个领域的多样性使得密码学成为一个令人神往的研究领域。这门学科涉及不同领域的交叉，需要学习来自各个领域的各种新知识和新思想，这也是密码学复杂难懂的原因之一。我们不可能完全理解密码学，也不可能完全了解密码学所有领域的知识，甚至没有多少人能够掌握大部分的密码学知识。当然，我们也不可能完全掌握本书主题所涉及的所有知识。因此你的密码学第一课是：保持批判的精神！不要盲目地相信任何内容，即使是被印成铅字的内容。你将看到保持这种批判精神是成为"专业偏执狂"的一个至关重要的因素。

1.1 密码学的作用

密码学本身没有价值，必须作为一个系统的一部分，以起到相应的作用。我们可以把密码学比作现实世界中的一把锁，锁本身是没有任何作用的，它需要一个大的系统来发挥作用。这个更大的系统可以是某座建筑的一扇门、一条锁链、一个保险箱等。这个大系统甚至可以扩展到使用锁的人：确保在必要时锁住系统并且保证钥匙不能被他人获取。同样，密码学也是作为一个更大的安全系统的一部分来发挥作用。

虽然密码学只是整个安全系统的一小部分，却是非常关键的一部分。密码学需要能够提供系统的访问控制功能。这是一个棘手的问题，因为安全系统多数部分像围墙和围栏一样将所有访问者拒之门外。在这里，密码学就起到了"锁"的作用：它必须识别哪些是合法访问，哪些是非法访问。这就比将所有用户拒之门外要困难得多。因此，密码和一些相关因素往往成为对任何安全系统的攻击点。

当然这并不意味着密码系统是整个系统中最脆弱的部分，在某些情况下，即使是一个糟糕的密码系统也要优于整个安全系统的其余部分。你可能见过一个银行的金库大门（至少从电影上）由 10 英寸⊖厚的坚固钢板与巨大的螺栓锁着，这让人印象深刻。而对于安装了一把

⊖ 1 英寸 =0.0254 米。

相同强度的数码保险锁的帐篷，人们往往只是考虑到了门的厚度，而没有去想帐篷本身是否可靠。同样，我们很容易去关注密码系统的密钥长度，却很少注意或修复 Web 应用中的缓冲区溢出漏洞，因此攻击者可以通过缓冲区溢出攻击系统，而绕过攻击系统的密码缺陷。只有当安全系统的其他部分都足够对抗攻击者的时候，密码系统才是真正有用的。

然而即使系统存在其他脆弱性，让密码系统良好运作也是很重要的。不同的脆弱性对不同的攻击者有不同的用处。例如，攻破密码系统的攻击者被发现的可能性较低，几乎不留痕迹，因为攻击者的访问看起来就像是合法的访问。这和现实生活中的偷窃类似，如果一个盗贼使用撬棍，你会马上发现发生了盗窃。如果窃贼采用开锁的方式，你可能永远不会发现发生过一宗盗窃案。很多攻击模式都会留下痕迹，或对系统造成某种干扰。然而对密码系统的攻击是难以被发现的，攻击者会进行一次又一次的攻击。

1.2 木桶原理

把下面这句话以很大的字体打印出来并贴在你显示器的顶端：

每个安全系统的安全性都取决于它最脆弱的环节。

每天都要读这句话并理解它的含义。安全系统之所以很难做到完全正确，木桶原理是最主要的原因之一。

每一个安全系统都是由很多部分组成的，我们必须假设对手是聪明的，显然会去攻击系统中最脆弱的那部分，这样其他部分的安全性就无关紧要了。就像在一条锁链上，最脆弱的那一环会最先断开，而其他环的坚固性就不重要了。

Niels 曾经在一幢每天晚上所有办公室的门都会锁好的办公楼中工作，听上去是不是非常安全？唯一的问题是这幢办公楼的天花板有些问题，因此你可以顶起天花板然后从门和墙上面爬过去。如果不考虑天花板，那么每一层楼就是一个小隔间，每个隔间都有门，每个门上都有锁。锁门当然会让窃贼更难得手，但同时也会让保安在巡夜时检查房间更加麻烦，因此我们并不能肯定锁门对整幢楼的安全性究竟是提高还是降低。在这个例子中，木桶原理告诉我们锁门并不是十分有效的。锁门可能提高了某一环节（门）的安全性，但是另一环节（天花板）仍然脆弱，因此锁门对整幢楼安全的作用非常有限，甚至有可能负面效果超过了正面作用。

为了提高系统的安全性，我们必须提高最脆弱环节的安全性。所以我们首先需要知道系统中都有哪些环节以及哪些环节是脆弱的，这可以用一个分层的树结构来完成。系统的每部分都有多个环节，同时每个环节还有子环节，我们可以将这些环节组织成一棵攻击树（attack tree）[113]。在图 1-1 中我们给出了一个例子，假如我们打算闯入一个银行金库，那么第一层环节包括墙、地板、门和天花板，冲破任何一个都可以让我们进入金库。现在详细地分析一下门，门这个系统也有它自己的环节：门框和墙之间的连接、锁、门自身、插销（使门固定在门框中）和铰链。我们可以继续讨论单独对锁的攻击线路，比

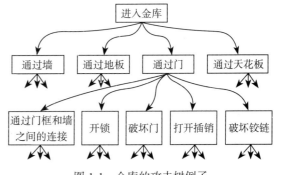

图 1-1 金库的攻击树例子

如获得钥匙，进而构建如何偷取钥匙的攻击树。

　　我们可以分析每个环节并把它细分为其他环节，直到每个环节都是单个模块。树例子对一个实际系统做如此分析需要巨大的工作量。如果考虑窃取存放在金库中钻石的攻击者，那么图1-1就只是很大一棵攻击树中的一小块。攻击者也可以设法让工作人员将钻石从金库中取出来，进而在钻石被取出之后实施偷窃。攻击树是用来分析可能的攻击线路的有效手段，如果不进行这样一种分析就想确保一个系统的安全性，经常会做无用功。在本书中我们仅仅讨论一些可以用密码学解决问题的模块，并且我们不会明确地去讨论它们的攻击树，但是你必须明确地理解如何利用攻击树来研究一个大型系统和评估密码学在该系统中的作用。

　　木桶原理在多个方面影响了我们的工作。比如说，我们总是喜欢假设用户都会设置恰当的口令，但是实际并非如此，用户总是选择简短的口令。用户为了避免麻烦，可以做出任何事，比如将口令写在一张易事贴上并贴在显示器上。所以在设计系统时，不可以忽视这类问题，它们能够影响到最终的结果。如果你设计了一个系统，这个系统每周都给用户分发一个12位的随机口令，那么用户肯定会将这个口令贴在显示器上，这样本来就很脆弱的环节就会更脆弱了，并且会对系统的整体安全性带来负面影响。

　　严格地讲，强化最脆弱环节之外的环节没有丝毫意义。但实际中各环节的区分并不是那么明确，攻击者可能并不知道最脆弱的环节是哪个而是去攻击了一个比较坚固的环节。对不同类型的攻击者，最脆弱的环节可能不尽相同。每个环节的强度都取决于攻击者的能力、工具和对系统的访问，哪个环节会被攻击也取决于攻击者的目标，所以最脆弱的环节是由具体情况而定的。因此，有必要对实际情况中可能成为最脆弱环节的所有环节进行强化；同时，对多个环节进行强化也能够使得整个系统具备纵深防御（defense in depth）的性质——如果某个环节被攻破了，剩余环节还能保障安全性。

1.3　对手设定

　　安全系统和几乎其他所有类型的工程之间的最大区别之一在于对手的设定。大多数工程师必须处理诸如风暴、受热、磨损和破裂之类的难题，不过尽管这些因素会影响设计，但是对于一个富有经验的工程师而言，这些影响都可以准确预测。在安全系统中就不是这样了，我们的对手是些有较强理解能力、聪明、有恶意而又狡猾的攻击者，他们可能会做出一些以前没有人想到过的事情，他们并不按照规则行事，所以是完全不可预测的，在这种环境下问题将更加难以处理。

　　很多人还记得，在一部电影中，Tacoma Narrows吊桥在一场狂风中不停地摇晃、扭曲直至断裂而掉入水中。这一片段非常著名，也给桥梁工程师上了很有价值的一课。细长的浮桥在狂风中会由于共振而使得整个结构产生振荡，最终断裂。那么在建造新桥时如何避免再次发生同样的事情？通过加固桥身来抵抗振荡的代价非常高，所以最常用的技术是利用空气动力学，把桥面建造得更厚一些，使得风不能很容易地就把桥面上下吹动起来。有时也使用栏杆作为扰流器，这样避免桥面像一只翅膀一样在风中起伏。由于风是可以明确预测的，它不会故意改变行为方式来毁坏大桥，所以上面的措施是有效的。

　　安全工程师则必须考虑"怀有恶意"的风，如果风能够上下吹动而不只是从侧面吹过来，该怎么办呢？如果风以导致桥发生共振的频率改变方向，又该怎么办呢？桥梁工程师并不会理会这种议论："别傻了，风不会那样吹的。"这使得桥梁工程师的工作非常容易。不过密码学家就无法有这样的奢望了，安全系统面对的是机智而怀有恶意的攻击者的攻击，我们必须考虑所有类型的攻击。

对手设定非常残酷，没有任何规则可循，我们也处于不利的情况下：我们抽象地讨论"攻击者"，但是不知道他是谁，他掌握了什么，他的目的是什么，他何时发起攻击，也不知道他有什么资源。并且攻击可能会在我们设计系统很久以后才发生，攻击者有五年或者十年更多研究的优势，也可以使用我们并不掌握的未来技术，而且利用所有这些优势，他只需要找到系统的一个脆弱点，而我们却要保护整个系统。尽管如此，我们的任务是构建一个能够抵抗所有攻击的系统，这导致了系统的攻击者和守护者之间的不平衡，也正是密码学令人兴奋的原因。

1.4 专业偏执狂

在这个领域内工作，我们必须变得"狡猾"。我们要像一个恶意的攻击者那样进行思考，以发现自己工作的弱点。不过这也会影响我们生活中的其他方面，每一个参与实际密码系统工作的人都有这种经历。一旦我们开始考虑如何攻击系统，就会对周围的任何东西进行类似的分析，我们会突然发现如何能够欺骗周围的人，他们又能如何欺骗你。密码学家是专业偏执狂，不过很重要的一点就是不要把这种专业的多疑精神带入现实生活，否则我们就会发疯了，我们认为大多数人还是能保持理智的。[⊖] 事实上我们觉得这种实际的偏执会有很多乐趣，培养这种心态能够让我们发现常人不能发现的系统和环境中的许多细节。

偏执在这种工作中是非常有用的。假设我们参与开发一个电子支付系统，这个系统中涉及几个参与方：客户、商家、客户的银行和商家的银行。为了理解都有哪些威胁，我们使用偏执狂模型。对于每一个参与方，我们假定其他任何人都参与了一个欺骗这个参与方的大阴谋，并同时假设攻击者可能有任意数量的其他目标，例如泄露这个参与方的交易隐私或在某个关键时刻拒绝参与方对系统的访问。如果一个密码系统在这样的偏执狂模型中可以幸存，那么它才有望在现实世界中得到使用。

我们将交替使用专业偏执狂和偏执狂模型来指代安全理念（心态，mindset）。

1.4.1 更广泛的好处

一旦我们有了这种专业偏执狂的意识，就不会以相同的方式来看待系统。不管我们是否会成为密码学家，这种理念都将给我们的职业生涯带来莫大的帮助。即使我们没有成为密码学家，有一天也可能会参与设计、实现和测试一个新的计算机软件或硬件，如果我们有这种理念，那么就会经常考虑攻击者可能会如何攻击系统，这样就能够及时地发现系统的潜在安全问题。我们不一定总能自己解决所有安全问题，但是最重要的是发现可能存在的安全问题。一旦我们发现问题，接下来的工作就是找其他人来帮助我们解决这个问题。但是如果没有这种安全理念，我们可能永远都不会发现系统中存在的安全问题，那样理论上我们也就无法保护系统免受攻击。

技术的发展日新月异，这意味着一些热门安全机制在 10 年或 15 年之后很可能就过时了，但是如果我们知道如何思考安全问题和分析对手，那么在今后都能有这种安全理念并将其运用到新技术中。

1.4.2 攻击

专业的偏执是这个行业的基本工具。面对一个新系统，你考虑的第一个问题就是如何攻

⊖ 但是请记住：你不是偏执狂并不意味着别人不会攻击你或者你的系统。

破它，越快找到系统的弱点，你对系统了解得就越快。最糟糕的情况就是一个系统在使用多年之后，有人发现了一种攻击的方法："如果我这样来攻击它会怎样？"没有人想经历那种措手不及的时刻。

9 在这个领域我们对攻击某个人的工作和攻击某个人做了严格区分，任何工作都是公平比赛。如果一个人提出了某个东西，就等于自动邀请其他人来攻击它。如果你能够攻破我们的某个系统，我们会为你的攻击喝彩并告知所有人[⊖]。我们不断地寻找系统的弱点，因为这是学习如何构建更安全系统的唯一办法。有一点我们必须明确：对于我们工作的攻击并不是对于我们本人的攻击。在我们攻击一个系统时，同样要始终保证我们在批判这个系统，而不是它的设计者。同其他任何领域一样，在密码学领域进行人身攻击将会产生相同的负面效应。

但是这种对待攻击的态度可能不适用于参与开发系统的所有人，尤其是如果他们对密码学和计算机安全不太熟悉。没有安全经验的人常很容易把对他们工作的批评看作人身攻击，并由此带来一些问题，所以有时候我们需要讲究说话的策略，但那样可能会使别人很难明白我们的意思，例如说一些"安全方面可能存在一些问题"之类不具建设性的话，可能得到不负责任的回答："哦，我们会修复它的。"然而其基本设计可能存在根本性错误。经验表明技术上来说传达意思的最好方式是明确的叙述，例如说一些"如果你这样做，那么攻击者就可以如何进行攻击"之类的话，但是这种说法会让别人很难接受。其实我们可以先提出："如果有人这样做，你考虑过会发生什么吗？"接着我们就可以和系统的设计者讨论这些攻击，还可以就系统其余部分的健壮性称赞设计者，思考构建安全系统时的挑战并提供帮助来修复可能存在的安全问题。

所以如果下一次有人攻击了你的系统，不要把它当成是人身攻击。而你在攻击一个系统时，要保证你只专注于系统的技术，而不是在批判其设计者，同时也要注意设计者可能对安全领域建设性批评的风气并不习惯。

1.5 威胁模型

每个系统都可能受到攻击，并没有所谓的绝对安全。安全系统的意义就是保证某些人可以访问系统而其他人则不可以，所以最终我们总要以某种方式信任一些人，而这些人也可能会攻击系统。

重要的是我们要知道保护的是什么，保护系统是为了避免哪些人的攻击。哪些是有价值的资产？又有哪些威胁？这些问题听起来好像很简单，但实际上比想象的要困难。由于并不存在所谓的绝对安全，所以我们说一个系统是"安全的"，真正表示的是这个系统在某些威胁下能够为我们关心的资产提供充分的安全保障。我们需要在特定的威胁模型中评估一个系统的安全性。

大多数公司使用防火墙来保护他们的 LAN，但是许多真正有害的攻击是由内部人员进行的，而防火墙根本无法阻止内部人员。无论防火墙有多好，它都不能防止一个怀有恶意的员工。这就是使用了并不匹配的威胁模型。

10 另一个例子是 SET。SET 是一个使用信用卡在线购物的协议，它的特征之一是对信用卡号进行加密使得窃听者无法获取，这是一个好主意。第二个特征是即使商家也无法看到客户的信用卡号，但这个特征就不太好了。

⊖ 根据你的攻击，我们可能会抱怨自己没有发现这个弱点，但那是另外一个问题了。

第二个特征之所以不好，是因为一些商家使用信用卡号来查询客户记录或者收取额外的费用。整个商务系统都建立在假设商家可以访问客户信用卡号的基础上，但 SET 试图取消这种访问权限。Niels 以前从事 SET 的工作时，有一个选项是发送两次信用卡号——一次把加密的信用卡号发送给银行，另一次把信用卡号加密发送给商家从而使商家也能得到它。（我们并没有验证现在是否还是这样。）

不过即使有这个选项，SET 也没有解决所有问题。大多数被盗取的信用卡号并不是在客户与商家之间传送时被拦截的，而是在商家的数据库里被窃取的。SET 只是在传输过程中保护了信息。

SET 还犯了另一个更严重的错误。几年前 Niels 在荷兰的银行提供了基于 SET 的信用卡服务，一个主要卖点就是能够为在线购物增加安全性，但这种承诺却无法保证。使用普通信用卡在线购物是相当安全的，但信用卡号并不保密，在购物时我们把卡号给了每一个卖方，真正的秘密是我们的签名，只有签名才能认证交易。如果商家泄露了信用卡号，我们可能会收到奇怪的账单，但是只要没有手写的签名（或者 PIN 码）就不必接受该交易，所以这个账单也就没有法律依据，在多数裁决中只要申诉就可以挽回损失。使用另一个号码的新信用卡可能会带来一些麻烦，但这还在用户自身风险范围之内。使用 SET 情形就不一样了，在 SET 中使用用户的数字签名（见第 12 章）来认证交易，这显然比只使用信用卡号更安全，但是考虑一下就会发现，现在用户要对自己电脑上的 SET 软件进行的每一笔交易负责任，这就使用户承担了很大的责任，如果病毒入侵了电脑并暗中破坏了 SET 软件该怎么办？软件可能会对一次错误的交易进行签名，从而给用户造成损失。

所以从用户的角度来看，与普通的信用卡相比，SET 的安全性更差。使用普通的信用卡进行在线购物是安全的，因为用户总是能从诈骗交易中要回自己的钱，但是使用 SET 就增加了用户的风险。因此，尽管整个支付系统更安全了，但 SET 把剩下的风险由商家或银行转嫁给了用户，使得用户的威胁模型由"只有能够很好地伪造我的签名时才能造成损失"改变为"只有能够很好地伪造我的签名或者某种病毒感染了我的电脑时才能造成损失"。

威胁模型非常重要，在开始一个密码安全项目时，首先要考虑所要保护的资产和抵抗的威胁是什么，威胁分析中的一个错误会导致整个项目毫无意义。本书中我们不会过多地讨论威胁分析，因为我们只探讨密码学这一有限的领域，但是在任何实际系统中，决不要忘记对每一个参与方进行威胁分析。

1.6　密码学不是唯一解决方案

密码学不是安全问题的唯一解决方案，它可能是解决方案的一部分，也可能是问题的一部分。在某些情况下密码学会使问题变得更糟，甚至根本不清楚使用密码学是否是一种改进。因此，正确使用密码学需要经过仔细考虑，我们之前关于 SET 的讨论就是一个例子。

假设计算机里有一份我们不希望他人读取的秘密文件，我们可以仅保护文件不受未授权的访问，也可以先加密文件再保护密钥。现在文件经过了加密，我们可能就不需要很好地保护它，可以将文件存储到一个 USB 盘中，而不必担心 USB 盘是否会遗失或被偷走。但是密钥存储在哪里呢？合适的密钥一般很长以至于很难记忆，一些应用程序就把密钥存储在磁盘上，这正是首先存储秘密文件的地方，这样一来，任何能够在第一种办法中获得秘密文件的攻击现在也可以获得密钥，进而利用密钥来解密文件。此外，我们还引入了一种新的攻击方法：如果加密系统是不安全的或者密钥的随机性太低，那么攻击者可以攻破加密系统本身。

最终，整体的安全性就降低了。因此仅仅加密文件不是完整的解决方案，它可能只是解决方案的一部分，而且它还带来一些需解决的额外问题。

密码学有多种用途，它是许多健壮的安全系统的一个关键部分，但是如果使用的方式不正确，系统也会变得更加脆弱。很多情况下密码学只提供了一种安全感，而没有实际的安全性，仅仅到达这一步是非常诱人的，因为大多数用户想要的正是一种安全感。即使最终的系统并非真正安全，以这种方式使用密码技术仍可能符合某些标准和规则。在类似的情况下（这些情况普遍存在），客户相信的任何魔法也都能提供同样的安全感并同样能够运作。

1.7　密码学是非常难的

密码学是非常难的，即使经验丰富的专家设计的系统几年之后也可能被攻破，而且这种现象太常见了，以至于发生这种情况我们不会惊讶。木桶原理和对手设定因素结合在一起使得密码学家甚至任何安全工程师的工作都非常困难。

另一个重要问题是缺乏测试。没有现成方法可以用来测试一个系统是否安全，例如在安全和密码学研究领域里，我们所能做的就是公布该系统，然后等待其他专家来分析它。但是要注意第二部分并不是必然的，有很多系统在公布之后甚至没有人看它一眼，而且在会议和期刊上发表一个系统之前的审查过程并不肯定能够发现所有潜在的安全问题。一个系统即使被许多经验丰富的专家审查过，它的安全缺陷也可能几年之后才会被发现。

我们对密码学中某些小的领域有较好的理解，但这并不意味着它们简单，只是说明我们在这些方面进行工作已经有几十年了，所以我们认为已经了解了关键问题。本书的内容主要是关于这些领域的，我们在本书中所做的就是收集实际密码系统设计和构建的信息，并把它们结合在一起。

由于一些原因，许多人似乎仍然认为密码学很容易。但事实并非如此，本书将帮助你了解密码学工程的挑战以及帮助你克服这些挑战，但是读完本书之后不要立即就开发一个新的密码投票机器或其他关键的安全系统，而是利用从本书中学到的知识和其他人——特别是经验丰富的密码学专家——一起设计和分析新系统。即使我们在密码学和安全方面已有多年经验，在设计出一个系统之后也会邀请其他密码学和安全方面的专家来进行再次审查。

1.8　密码学是简单的部分

虽然密码学本身是很难的，但它仍是安全系统中比较容易的部分。就像一把锁，密码组件的边界和需求都有良好的定义。但是要清晰地定义整个安全系统就困难多了，因为它涉及更多的方面，例如负责授权访问的组织过程和负责检查其他过程是否得到执行的过程，这类问题就很难处理，因为情况总在变化。计算机安全中的另一个重要问题在于软件的质量，如果计算机上的软件中包含了很多会导致安全漏洞的缺陷，那么安全软件就不可能有效。

密码技术是较容易的部分，因为毕竟有人知道如何才可以完成相应的工作。我们可以雇佣专家来为我们设计密码系统，不过费用较高，而且与他们一起工作经常会很苦恼，他们经常要求改变系统的其他部分来达到期望的安全性。虽然如此，在许多实际应用中，密码学提出的问题是我们知道如何解决的，本书将告诉你如何解决这些问题。

安全系统的其他部分会包含一些我们不知道如何解决的问题。密钥管理和密钥存储在任何密码系统中都是至关重要的，但是大多数计算机都没有一个安全的地方可以用来存储密钥。软件质量太低是另一个问题，实现网络安全更加困难，当将用户算到这"一团糟"里，情况将变得更加复杂。

1.9　通用攻击

同时，我们也要清醒地认识到有些安全问题是无法解决的，对于某些特定类型的系统存在一些黑盒或通用攻击。一个经典的例子就是数字版权管理（DRM）系统中的模拟漏洞，DRM 系统用于控制电子文件复制，例如图片、歌曲、电影或者书籍，但是没有任何一种技术——包括密码学——可以保证这些文件在系统之外能够抵抗通用攻击，例如攻击者可以通过给计算机屏幕拍照来复制图片，或者利用麦克风来重录歌曲。

确认系统不能抵抗哪些通用攻击很重要，否则我们可能会浪费很长的时间来修复一个无法修复的问题。同样，当有人宣称他们的系统能够抵抗通用攻击时，我们也要持怀疑的态度。

1.10　安全性和其他设计准则

安全性绝不是系统的唯一设计准则，相反，安全性只是众多准则之一。

1.10.1　安全性和性能

苏格兰 Forth 海湾大桥曾被看作是可信任的，作为 19 世纪的工程奇迹，与从它上面穿过的火车相比，它超乎想象地庞大（因而昂贵）。令人难以置信的是，大桥是过度设计的，不过设计者这样做是正确的，他们面临的是一个之前无人成功解决过的问题：建造一座庞大的钢铁大桥。然而他们的工作惊人地优秀，他们的成就也令人瞩目：在 100 多年后的今天，这座大桥仍然在使用。一个成功的工程就应该如此。

多年以来，桥梁设计师已经掌握如何以更低的代价和更高的效率来建造类似的大桥，但是首先要考虑的是建造一座安全而且实用的大桥，以缩减成本的方式带来的效率则是次要的问题。

在计算机行业中我们则颠倒了这些优先次序，主要设计目标几乎通常包括严格的效率要求，首先考虑的始终是速度，即使在速度并不重要的项目中也是如此。这里速度可能是系统自身的速度，也可能是系统进入市场的速度。这导致安全方面支出的缩减，结果就是构建出一个稍微高效但非常不安全的系统。

关于苏格兰 Forth 海湾大桥还有另一个故事。1878 年，Thomas Bouch 建成了当时世界上最长的大桥，它横跨 Dundee 的泰河海湾。Bouch 采用了铸铁和熟铁，并使用了一种新的设计方法，这座大桥被认为是一个工程奇迹。然而建成不到两年，在 1879 年 12 月 28 日的夜里，大桥在一场暴风雪中倒塌了，当时正好有一列载着 75 个人的列车经过，列车上所有的人都遇难了，这在当时是一场巨大的工程灾难。⊖所以，几年后当设计 Forth 海湾大桥的时候，设计者使用了更多的钢铁，这样做不仅使大桥更加安全，而且使公众看上去也觉得安全。

我们都知道工程师有时会有设计错误，尤其是在他们进行一些新尝试时，而当他们设计出错的时候就会发生不好的事情。不过维多利亚时代的工程师有一条很好的经验：如果失败了，就退回去采用更加保守的方法。不过在计算机行业中许多工程师都忘记了这条经验。在计算机系统中，在遇到非常严重的安全故障的时候（而且这类事情经常发生），我们总是仍

⊖　William McGonagall 为此写了一首有名的诗，结尾写道：我们建造的房子越坚固，受到伤害的可能性越小。这条建议在今天仍然非常有意义。

然坚持不懈，把故障看作注定要发生的事情来接受，而不会退回去进行更加保守的设计，只是持续不断地抛出一些补丁并期望它们会解决问题。

现在有一点已经非常明确了，任何时候我们都要首选安全性而不是效率。我们愿意在安全上花费多少 CPU 时间呢？几乎所有的时间。相比于一个更快但并不安全的系统，我们宁可在一个可靠的安全系统上花费 90% 的 CPU 时间。对于我们以及大多数用户来说，缺乏计算机安全是真正的障碍。这正是人们仍不得不发送附有签名的纸件、担心病毒和针对计算机的其他攻击的原因。未来的数字罪犯掌握的知识会更多，设备也会更好，所以计算机安全将成为一个越来越大的问题。现在我们只是看到数字犯罪浪潮的开始，我们需要更好地保障计算机的安全性。

有多种实现安全性的方式，但正如 Bruce 在《秘密和谎言》一书中反复描述的那样，良好的安全性总是防护、检测和响应的结合体 [114]。密码学的作用属于防护部分，防护的工作必须做好，以确保检测和响应部分（它们可以并且应该包括人工干预）不会应接不暇。不过密码学也能够提供更安全的检测机制，比如强密码审计日志。本书是关于密码学的，所以我们将把注意力集中在这方面。

是的，我们知道 90% 听上去很大，但有一丝安慰。首先要记住，如果备选的是一个不安全的系统，我们更愿意为保障安全性花费 90% 的 CPU 时间，幸运的是在多数情况下花在安全性上面的时间用户并不能察觉到。我们每秒只能打出大约 10 个字符（状态好的时候），甚至在十年前的低速机器上做到这一点也并不困难。现在的机器要快了 1000 多倍，如果我们把 90% 的 CPU 时间用于安全性，计算机的速度看起来只有本来的十分之一，这大约是五年前计算机的速度，而那些计算机对我们完成工作来说已经足够快了。另外我们也不是总要在安全性上花费那么多的时间，但是我们愿意那样，这才是关键所在。

只有少数情况我们必须等在计算机边上，包括等着打开 Web 页面、打印数据、启动某些程序、启动机器等。一个好的安全系统不应该减缓这些活动。现代计算机的速度非常快，以至于很难找到一种令人满意的方式来使用这种速度。当然我们可以在图像处理、三维动画乃至语音识别中使用 α 混合，但是这些应用中需要进行大量数字运算的部分不会执行任何与安全有关的动作，所以它们的执行速度不会由于安全系统而减慢。而系统的其余部分（可能已是人类有史以来最快速的）会有额外的开销，但是如果能够增加安全性，我们并不会在意它们减慢了 10 倍。大多数时间我们甚至不会注意到这些额外的开销，即使在这些开销很厉害的情况下，我们也会把它看成业务的代价。

现在已经很清楚了，我们考虑的优先级中第一、第二、第三都是安全性，而性能则在这个列表中后面的某个地方。当然我们还是希望系统的效率尽量高，但不是以安全性为代价。我们知道这一设计原则在现实世界里并不总被采纳，通常市场的现实总是会战胜对安全的需求。很少有系统是从零开始开发的，常常需要逐渐地增加保护，或者是在部署之后加以保护。系统需要与现有的不安全系统向后兼容。我们三个人都在这些限制条件下设计了很多安全系统，而且我们可以告诉你按照那种方式几乎不可能构建一个好的安全系统。本书的设计原则是安全性第一、安全性至上，我们希望看到这一观点在商业系统中被更多地采纳。

1.10.2　安全性和特性

复杂性是安全性最大的敌人，而且复杂性总是以特性或者选项的形式出现。

下面我们做初步的论证。设想一个有 20 个不同选项的计算机程序，每一个选项都可以选中也可以不选，那么一共有 100 多万个不同的配置。为了使程序能够工作，只需对最常见的选项组合进行测试。而要保证程序是安全的，就必须对程序 100 多万个可能组合的每一个都进行测试，并检查各个配置在任何可能的攻击下都是安全的，这项工作是不可能完成的。而且大多数程序都不止 20 个选项。要保证所建立的系统是安全的，最好的办法就是保持简单。

简单的系统不一定是小系统，大系统同样也可以很简单。复杂性用来度量在任何时候有多少事件在交互。如果一个选项只能影响程序的一小部分，那么它就无法与一个影响程序另一部分的选项交互。为了构建一个简单的大系统，就必须在系统的不同组件之间提供清晰而又简单的接口，程序员称之为模块化，是软件工程中的一条基本原则。一个好的简单接口可以把系统的其余部分与模块的细节隔离开来，这应包括模块的任何选项和特性。

在本书中，我们尽量为密码原语（primitive）定义简单的接口。没有特性、没有选项、没有特殊情况以及额外的东西需要记住，只有我们提出来的最简单的定义。其中有一些新的定义是在写这本书的时候提出来的，它们帮助我们形成对良好安全系统的构想，希望对你也会有所帮助。

1.10.3　安全性和演变的系统

关于安全性还有一个问题，就是在安全机制开始工作之后系统还会继续演变，这就意味着安全机制的设计者不仅需要表现出专业的偏执并考虑到各种攻击者和攻击目标，也要能够预测到系统将来的使用情况并做好准备。这是一个很大的挑战，需要系统的设计者时刻注意。

17

1.11　更多阅读材料

对密码学感兴趣的读者应该阅读 Kahn 的《The Codebreakers》[67]，这本书介绍了密码学从古时候到 20 世纪的历史，提供了很多例子来说明密码系统工程师面临的问题。另外还有一本介绍历史的著作《The Code Book》[120] 值得一读。

本书从某些方面来说是 Bruce 第一本著作《应用密码学》[112] 的续篇。《应用密码学》涵盖了更广泛的主题，并且包括了书中讨论的所有算法的详细说明，然而，它没有探究本书中讨论的工程细节。

在论述事实和精确的结果方面，没有一本书比 Menezes、van Oorschot 和 Vanstone 的《Handbook of Applied Cryptography》[90] 写得更好了，它是密码学的百科全书，是一部非常有用的参考书，但是正如其他百科全书一样，我们很难通过这本书来掌握这个领域的全部技术。

如果你对密码学理论很感兴趣，那么可以阅读 Goldreich 的系列著作《Foundations of Cryptography》[55, 56]，也可以阅读 Katz 和 Lindell 的《Introduction to Modern Cryptography》[68]。网络上还有其他很多优秀大学的课程笔记，比如 Bellare 和 Rogaway 的课程笔记 [10]。

Bruce 以前所著的《秘密和谎言》[114] 概括性地介绍了计算机安全，并讲解了密码学在计算机安全中的作用。而关于安全工程，没有一本书比 Ross Anderson 的《Security Engineering》[2] 更好了，这两本书可以帮助我们很好地理解密码学的应用背景。

网络上还有一些很好的资源来跟踪密码学和计算机安全的最新问题。建议你订阅 Bruce 的 "Crypto-Gram" 通讯（http://www.schneier.com/crypto-gram.html）并浏览 Bruce 的博客（http://www.schneier.com/blog/）。

1.12　专业偏执狂练习

学习一门语言的最好方式之一就是沉浸其中，如果想学习法语那就搬到法国去。本书的目的正是让读者沉浸到密码学和计算机安全的语言和思维中去。接下来的练习能够帮助读者加深理解，会促使读者经常考虑安全方面的问题，例如在阅读新文章、和朋友讨论时事或者在 Slashdot（一个资讯科技网站）上看到一个新产品的描述的时候。思考安全方面的问题将不再是一件乏味无聊的事情，也不需要当作一项任务而专门划分一段时间来完成，我们甚至可能在遛狗、洗澡或者看电影的时候开始思考。简而言之，读者能够培养出专业偏执狂的思维并像安全专业人员那样进行思考。

对计算机安全从业者（实际上对所有的计算机科学家）来说，意识到围绕科技的更广泛的背景问题是非常重要的。科技并不是独立存在的，而仅仅是一个包含了人、经济、道德、文化差异、政治、法律等的生态系统的小方面。在安全中涉及这些问题时，下面的练习会给读者一个机会来讨论和探索这些问题。

我们建议读者经常进行下面的练习，尽量多进行这些练习。例如，读者可以一个月连续地每周进行这些练习，也可以在看完本书的几章之后就进行练习，这样会更频繁一些。这些练习刚开始的时候会显得比较费力和乏味，但是如果认真完成它们，不久之后在遇到与安全相关的新闻或者新产品面世时我们就能自动地进行这些练习。这正是专业偏执狂的思维模式。此外，如果在阅读本书时坚持进行这些练习，读者评估系统的技术性质的能力会逐渐提高。

我们还建议读者和朋友一起完成这些练习，如果在课堂上，也可以把这些练习作为小组项目的一部分和同学一起完成。与他人一起讨论安全问题是非常有启发作用的，读者很快就会发现安全是一个非常细微的问题，一些关键的缺陷很容易被忽视。

显然，如果读者不是课程要求完成这些练习，也可以只在头脑中进行这些练习而无须完成书面报告。然而我们建议读者至少完成一次书面报告，因为这样会促使你完整地思考所有相关的问题。

1.12.1　时事练习

在这些练习中，你应该批判地分析当前新闻中发生的事件。读者选择的事件要与计算机安全相关，可能通过改进计算机安全机制就可以避免该事件，该事件也可能促使设计出新的安全机制或策略。

读者关于当前事件撰写的报告应该简洁明了、富有思想、书写规范。假想一个普通读者，我们的目标就是写成的报告能够帮助该读者了解和理解计算机安全领域以及它在更大的环境中所能起的作用。

你应对当前事件进行总结，讨论为何会发生这一事件，反省在事件发生之前可以采取哪些不同的措施（可能会防止、制止或者改变事件的结果），描述与事件相关的更广泛的问题（例如道德问题或者社会问题），并提出对这一事件可能的应对措施（例如公众、政策制定者、公司、媒体和其他人应如何响应）。

1.12.2　安全审查练习

这部分练习的目的是通过实际的产品或系统来培养你的安全思维，进行安全审查的目标是评估新技术潜在的安全和隐私问题、评估这些问题的严重性并讨论如何解决这些安全和隐私问题。评审应该深刻反映所讨论的技术，所以评审报告要比时事练习的报告长很多。

每一个安全审查都应该包括：

- 所评估技术的总结。你可以选择评估某个特殊的产品（例如一个最近推出的无线植入式药泵）或者一类有相同目标的产品（例如所有植入式医疗器械）。这部分总结应该建立在较高的层次上，长度上大概一两段，在后面的内容中再对技术中与我们的考察相关的方面进行详述。

  在这部分练习中，可以对产品如何工作进行假设，但是如果进行了假设，就需要指出进行了假设并明确描述假设的内容。

  对产品（即使经过明确的假设）进行清晰的总结是非常重要的，如果对技术没有足够了解而无法给出简明扼要的总结，那么很有可能无法对技术的安全和隐私方面进行评估。

- 列出至少两种资产，并给每种资产明确相应的安全目标。解释这些安全目标重要的原因，对每个资产（目标）都要有一两句话的说明。

- 描述至少两种可能的威胁，这里威胁被定义为对手为损坏资产而采取的行动。对每种威胁的对手给出一个例子，对每个威胁（攻击者）都要有一两句话的说明。

- 描述至少两个潜在的缺陷，还是用一两句话对每个缺陷加以说明。在这项练习中，不必验证这些可能的缺陷是否为实际的缺陷。

- 描述可能的防御措施。为解决上面一部分内容中定义的潜在缺陷，描述系统可以使用或者已经在使用的防御措施。

- 对与描述的资产、威胁和潜在的缺陷相关的风险进行评估。通俗地讲，资产、威胁和潜在的缺陷结合起来会造成多么严重的后果？

- 结论。对上面的内容进入深入思考，同时也要讨论相关的"大局观"的问题（道德、该技术进展的可能性等）。

一些关于安全审查的例子可以参见 http://www.schneier.com/ce.html。

1.13　习题

1.1　给如何偷汽车创建攻击树。在这道题以及其他攻击树的练习题中，可以通过图来描述攻击树（就像图 1-1 那样），也可以使用一个编号的列表来描述攻击树（比如，1，1.1，1.2，1.2.1，1.2.2，1.3，…）。

1.2　给如何不付费进入体育馆创建攻击树。

1.3　给如何不付费就从餐馆获得食物创建攻击树。

1.4　给如何获某人网上银行账户名和口令创建攻击树。

1.5　给如何阅读某人的电子邮件创建攻击树。

1.6　给如何阻止某人阅读他的电子邮件创建攻击树。

1.7　给如何伪装成某人发送电子邮件创建攻击树。这里攻击者的目标是让电子邮件的收件人相信她收到的一封邮件是发自某人的（例如 Bob），而 Bob 实际上并没有发送过这封邮件。

1.8　寻找最近三个月内公布或发布的新产品或系统，如 1.12 节所述对这个产品或系统进行安全审查，选择一个你了解的资产并为如何损坏那个资产创建攻击树。

1.9　从媒体报道或者个人经历中选择一个实际的案例，在案例中攻击者没有利用最脆弱环节就成功地攻击系统。描述一下整个系统，并解释你所认为系统中最脆弱的环节及原因，接着描述一下系统是如何被攻破的。

1.10　描述一个实际的案例（不包括本章中给出的例子），其中针对一种类型的攻击来提高系统的安全性会增加其他攻击成功的可能性。

密码学简介

本章介绍密码学的基本概念以及阅读本书其他部分所需的背景知识。

2.1 加密

加密是密码学最初的目的。加密的一般框架如图 2-1 所示，Alice 和 Bob 希望进行相互通信（这里使用的人名，尤其是 Alice、Bob 和 Eve，都是密码学的使用传统），然而通常假定通信信道是不安全的，Eve 可以在信道上进行窃听，Alice 发送给 Bob 的任何消息 m，Eve 同样也能接收到（Bob 向 Alice 发送的消息也能被 Eve 接收到，但是这是相同的问题，只需要将 Alice 和 Bob 的角色互换，所以只要能够保护 Alice 的消息，采用相同的办法就能保护 Bob 的消息，因此我们只关注 Alice 的消息）。Alice 和 Bob 如何通信才能不让 Eve 获得任何有用信息呢？

为了防止 Eve 获取 Alice 和 Bob 的会话内容，可以使用图 2-2 所示的加密方法。Alice 和 Bob 首先协商一个密钥 K_e，他们必须通过某个 Eve 无法窃听的信道来协商这个密钥，比如 Alice 给 Bob 邮寄密钥的一个副本，或者采用其他类似的方法。我们以后再详细讨论密钥交换。

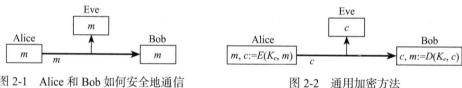

图 2-1　Alice 和 Bob 如何安全地通信　　　图 2-2　通用加密方法

Alice 想要发送消息 m 时，她首先利用一个加密函数加密这个消息。我们将加密函数记为 $E(K_e, m)$，并把加密结果称为密文 c（原始消息 m 称为明文）。Alice 并不直接发送消息 m，而是将密文 $c:=E(K_e, m)$ 发送给 Bob。当 Bob 接收到 c 之后，就用解密函数 $D(K_e, c)$ 来解密密文，从而得到 Alice 想要发送给他的原始明文消息 m。

但是 Eve 并不知道密钥 K_e，所以她得到密文 c 也无法解密。一个好的加密函数应该保证攻击者在不知道密钥的情况下不可能由密文 c 得到明文 m。实际上，一个好的加密函数还应该提供更多的隐私性，要保证攻击者无法获得关于消息 m 的任何信息，除了消息的长度以及发送消息的时间。

这个框架的一个应用就是传递电子邮件，它同样适用于存储。存储信息可以看作是时间上而不是空间上传递消息，在这种情况下 Alice 和 Bob 通常是不同的时间点上的同一个人，所以同样的解决方案也适用。

Kerckhoff 原则

为了解密密文，Bob 必须知道解密算法 D 和密钥 K_e。这里有一条重要的原则，称为

Kerckhoff 原则：加密方案的安全性必须仅仅依赖于对密钥 K_e 的保密，而不依赖于对算法的保密。

这个原则的提出是有很多原因的。算法是很难改变的，它们被嵌入到软件或者硬件中，是难以升级的。在实际情况中，同一个算法会使用很长一段时间。另外，保持密钥的保密性已经很困难，保持算法的保密性就更加困难了（代价也更昂贵），毕竟密码系统不单是为两个用户而建立的，系统中的任何用户（可能以数百万计）都使用相同的算法，Eve 只需要从某个用户那里获得这个算法，而有的用户肯定是容易被收买的，或者她还可以窃取一台记录了算法的笔记本电脑。还记得我们的偏执狂模型吗？Eve 也可能恰好是这个系统中的其他用户，甚至可能是系统的设计者之一。

还有更多理由表明应该公开算法。根据经验，我们知道人们很容易犯小错误而设计一个脆弱的密码算法。如果不公开算法，那么直到攻击者开始攻击系统也不会有人发现这个错误，然后攻击者就可以利用这个缺陷来攻破系统。我们分析过许多不公开的加密算法，发现所有这些算法都是有缺陷的，这也正是许多私有的、秘密的算法不被信任的原因。不要相信"算法保密是为了增加安全性"这样的老观念，那是错误的。采用这样的做法对安全性的提升是很小的，反而很有可能会降低安全性。结论非常简单：不要相信不公开的算法。

2.2 认证

在图 2-1 中，Alice 和 Bob 还有另外一个问题：Eve 不仅能够窃听消息，她还能够以某种方式改变消息。虽然这要求 Eve 对通信信道有更强的控制能力，但也不是完全不可能的。例如，在图 2-3 中，Alice 想要发送消息 m，但是 Eve 干扰了通信信道，使得 Bob 并没有接收到 m，而是接收到了另外一个消息 m'。我们假设 Eve 也知道 Alice 想要发送的消息 m 的内容，那么 Eve 可以删除消息让 Bob 无法接收，也可以插入她自己捏造的消息，还可以记录消息并在以后发送给 Bob，或者改变多条消息的发送顺序。

从另一个角度考虑，假如 Bob 刚刚接收到一个消息，那么 Bob 凭什么相信这个消息来自于 Alice 呢？他没有任何理由相信这一点。如果他不知道是谁发送了这条消息，那么这条消息也就毫无价值了。

为了解决这个问题，我们引入认证的概念。和加密一样，认证也要使用 Alice 和 Bob 都知道的一个密钥，我们将这个认证密钥记为 K_a，以区别于加密密钥 K_e。图 2-4 给出了对消息 m 进行认证的过程，Alice 发送消息 m 时，计算一个消息认证码（message authentication code），或称为 MAC。Alice 计算 $a := h(K_a, m)$ 来得到 MAC，其中 h 是 MAC 函数，K_a 是认证密钥。现在 Alice 把 m 和 a 都发送给 Bob，当 Bob 接收到 m 和 a 时，他利用认证密钥 K_a 重新计算 a 的值，并检查他接收到的 a 是否正确。

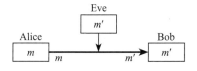

图 2-3　Bob 如何知道谁发送了消息

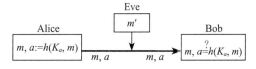

图 2-4　通用的认证过程

现在 Eve 想要把消息 m 修改为一个不同的消息 m'，如果她只是把 m 替换为 m'，那么 Bob 将计算 $h(K_a, m')$，然后把它与 a 进行比较。但是一个好的 MAC 函数不会对两个不同的消息产生相同的结果，所以 Bob 能够知道这个消息是不正确的。既然消息发生了某种错误，

Bob 就会丢弃它。

如果假定 Eve 不知道认证密钥 K_a，那么 Eve 得到消息及其有效 MAC 的唯一途径就是在 Alice 给 Bob 发送消息时进行窃听。这样 Eve 仍然可以做一些坏事，如可以记录一些消息和它们的 MAC，以后发送给 Bob 进行重放。

纯粹的认证只是部分解决方案，Eve 仍然可以删除 Alice 发送的消息，还可以重新发送旧消息或者改变消息的顺序。所以，认证几乎总是和一个对消息顺序进行编号的方案结合使用。如果 m 包含这样一个消息编号，那么在 Eve 重放旧消息时 Bob 就不会被欺骗，Bob 将会发现虽然该消息有正确的 MAC，但是顺序编号却是一条旧消息的编号，因此他会丢弃该消息。

认证与消息编号方案结合使用可以解决大部分问题，不过 Eve 仍然可以阻止 Alice 和 Bob 进行通信，或者通过先删除消息以后再发送给 Bob 的方式来延迟消息传递。如果消息没有经过加密，那么 Eve 还可以根据消息的内容选择性地删除或延迟消息，但 Eve 能做的也只有删除或延迟消息了。

最好的理解方式是考虑 Alice 发送一系列消息 m_1, m_2, m_3, …，Bob 只接收具有正确 MAC 的消息，并且每条消息的编号严格大于$^\ominus$他接收到的上一条消息的编号，所以 Bob 接收的消息是 Alice 发送的消息序列的子序列。子序列是原序列删除零或多条消息之后得到的序列。

在这种情况下，密码学的作用也仅限于此。Bob 将接收到 Alice 发送的消息的一个子序列，而其他人除了可以删除某些消息或者阻止所有通信之外，不能够操控消息的传输。为了避免丢失信息，Alice 和 Bob 通常使用某种方案来重新发送那些丢失的消息，但那是针对特定的应用而言的，不属于密码学的范畴。

当然，在很多情况下，Alice 和 Bob 会同时使用加密和认证，我们在后面将非常详细地讨论这种组合。但绝不要混淆这两个概念，加密一条消息并不能阻止其内容被改变，而认证一条消息不能使消息保密，密码学中常见的一个误解是认为加密消息就能够防止 Eve 改变它，但事实并非如此。

2.3　公钥加密

要使用 2.1 节讨论的加密方案，Alice 和 Bob 必须共享一个密钥 K_e，但如果他们相距很远，如何才能够共享密钥呢？ Alice 无法通过通信信道把密钥发送给 Bob，因为这样 Eve 也能获得该密钥。分发和管理密钥是密码学中非常困难的一个问题，我们只有部分解决方案。

Alice 和 Bob 可能在上个月见面的时候交换过密钥，但是如果 Alice 和 Bob 都是一个群组的成员，该群组包括 20 个想要互相通信的朋友，那么群组中的每个成员就必须一共交换 19 个密钥，群组中的所有成员总共要交换 190 个密钥。这样就非常复杂了，而这个问题会随着与 Alice 通信人数的增加而变得更加复杂。

建立密钥是一个古老的问题，其中一个重要的解决方案是使用公钥密码。我们首先讨论如图 2-5 所示的公钥加密，在该图中我们去掉了 Eve，而且从现在开始假定像 Eve 这样的敌手总能够获取所有的通信内容。

图 2-5　通用的公钥加密过程

$\ominus$　"严格大于"是指"大于且不等于"。

除了没有 Eve，这个图和图 2-2 非常相似，主要的区别在于 Alice 和 Bob 不再使用相同的密钥，而是使用不同的密钥。这正是公钥密码的主要思想：加密信息的密钥不同于解密信息的密钥。

为此，Bob 首先使用一个特殊的算法生成一对密钥 (S_{Bob}, P_{Bob})，其中 S_{Bob} 为私钥，P_{Bob} 为公钥。然后 Bob 做出一件令人惊讶的事情：将 P_{Bob} 公开作为他的公钥。这样一来，包括 Alice 和 Eve 在内的任何人都可以获得 Bob 的公钥 P_{Bob}。（否则怎么能称为公钥呢？）

当 Alice 想发送消息给 Bob 时，她首先获取 Bob 的公钥，她可能从一个公共目录那里获得，也可能从某个她信任的人那里得到。接着 Alice 使用公钥 P_{Bob} 加密消息 m 得到密文 c，再把 c 发送给 Bob，Bob 使用私钥 S_{Bob} 和解密算法来解密得到消息 m。

这个机制要能工作，密钥对生成算法、加密算法和解密算法必须保证解密确实能够得到原始消息，换句话说，$D(S_{Bob}, E(P_{Bob}, m)) = m$ 必须对所有可能的消息 m 都成立。我们将在后面进行详细分析。

不仅 Alice 和 Bob 使用的两个密钥是不同的，而且加密算法和解密算法也可能是完全不一样的。所有的公钥加密方案都密切依赖于数学，一个显然的要求就是不能利用公钥计算出对应的私钥，当然还有其他更多的要求。

相对于我们以前讨论的对称加密或者私钥加密，这种类型的加密称为非对称加密或者公钥加密。

公钥密码使得分发密钥的问题变得非常简单。现在 Bob 只需要发布一个任何人都可以使用的公钥，Alice 也用同样的方式发布公钥，然后 Alice 和 Bob 就可以安全地通信了。即使在很大的群组中，每一个成员都只需要公开一个公钥，这样就相当容易管理了。

既然公钥加密如此简单，我们为何还要使用私钥加密呢？因为公钥加密的效率非常低，相比私钥加密相差好几个数量级，在所有的情况下都使用公钥加密显然开销太高了。在使用公钥密码的实际系统中，公钥算法和私钥算法几乎总是结合使用的。公钥算法用来建立一个密钥，该密钥用来加密真正的数据，这样就将公钥密码的灵活性和对称密码的高效性结合起来了。

2.4 数字签名

数字签名是消息认证码的公钥等价形式，其一般框架如图 2-6 所示。这次 Alice 使用密钥生成算法来产生一个密钥对 (S_{Alice}, P_{Alice}) 并公开公钥 P_{Alice}，当她要发送一个带签名的消息 m 给 Bob 时，先计算签名 $s:=\sigma(S_{Alice}, m)$，然后将 m 和 s 发送给 Bob。Bob 利用 Alice 的公钥通过验证算法 $v(P_{Alice}, m, s)$ 来验

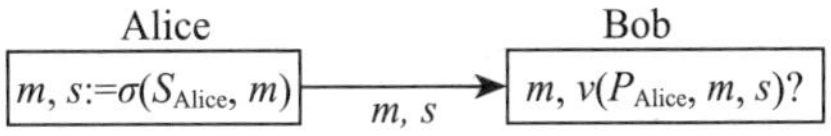

图 2-6 通用的数字签名过程

证签名。签名的工作机制类似于 MAC，不同的是 Bob 利用公钥进行验证，而产生一个新的签名却需要私钥。

Bob 只需要拥有 Alice 的公钥就可以验证消息是否来自于 Alice。非常有趣的是，任何人都能够得到 Alice 的公钥从而验证该消息是否来自 Alice，这也正是我们称 s 为数字签名的原因。在某种意义上，Alice 签署了该消息。如果发生了争执，Bob 可以把 m 和 s 提交给法官来证明 Alice 确实签署了该消息。

这种性质在理论上非常好，但也只是在理论上有效。在实际应用中，需认识到数字签名还有一定的局限性。主要问题在于并不是 Alice 本人亲自计算签名，而是她的计算机计算签

名，因此数字签名并不能证明 Alice 认可了该消息，甚至也不能证明她在计算机屏幕上看到了该消息。既然病毒能够轻易地控制计算机，那么在这种情况下数字签名实际上也不能证明什么。然而，如果使用适当，数字签名还是相当有用的。

2.5　PKI

公钥密码使密钥管理变得简单，但是 Alice 仍要获得 Bob 的公钥，她如何才能相信那是 Bob 的公钥，而不是其他人的公钥呢？也许 Eve 创建了一个密钥对，并且冒充 Bob 公开密钥。一般的解决办法是利用 PKI，或者称为公钥基础设施（public key infrastructure）。

PKI 的主要思想是设立一个中心机构，称为证书机构或者 CA。每个用户都把他的公钥报给 CA 并向 CA 证明自己，然后 CA 使用数字签名签署用户的公钥，签署的消息或证书声明："我，CA，已经验证公钥 P_{Bob} 属于 Bob。"证书通常包括有效期及其他有用信息。

利用证书，Alice 更容易找到 Bob 的公钥。我们假定 Alice 拥有 CA 的公钥并且已经验证是正确的公钥，现在 Alice 可以从数据库中检索 Bob 的公钥，Bob 也可以通过电子邮件将公钥发送给 Alice，然后 Alice 利用已得到的 CA 公钥验证 Bob 公钥的证书，该证书保证她使用正确的公钥与 Bob 进行通信。Bob 可同样地获得 Alice 的公钥，并且确信他在与正确的人进行通信。

在 PKI 中，每一个参与方只需要让 CA 给他的公钥颁发证书，并知道 CA 的公钥以验证其他参与方的证书。这样的工作量远比与每一个通信方交换密钥小得多，这正是 PKI 的巨大优势：一次注册，随处使用。

由于实际原因，PKI 通常设置多层次的 CA。其中有一个最高层的 CA，称为根，它为低层 CA 的公钥颁发证书，而低层 CA 则给用户的公钥颁发证书。这个系统以同样的方式工作，但是现在 Alice 需要检验两个证书以验证 Bob 的公钥。

PKI 并不是最终的解决方案，其中还有很多问题。首先，CA 必须被每一个人信任。在有些情况下，这是容易做到的。一个公司的人力资源部门知道所有员工，可以担任 CA 的角色。但是世界上没有一个实体能够被所有人信任，仅凭一个 PKI 来管理整个世界的想法显然是不可行的。

第二个是责任问题。如果 CA 颁发了一个错误的证书，或者 CA 的私钥被窃取了，那么该怎么办呢？Alice 将信任一个错误的证书，并且因此可能损失很多钱，那么该由谁来负责？CA 愿意以某种保险的形式来提供支持吗？这就需要 Alice 和 CA 之间建立非常全面的商业关系。

目前有很多公司都试图成为世界性的 CA，VeriSign 大概是其中最有名的一个。然而，对于未能履行职责的情况，VeriSign 明确地限制了自己的赔偿责任，大多数情况下赔偿不超过 100 美元，这可能比我们利用 VeriSign 签署的证书安全地购买书籍所支付的金额都少。不过这并不是一个问题，因为使用信用卡支付对消费者来说是安全的。然而在购买下一辆汽车时，我们就不会相信只有 100 美元保证金的 VeriSign 证书了。

2.6　攻击

介绍完密码学最重要的功能，现在我们来谈一谈攻击，这里主要讨论针对加密方案的攻击。攻击有很多种类型，每一种都有它的严重性。

2.6.1　唯密文攻击模型

唯密文攻击（ciphertext-only attack）就是大多数人谈到攻破一个加密系统时所指的攻击。这是这样一种情形，Alice 和 Bob 对他们的数据进行了加密，攻击者得到的只有密文。在只知道密文的情况下试图解密一个消息就称为唯密文攻击，这是最困难的一种攻击方式，因为已知的信息量最少。

2.6.2　已知明文攻击模型

已知明文攻击是一种同时知道明文和密文的攻击。显然，这种攻击的目标是获得解密密钥。乍一看这好像令人难以置信，如何知道明文呢？实际上，在很多情况下都可以获得通信的明文。有时候一些消息是容易预测的，比如 Alice 在外度假，她的电子邮件自动回复设置为能够给每一封收到的电子邮件回复"我在度假"，攻击者可以给 Alice 发送一封电子邮件，然后读取答复得到自动回复的具体内容，那么当 Bob 发送一个电子邮件给 Alice 时，也会有同样的自动回复，不过这一次是加密的，现在攻击者就得到了一条消息的密文和明文。如果能够得到密钥，就可以解密 Alice 和 Bob 使用这个密钥交互的其他所有消息。后一部分非常重要，值得重述一遍：通过一些明文 – 密文对获得密钥，然后使用密钥来解密其他密文。

另外一个典型的例子是，Alice 将同一个消息发送给多个人，包括攻击者，现在攻击者就得到了 Alice 发给其他所有人的明文和密文副本。

还有可能 Alice 和 Bob 正在发送一个新闻稿的草稿给对方，一旦这个新闻稿发布，攻击者就得到了明文及其密文。

即使不知道完整的明文，也经常可以知道它的一部分。电子邮件的开头一般都是可以预测的，或者结尾有一个固定的签名，IP 包的包头也是非常容易预测的，利用这些可预测的数据就可以获得一部分明文，我们把这种攻击也归类为已知明文攻击。

已知明文攻击比唯密文攻击更强大。攻击者可以得到比唯密文攻击中更多的信息，这些额外的信息当然会有帮助。

31

2.6.3　选择明文攻击模型

接下来可以允许攻击者选择明文，这种类型的攻击比已知明文攻击更强大。现在攻击者可以选择特殊准备的明文，这些明文的选取是为了更易于攻击该系统，攻击者可以选择任意数量的明文，并得到相应的密文。同样，这种攻击在现实中并不是不切实际的，在很多情况下攻击者可以选择被加密的数据，Alice 经常从外界的信息源（比如，可能受到攻击者影响的信息源）得到信息，然后以加密形式转发给 Bob。例如，攻击者可以发送一封电子邮件给 Alice，而且他知道 Alice 肯定会转发给 Bob。

选择明文攻击（chosen-plaintext attack）是很合理的，一个好的加密算法应该能够抵抗选择明文攻击。如果有人声称选择明文攻击与他们的系统无关，我们一定要持怀疑态度。

这种攻击有两个变种：一种是离线攻击，攻击者在得到密文之前，要准备好所有想要加密的明文消息；另一种是在线攻击，攻击者可以根据已经得到的密文选择新的明文。大多数情况下两者的区别可以忽略，我们通常也只讨论在线形式的攻击，这是两者中比较强的一个。

2.6.4　选择密文攻击模型

"选择密文"这个术语其实不太恰当，实际上应该称为"选择密文和明文攻击"，但是这样显得太长了。在选择明文攻击中，攻击者可以选择明文值；而在选择密文攻击中，攻击者既可以选择明文值也可以选择密文值。对每个选择的明文，攻击者可以得到相应的密文，而且对每一个选择的密文也可以得到相应的明文。

显而易见，选择密文攻击比选择明文攻击更强大，因为攻击者有更多的自由，但是目标仍然是获得密钥，得到密钥之后就可以解密其他密文。再次强调一下，任何合理的加密方案都应该能够抵抗选择密文攻击。

2.6.5　区分攻击的目的

上面介绍的攻击目的在于恢复明文或者解密密钥，但是有一些攻击并不需要恢复密钥，而是解密另一个特定的消息，还有一些攻击也不用恢复明文，而是想获得该消息的某部分信息。例如，给定 10 个选定的明文和它们相应的密文，还有第 11 个密文，即使现在无法获得解密密钥，但能够知道第 11 个密文对应明文的最后一位是 0 还是 1，这种信息对攻击者可能会非常有价值。现在已经有很多种攻击形式了，并且新的攻击形式还在不断被发明，那么我们究竟应该防御怎样的攻击呢？

我们希望能够抵抗区分攻击。所谓区分攻击，就是利用特殊的方法来找出实际的加密方案和理想的加密方案之间的差异。这种攻击涵盖了迄今为止我们讨论过的所有攻击，也包括了尚待发现的任何其他攻击。当然，我们必须定义什么是理想方案。这个概念现在听起来可能有些令人困惑，因为我们还没有给出理想方案的定义，但我们会在下一章中进行详细解释。

这听起来是不是有些牵强？当然不。我们的经验表明，我们当然希望加密方案是完美的，但是一些加密函数除了具有不能抵抗区分攻击的缺陷，其他性质还是很完美的，所以每次使用这些函数的时候都需要确认这一缺陷不会导致任何问题。在一个包括多个组件的系统中，也必须检查任何缺陷的组合是否会产生问题，很多情况下这样的系统是行不通的，在实际中我们也发现一些实际系统的脆弱性都是由组件的缺陷造成的。

2.6.6　其他类型的攻击

到目前为止，我们主要讨论了对加密函数的攻击，此外还可以定义对其他加密函数的攻击，如认证、数字签名等，我们将在适当的时候加以讨论。

但即使对于加密函数，我们也只是讨论了基本的攻击模型，在这些攻击中，允许攻击者知道或选择明文 / 密文。而有时候，攻击者还可以知道密文是何时生成的，或者加密和解密操作花费了多少时间。时间信息和密文长度能够泄露加密消息的一些信息，利用这种信息的攻击被称为信息泄露攻击或者侧信道（side-channel）攻击。

2.7　深入探讨

现在我们再深入地讨论两种通用的攻击技术。

2.7.1　生日攻击

生日攻击得名于生日悖论。如果一个房间里有 23 个人，那么其中两个人生日相同的概率超过 50%，这个概率大得令人不可思议，因为一共有 365 个可能的生日。

那什么是生日攻击呢？这种攻击依赖于一个事实：相同的值（也称为碰撞）出现得比我

们预料的要快得多。在一个保护金融交易的系统中，假设每一笔交易都使用新的 64 位的认证密钥（为了简单起见，我们假设没有使用加密），那么一共有 2^{64}（$=18 \times 10^{18}$）个可能的密钥值，所以这样应该是很难攻破的，对吗？不！在大约 2^{32}（$=4 \times 10^9$）次交易之后，攻击者就可以预料到有两次交易使用了相同的密钥。假设认证的第一条消息总是相同的："Are you ready to receive a transaction?"那么如果两次交易使用了相同的认证密钥，它们第一条消息的 MAC 值就是相同的，攻击者很容易就可以发现这一点，知道了两次密钥是相同的，攻击者就可以把以前交易中的消息插入正在进行的新交易中，而这些伪造的消息是被正确的密钥认证的，所以会被接受，显然这破坏了金融交易系统。

一般说来，如果一个元素可以取 N 种不同的值，那么随机选择了大约 $\sqrt{N}$ 个元素之后，就可以预期出现第一次碰撞（这里我们不考虑计算的细节，但 $\sqrt{N}$ 是非常接近的）。对于生日悖论来说，$N=365$，从而 $\sqrt{N} \approx 19$，实际上出现相同生日的概率超过 50% 所需要的人数是 23，但是对于我们来说 $\sqrt{N}$ 已经十分接近了，而且这也是密码学中常用的近似值。可以这样理解，如果选择 k 个元素，那么有 $k(k-1)/2$ 对元素，每一对元素有 $1/N$ 的机会是相等的，所以出现碰撞的概率接近 $k(k-1)/2N$，当 $k \approx \sqrt{N}$ 时，这个值就接近 50% 了。⊖

大多数时候我们讨论 n 位的值，因为有 2^n 个可能的值，所以集合中需要 $\sqrt{2^n} = 2^{n/2}$ 个元素才能预期出现一次碰撞。我们将经常谈到 $2^{n/2}$ 这个界，或称为生日界。

2.7.2 中间相遇攻击

中间相遇攻击和生日攻击属于同一类（我们将这两种攻击统称碰撞攻击），不过中间相遇攻击更加常见而且更加有用。我们可以自己选择构造一个密钥表，而不用等待密钥重复出现。

我们再回到前面的金融交易系统的例子，每次交易都使用一个新的 64 位密钥来进行认证。使用中间相遇攻击，攻击者可以进一步攻破系统。攻击者首先随机选择 2^{32} 个不同的 64 位的密钥，然后对每一个密钥计算消息"Are you ready to receive a transaction?"的 MAC 值，并把 MAC 结果和密钥都保存在一张表中。接着窃听每一次交易，并检查第一条消息的 MAC 是否出现在他的表中，如果 MAC 出现在表中，那么这次交易的认证密钥将很有可能与攻击者计算这个 MAC 值使用的密钥是相同的，而且这个密钥与 MAC 值一起存储在表中。既然攻击者知道了认证密钥，就可以在交易中插入他选择的任意消息（生日攻击只允许攻击者插入以前交易的消息）。

攻击者需要窃听多少次交易呢？他预先计算了所有密钥中 $1/2^{32}$ 的密钥对应的 MAC 值，所以每次系统选择一个密钥都有 $1/2^{32}$ 的概率选到攻击者能够识别的密钥，于是经过 2^{32} 次交易之后，攻击者能够期望有一次交易使用的密钥是他预先计算 MAC 时使用的密钥。攻击者总的工作量大约是 2^{32} 步预先的计算以及窃听 2^{32} 次交易，比起尝试 2^{64} 个可能的密钥来，这份工作量小多了。

生日攻击和中间相遇攻击的区别在于，生日攻击等待同一个值在相同的元素集合中出现两次；而在中间相遇攻击中，我们有两个集合并等待这两个集合出现交集。两种情况下，我们都期望在尝试大约同样多的元素之后找到第一个结果。

同生日攻击相比，中间相遇攻击更具灵活性。简单地说，假设我们有 N 个可能的值，第一个集合有 P 个元素，第二个集合有 Q 个元素，那么一共有 PQ 对元素，每一对元素

⊖ 这些只是近似值，但已经能够满足我们的要求。

相等的概率为 $1/N$，如果 PQ/N 接近于 1，我们就可以预测有一次碰撞。最有效的选择是 $P \approx Q \approx \sqrt{N}$，这正好就是生日界。中间相遇攻击还可以提供额外的灵活性，有时候获得一个集合中的元素比获得另一个集合中的元素要容易一些，只要满足唯一的要求 PQ 接近于 N，如可以选择 $P \approx N^{1/3}$，$Q \approx N^{2/3}$。在上述例子中，攻击者可以对第一个消息建立由 2^{40} 个可能的 MAC 值组成的列表，期望在偷听了 2^{24} 次交易之后找到第一个认证密钥。

当我们从理论上分析一个系统被攻破的难易程度时，通常使用两个大小均为 $\sqrt{N}$ 的集合，因为这样攻击者需要执行的步骤最少。如果想证明获得一个集合的元素比获得另一个集合的元素更困难，则需要进行更详细的分析。如果想要在实际中进行中间相遇攻击，则需要小心地选择集合的大小，以尽可能小的代价来保证 $PQ \approx N$。

2.8 安全等级

只要有足够的努力，任何密码系统都能被成功地攻击，真正的问题在于需要多少工作量去攻破一个系统。要确定一个攻击的工作量，一种简单的方法是把它与穷举搜索进行比较。所谓穷举搜索攻击，就是对某一目标（例如密钥）尝试所有的可能值。如果一个攻击需要 2^{235} 个步骤，那么它就相当于对一个 235 位的值进行穷举搜索。

我们经常讨论一个攻击者需要采取一定数量的步骤，但是还没有具体说明什么是一个步骤，这在一定程度上是偷懒，但也是为了简化分析。在攻击加密函数时，对给定的密钥，单独进行一个给定消息的加密计算就是一个步骤。但有时一个步骤也可能仅仅是在一个表中查找某些东西，它是可变的。不过在所有情况下，一个步骤能够被计算机在很短的时间内完成，有时可能需要一个时钟周期，有时可能需要 100 万个时钟周期，但是对于这种密码攻击所需要的工作量，100 万的数量级并不是十分重要。基于步骤分析的易用性远比其内在的不确定性更重要，我们总可以进行更详细的分析来确定一个步骤相当于多少工作量，但是为了进行快速估计，我们总是假定一个单独的步骤需要一个时钟周期。

目前设计的任何系统实际上都需要至少 128 位的安全等级，也就是说，任何攻击至少需要 2^{128} 个步骤。当前设计的每个成功的新系统都应该能够运转 30 年，并且在最后一次使用之后，应该为数据提供至少 20 年的保密性，所以我们的目标是保证未来 50 年的安全性。这是一个相当高的等级，已经有一些工作根据摩尔定律进行了推断并用于密码学。128 位的安全等级是足够的[85]，我们也可认为 100 位或者 110 位就足够，但是密码原语使用的参数大多为 2 的幂，于是我们这里使用 128 位。

安全等级的概念仅仅是近似的。我们只是度量了攻击者必须做的工作量，而忽略了诸如内存、系统交互等因素。但是仅仅度量攻击者的工作量就已经十分困难了，而将这个模型复杂化会使安全性分析更加困难，而且忽略关键因素的可能性会大大增加。由于采取简单而保守的方法代价相对较低，所以我们采用简单的安全等级概念。然而，安全等级是对手访问权限的函数：对手只能进行已知明文攻击还是可以进行选择明文攻击？对手可以掌握多少个加密消息？

2.9 性能

安全性不可能免费得到。虽然许多密码学家想让密码算法尽量高效，但有时这些算法还是被认为效率很低，为了效率而定制密码方案可能会有风险。如果偏离了安全性的大道，我们必须进行大量的分析来确保设计的系统并不脆弱，这样的分析需要经验丰富的密码学家。

对大多数系统而言，相比于设计和实现一个更加高效的安全系统，购买更快的计算机会更加简单和便宜。

对于大多数系统，密码部分的性能是不成问题的。现代的 CPU 速度很快，足以跟得上它们所处理的几乎所有的数据流。比如，在 1GHz 的奔腾 Ⅲ CPU 上使用 AES 算法加密一个 100Mb/s 的数据链路只需要 20% 的周期（实际上更小，由于通信协议也会有开销，因此在链路上从不会达到 100Mb/s 的传输速率）。

然而在有些情况下，密码系统会成为性能上的瓶颈。一个很好的例子就是使用了很多 SSL 连接的 Web 服务器，SSL 连接的初始化使用了公钥密码系统，在服务器端需要大量的计算能力。确实，我们能够开发一个使服务器端效率更高的 SSL 的替代者，但是购买硬件加速器来运行 SSL 协议要更便宜也更安全。

最近我们听到一种观点认为应该让人们更多地选择安全性而不是性能，"已经有太多不安全的快速系统了，我们再也不需要这样的系统"。这种观点非常正确，人们在安全性上采用折中措施的开销和尽力做好的开销几乎相同，而前者只能提供很小的安全性。所以我们坚定地认为，如果想要实现任何安全性，就要尽量去实现好。

2.10　复杂性

一个系统越复杂，就越可能有安全问题。实际上，复杂性是安全性的最大障碍，这是一个很简单的准则，但是需要一段时间才能真正理解它。

这与几乎到处使用的"测试－修复"的开发过程有关：创建某个系统，测试错误，返回修复，再次测试并发现新的错误，等等。测试、修复，不停地重复，这样的过程会一直持续下去，直到公司财务或其他因素决定这个产品该交付了。当然，只要它只用于与测试相同的环境，这种过程产生的系统会工作得非常好。这对于功能性来说可能已经足够好了，但是对于安全系统而言完全不合适。

这种"测试－修复"方法的问题在于，测试只是说明了错误的存在，这些错误仅仅是测试者想发现的。安全系统需要在机智并怀有恶意的人进行攻击时仍然能够工作，而一个系统不可能对所有可能受到的攻击都进行测试。测试仅仅能够针对功能，而安全性不是功能的缺失。无论攻击者做什么，他都应该无法获得任何信息，而测试并不能体现这种性质的缺失。系统必须一开始就是安全的。

考虑下面的这个类比，假设我们使用一种流行的编程语言编写一个中型的应用，我们不停地修改其中的语法错误直到能够通过第一次编译，然后不经过进一步测试就交付给用户，没人会相信这样的产品能够正常运转。

然而安全系统通常就是这样完成的。安全系统无法进行测试，因为没有人知道该如何进行测试。根据定义，如果攻击者能够发现没有经过测试的任何一个方面，那么他就胜利了，并且如果系统有错误，那么产品就是有缺陷的。所以，获得安全系统的唯一途径就是从一开始就构建一个非常健壮的系统，这就要求系统是简单的。

我们知道使一个系统简单的唯一办法就是把它模块化。在进行软件开发时，我们都已经知道这一点，但是这次我们不能使其有任何错误，所以在模块化的时候必须非常仔细，这样就得到了第二条准则：正确性必须是一个局部性质。换言之，无论系统的其他部分如何工作，系统的每一部分都应该正确运转。我们不愿意听到"这不会是一个问题，因为系统的其他部分绝不会让这种情况发生"的说法，其他部分可能有错误，也可能在将来的某个版本中发生变化，所以系统的每个部分都应该为自己的功能负责。

2.11 习题

2.1 考虑 Kerckhoff 原则。分别提出至少两个论点来支持和反对 Kerckhoff 原则，并陈述和分析你对 Kerchhoff 原则正确性的看法。

2.2 假设 Alice 和 Bob 在 Internet 上互相发送电子邮件，这里通过连接到他们钟爱的咖啡店提供的无线网络的笔记本电脑发送电子邮件。

- 列举可能攻击这个系统的所有人以及每个人可能完成的攻击。
- 尽量详细地描述 Alice 和 Bob 可以如何抵抗上面定义的每种攻击。

2.3 考虑一个 30 人的群组，两两之间都想利用对称密码进行安全通信，那么一共需要交换多少个密钥？

2.4 假设 Bob 收到了一条使用数字签名方案的消息，该消息使用 Alice 的私钥进行签名，这能否证明 Alice 看见了这条消息并进行了签名？

2.5 假设我们 2.5 节中介绍的 PKI 并不存在，现在 Alice 得到了据称属于 Bob 的公钥 P，那么 Alice 如何才能确信 P 真的属于 Bob 呢？分别在以下场景中考虑这一问题：

- Alice 可以通过电话和 Bob 交谈。
- Alice 可以通过电话和她信任的某人（比如 Charlie）交谈，并且 Charlie 已经验证过 P 属于 Bob。
- Alice 可以通过电子邮件和 Charlie 进行交流，并且 Charlie 已经验证过 P 属于 Bob。

如果需要进行额外的假设，请加以明确说明。

2.6 假设对于一个加密方案，选择密文的攻击者无法恢复出解密密钥，这是否意味着这个加密方案是安全的？

2.7 考虑一个对称密码系统，密钥是从所有 n 位字符串的集合中随机选取的，那么 n 大约为多少才能保证对于生日攻击有 128 位的安全性？

38

39
~
40

Cryptography Engineering: Design Principles and Practical Applications

消 息 安 全

分组密码

分组密码是密码系统的基本组成部分之一。目前已有大量关于分组密码的文献，可以说分组密码是密码学最容易理解的部分。然而它们仅是基本组件，在大多数应用中都不会直接使用分组密码，而是以所谓的"工作模式"来使用分组密码，这部分内容我们将在以后的章节中讨论。本章主要的目的是让你对分组密码有深入的理解：什么是分组密码、密码学家如何看待它们，以及如何在不同的分组密码算法中做出选择。

3.1　什么是分组密码

分组密码是加密固定长度数据分组的加密函数。最新一代分组密码的分组长度为 128 位（16 字节），这些分组密码加密 128 位的明文以产生 128 位的密文。分组密码是可逆的，有一个解密函数将 128 位密文解密得到原先的 128 位明文。明文和密文的长度总是相同，我们将它称为分组密码的分组长度。

用分组密码进行加密，我们需要一个密钥，没有密钥就无法隐藏消息。就像明文和密文一样，密钥也是一个位串，常见的密钥长度为 128 和 256 位。我们通常用 $E(K,p)$ 或者 $E_k(p)$ 来表示使用密钥 K 对明文 p 进行加密，用 $D(K,c)$ 或 $D_k(c)$ 表示用密钥 K 对密文 c 进行解密。

分组密码用于多种用途，其中最主要的是加密信息。然而出于安全性考虑，人们很少直接使用分组密码。相反，人们通常在实际中利用分组密码工作模式，这部分内容将在第 4 章讨论。

在任何加密任务中使用分组密码时，我们总是遵循 Kerckhoff 原则并假设用于加密和解密的算法是公开已知的。一些人很难接受这一点，想保持算法是秘密的。永远不要相信有秘密的分组密码（或者任何其他秘密的密码原语）。

可以把分组密码看作一个非常庞大的密钥映射表。对于任何固定的密钥，可以计算出一个查找表，用于明文到密文的映射。这个表相当巨大，对于一个分组长度为 32 位的分组密码，该表大小为 16GB；如果分组长度为 64 位，那么查找表的大小为 1.5 亿 TB；如果分组长度增至 128 位，表的大小将会是 5×10^{39} 字节，如此大的数字甚至不能用现有的计数单位来计数。当然，在现实中建立这样的表是不切实际的，但这是一个有用的概念模型。由于分组密码是可逆的，也就是说表中没有两项明文对应的密文是相同的，否则解密函数不可能将密文解密为唯一的明文。因此这个庞大的表将包含所有可能的密文值一次。这就是数学家所谓的置换：该表包括了所有元素的重新排列。一个分组长度为 k 位的分组密码对于每一个密钥都对应一个 k 位值的置换。

在这里说明一点，分组密码的输出密文一般不能是明文字符串直接置换所得到的值。需要验证所有的 k 位输入的 2^k 个可能值和对应的 k 位输出。举一个例子，如果 $k=8$，输入 00000001 可以使用某个密钥加密为密文 01000000，如果选择不同密钥加密，也可能得到 11011110，这取决于对分组密码的设计。

3.2 攻击类型

知道了分组密码的定义，安全分组密码的定义似乎很简单：能够保证明文保密性的分组密码就是安全的。从这个角度来看，分组密码确实满足了一定的安全需求，但这是远远不够的。这个定义只是需要分组密码在已知密文攻击的条件下是安全的，也就是攻击者只能看到消息密文的情况下。目前，已经公布了几个此类型的攻击 [74,121]，但是这些攻击方法不是针对已知和已公布的分组密码。目前公布的大部分攻击都是明文攻击（见 2.6 节中攻击类型的概述）。这些攻击大部分适用于所有类型的分组密码，少数适用于特定的分组密码。

针对分组密码的第一类攻击是相关密钥攻击。这种攻击由 Eli Biham 于 1993 年首次提出 [13]，相关密钥攻击假设攻击者在已知加密函数、未知密钥的情况下通过这些函数密钥之间的相关性进行攻击。事实证明，这种类型的攻击针对实际系统是有作用的 [70]。在实际系统中的不同密钥之间确实存在相关性。一个专有系统可以通过将密钥加 1 为每个消息生成不同的密钥。因此，连续的消息使用连续的密钥进行加密。事实证明，利用密钥之间的关联性可以攻击一些分组密码系统。

还有一种更加复杂的攻击类型。在设计 Twofish 分组密码（3.5.4 节）时，会介绍选择密钥攻击的概念，攻击者选择密钥的一部分进行攻击，对剩余部分采用相关密钥攻击 [115]。⊖

那么，攻击者为什么会选择这两种攻击方法进行攻击呢？

第一，相关密钥攻击是针对实际系统的攻击。事实上，在分组密码的标准协议中需要的两个密钥有如下关系：一个密钥 K 是随机产生的，另一个密钥 K' 是 K 加上一个固定的常数。

第二，分组密码是非常有用的基本组件，但常常被误用。为此，Davies-Meyer 提出了一种从分组密码中构造散列函数的标准技术，称为 Davies-Meyer 构造 [128]。在 Davies-Mayer 散列函数中，攻击者可以随时选择分组密码的密钥，进行相关密钥攻击和选择密钥攻击。有关散列函数会在第 5 章中介绍，但不会详细阐述 Davies-Meyer 构造。任何分组密码安全的定义如果不考虑这些攻击类型（或其他任何攻击类型），都是不完整的。

分组密码作为一个模块，应该有一个简单的接口。最简单的接口应该确保所有的性质都可以被使用者合理地利用。并且在此基础上，以交叉依赖的形式，允许接口增添其他复杂功能为系统所用。当前面临的挑战是如何根据分组密码的功能需求确定合理的性质。

3.3 理想分组密码

很难去界定什么是分组密码，有些概念即使能够了解和掌握也难以确切地定义。理论界明确了一些性质的定义，如伪随机性和超伪随机性 [6,86,94]。对于分组密码，这里使用广义的定义，包含了弱密钥和选择密钥攻击的范围。下面介绍分组密码原语委员会所定义的分组密码，称之为"理想"分组密码。

理想分组密码的核心是随机置换。需要明确的是：对于每个密钥值，分组密码都是一个随机置换，而且不同密钥对应的置换应该是完全独立的。如同在 3.1 节中提到的，一个 128 位的分组密码（128 位值上的单个置换）需要大小为 2^{128} 的巨大查找表。理想分组密码包括了每个密钥值对应的查找表，每个表都是从所有可能的置换集合中随机选择的。

严格来说，因为没有明确指定选择哪一个查找表，这种理想分组密码的定义是不完整的。如果指明了查找表，那么理想密码就不再是随机的，而是固定的。为了规范化定义，我

⊖ 稍后的分析表明这种方法不能够攻击 Twofish[50]，但可能对其他的分组密码有效。

们不能只讨论单个理想分组密码，而要把理想分组密码当作在所有可能的分组密码集合上的均匀概率分布。任何时候使用理想分组密码都必须考虑概率，但这会使情况变得更加复杂。因此，我们还是使用非正式的简单随机选择的分组密码的概念。在这里需要强调，理想分组密码是不能够在实践中获得的，它是一个在讨论安全性时使用的抽象概念。

3.4 分组密码安全的定义

如上所述，虽然在文献中已经有关于分组密码的正式定义，但出于复杂性考虑，本书使用简单非正式的定义。

定义 1 一个安全的分组密码能够抵抗所有的攻击。

下面来定义分组密码攻击的概念。

46 **定义 2** 分组密码攻击是将分组密码从理想分组密码中分离开来的一种非通用方法。

定义中所指的将分组密码从理想分组密码中分离开来是什么意思？这种方法是将一个分组密码 X 与相同分组长度、相同密钥大小的理想分组密码进行比较。区分器是一个算法，通过黑盒函数来判别是分组密码 X 还是理想分组密码（黑盒函数是指可以求解的函数，但区分器算法并不了解其内部工作细节）。该算法可以自由选择任何的加密和解密函数，也可以自由选择密钥。这个区分器的任务就是弄清黑盒函数实现的是分组密码 X 还是理想密码。该区分器并不需要完美，只需要在大多数情况下能做出正确的判断。

当然，也有通用的解决方案：可以用密钥 0 来加密明文 0，查看结果是否与通过分组密码 X 得到的期望结果相匹配。这就是一个区分器，但如果使之成为攻击，就要使用"非通用"方法。"通用"和"非通用"的区别也使分组密码安全的定义很难界定。当然，也很难用术语描述"通用"和"非通用"的概念，但在实际中遇到时一般都能够很快做出判断[⊖]。如果能够轻易找到任何一个分组密码的区分器，就认为它是通用的。在上面的情况中，我们可以为任何分组密码构建一个类似的区分器，所以这个区分器是通用的。这种"攻击"甚至可以区分两种理想分组密码。当然，这在实际中不会用到。这种攻击被称为"通用"方法是因为可以区分两种理想分组密码。"通用"的攻击没有利用任何分组密码本身的内部性质。

还有一种更为先进的通用区分器：使用 1，…，2^{32} 的所有密钥对明文 0 进行加密来统计每个密文前 32 位出现的频率。如果发现对于一个密码 X，前 32 位密文的值 t 出现五次而不是预期的一次，那么就可以判断这种密码是分组密码。因为此性质不适用于理想密码，所以可以利用这一点区分理想密码。这仍然是一个"通用"区分器，因为可以轻易地为任何密钥 X 构造区分器（实际上密码没有一个合适的 t 值是极不可能的）。这也是"通用"的攻击，因为所描述的方式适用于所有分组密码而并没有利用密码 X 的具体缺陷。这种区分器甚至可以用来区分两个理想的密码。

47 如果区分器按照如下设计，情况会变得更加复杂：可以对密码算法做 1000 次不同的统计，计算出每一个统计结果得出密码 X，并由统计出的最有效的结果建立一个区分器。这里，希望通过 1000 次的统计得到一个有效结果。当然，可以运用同样的技术来区分任何特殊密码，所以这也称为通用攻击，但是现在"通用"属性不仅取决于区分器本身，还取决于如何被发现。这也是没有人能够正式定义通用攻击和分组密码安全的原因。目前密码委员会

⊖ 1964 年，美国最高法院法官 Potter Stewart 这样定义："我不能够给出更精确的定义，但是我看见它就知道就是它了。"

还不能够充分定义和了解"通用性"而无法定义什么是安全的分组密码。现有的定义往往限制了攻击者的能力。例如，现有的定义不允许攻击者进行选择密钥攻击。尽管这些假设在某些情况下适用，但还需要尝试建立更加健壮的分组密码。

不能不考虑区分器所允许的计算量限制，如果做出明确的定义，情况会进一步复杂。如果分组密码有一个明确的 n 位的安全等级，一个合格的区分器需要在效率上优于对 n 位进行穷举搜索的代价。如果没有给出明确的设计强度，那么就默认为等同于密钥大小。这种提法的意思就是间接说明区分器需要在 2^n 步之内完成工作。但是有一些类型的区分器只会得到类似于部分密钥搜索的概率结果。这种攻击就是工作量和区分理想密码与分组密码准确性的概率权衡。例如：对于一半密钥空间的穷举搜索需要 2^{n-1} 工作量，并有 75% 的概率提供正确结果（如果攻击者得到密钥，则能得到正确结果。如果未找到密钥，仍然有 50% 的概率猜测出正确结果。因此，区分器得到正确结果的概率为 $0.5+0.5 \times 0.5=0.75$）。通过将区分器与这样的部分密钥空间搜索进行对比，我们综合考虑这一性质，将这类部分密钥空间搜索列为攻击。

在这里，对于分组密码安全的定义涵盖了所有可能的攻击形式，唯密文攻击、已知明文攻击、（自适应）选择明文攻击、相关密钥攻击等所有的攻击都实现了一个非通用区分器。这就是在本书中采用非正式定义的原因。包括在第 1 章中所谈到的偏执狂精神，我们需要抓住任何可能被视为非通用的攻击。

为什么花费大量篇幅来谈什么是安全的分组密码？因为它定义了一个简单干净的接口，这个接口是分组密码和系统其余部分之间的接口。这种良好的模块化思想是一种很好的设计。在安全系统中最大的敌人是系统复杂性，良好的模块化甚至比其他所有部分都重要。分组密码一旦满足既定的安全定义，就可以作为理想密码。毕竟，如果它不是理想密码，就会被区分器检测出来，根据定义，这种密码被认为是不安全的。如果使用一个安全的分组密码，就无须再考虑任何特殊性或者不完善之处，安全的密码具备了所有对于分组密码的期望性质。这使大型系统的设计变得更加容易。

当然，有些密码在实践中或为了生产中的特殊应用并不符合我们严格的定义。因为理论性很强的定义中很少有分组密码满足所有的安全要求，比如有些要求在实际中不可能达到，但是满足定义的分组密码还是非常具有吸引力的。

置换的奇偶性

不幸的是，我们还有更多复杂的问题。如 3.1 节中所讨论的内容，对一个密钥加密可以看作查找一个置换表。建立这个置换表需要两个步骤：首先，通过索引 i 到值 i 的一一身份映射初始化表格。然后通过重复交换表格中的两个元素来创建置换。有两种置换类型：进行奇数次元素交换（称为奇置换）；进行偶数次元素交换（称为偶置换）。当然，在所有的置换中，一半是奇置换一半是偶置换。

大多数分组密码的分组长度都为 128 位，但是都采用 32 位字操作。加密函数正是从多个 32 位运算构建而成。这已经被证明是一个非常成功的方法，但是有一点弊端：32 位字操作使得在小的操作中几乎不可能产生奇置换，几乎所有的分组密码只会产生偶置换。

根据上面的说法，可以通过一个简单的区分器对几乎所有的分组密码进行"奇偶校验攻击"。对于一个给定的密钥，对所有可能的明文进行加密以提取置换。如果是奇置换，就可以认为是理想分组密码，因为真正的分组密码不能产生奇置换。如果是偶置换，那么这个区分器会做出是真正分组密码的判断。当然结果有 75% 的概率是正确的。因为只有当理想密码产生偶置换的时候区分器才判断错误。对其他密钥值重复进行检测可以提高正确率。

但是，这种攻击没有任何实际的意义。因为为了找到置换的奇偶性必须得到除了一个明文密文对以外所有其余的明文密文对（提示：唯一剩下的明文映射到唯一剩下的密文）。实际上，在一个真正的系统中是不允许有很多的明文密文暴露的，因为其他类型的攻击更早就能破坏系统。特别是，一旦攻击者知道了大部分明文密文对，就不再需要密钥来解密消息，而可以简单地通过使用查找表来恢复明文。

通过定义可以确定奇偶校验攻击是通用攻击，但这似乎很牵强，因为偶校验的分组密码是由设计的特殊性所决定的。因此，可以改变理想分组密码的定义，使其只是随机选择的偶置换。

定义 3　理想分组密码能够为每一个密钥值实现独立选择的随机偶置换。

这个定义似乎使"理想"分组密码变得更加复杂，解决的唯一办法就是排除所有已知的分组密码。实际上对于绝大多数的应用领域，这种偶置换限制是微不足道的。只要无法得到所有的明文密文对，奇置换和偶置换就是无法区分的。

如果你有一个能产生奇置换的分组密码，应该回到理想密码最初的定义去。在实践中，奇偶校验攻击在实际系统中没有理论定义中那么有效，所以可以忽略这个攻击的影响。

本节的讨论也给出了如何研究密码学的一个思路。最重要的是保持专业的偏执精神。本节讨论了一个攻击的超集，当发现攻击不切实际时，就转而去寻找另外的新攻击手段。

3.5　实际分组密码

这些年来人们已设计了数百种分组密码。设计一种新的分组密码很容易，但是设计出好的新分组密码就十分困难了。我们不仅仅需要考虑安全性，因为设计分组密码要考虑安全性是不言而喻的，设计安全的分组密码本身就是个挑战，但是构造在多种应用中都高效和安全的分组密码就更困难了。（前面我们曾提到有些时候可以放弃效率来保证安全性，但是如果可能，当然希望兼顾二者。）

设计分组密码是一项有趣且有意义的工作，但人们不应在实际系统中使用一种未知的分组密码。在密码学领域，一种密码算法只有得到专家的细致审查后方可信任。一个基本的前提是，这个密码算法已经公布，但这还是不够的。有大量的密码算法被提出来但只有极少部分得到有效的同行审查，你最好使用众所周知的已经通过审查的密码算法。

几乎所有的分组密码都由一个弱分组密码的多次重复组成，每一次运算被称为一轮。经过连续多轮的弱重复运算可以实现一个强分组密码。这种结构易于设计和实现，对分析分组密码很有帮助。大多数针对分组密码的攻击都是从轮数较少的版本开始，随着攻击方法的改善，逐渐攻击更多轮的版本。

我们将详细讨论一些分组密码，但在这里不会面面俱到，在参考文献和互联网上都能够找到这些分组密码的完整说明，我们将着重讨论密码算法的总体结构和每种密码算法的性质。

3.5.1　DES

数据加密标准（DES）[96] 是应用最广泛的一种分组密码算法，但由于它仅仅 56 位的密钥长度和 64 位的分组长度严重地限制了算法的安全性，已经不适合今天的快速计算机和大量数据运算的情况了。随之取代它的是一种称为 3DES 的分组密码算法[99]，它以某种特殊的顺序使用两个密钥执行三次 DES 加密，用第一个 56 位密钥执行 DES，然后用第二个 56 位密钥执行 DES 逆运算即解密函数，最后用第一个 56 位密钥进行加密。这种算法解决了位数过少的密钥带来的安全问题，但是并没有解决数据分组长度过短的问题。DES 已经不是现行标准下的快速加密方法。3DES 也只有 DES 执行速度的三分之一。可能在很多系统中会遇到 DES 算法，但是在新的设计中并不推荐使用 DES 或者 3DES。但是，DES 作为一个经典的设计本身就很值得研究。

图 3-1 给出了一个单轮的 DES。这是一个 DES 算法的具体流程图，在有关密码学文献中经常看到类似的图。每个盒执行一个特定的功能，线段表示所使用的值。有一些符号规定：异或运算有时也称为按位加法或者无进位加法，在图中显示为 ⊕ 运算符。有些图中还包含整数加法，用运算符 ⊞ 表示。

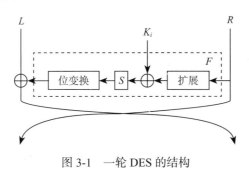

图 3-1　一轮 DES 的结构

51

DES 算法有 64 位明文，首先将明文进行 IP 置换。然后将明文从中间分成左右两部分，分别是 32 位的 L 和 R。似乎很难理解为什么要将明文进行 IP 置换，从密码设计的角度来讲并没有增强算法的安全性，但是 DES 算法的确是这样定义的。在一轮加密结束后同样交换 L 和 R 的序列以得到 64 位的密文。

DES 算法有 16 轮加密，分别被编号为 1 至 16。每一轮使用一个 48 位的轮密钥 K_i。这 16 个轮密钥是从分组密码的 56 位密钥 K 中选择 48 位生成的，对于每一轮密钥，选择方式都是不同的⊖。这个由主分组密码密钥生成轮密钥的算法称为子密钥生成器（key schedule）。

如图 3-1 所示，虚线框之内的表示轮函数 F。轮函数通过一系列的运算改变（L，R）的值。32 位的 R 值首先要经过扩展函数得到 48 位的输出。然后和轮密钥 K_i 进行异或并将结果输入 S 盒。S 盒（S 表示替代，是 substitution 首字母）是一个公开的查找表。48 位的输入被分成一些组，每组大小约为 4 ～ 6 位。S 盒将 48 位的向量通过非线性映射成为 32 位的向量。这 32 位经过位变换函数后与 L 异或得到新的 L，将此 L 和 R 的值互换，进入新一轮的加密。如此重复 16 轮就是一个完整的 DES 加密。

DES 算法的基本结构称为 Feistel 结构[47]。这是一个巧妙的设计。每一轮通过 L 和 $F(K_i,R)$ 的异或生成新的 L，然后将 L 与 R 交换，该设计的巧妙之处在于解密函数可以使用相同的运算，只需要将 L 和 R 的值交换。所以在分析时，只需要分析加密函数或者解密函数中的一个。还有一点需要注意的是最后一轮计算后的输出结果不需要交换 L 和 R，因此除了轮密钥的顺序之外，加密和解密函数几乎相同。这种设计对于硬件实现是非常有好处的，因为可以使用相同的电路进行加密和解密的计算。

⊖ 密钥选择有一些可用的结构，具体方式可以参阅 DES 规范[96]。

DES 加密算法的不同部分有不同的功能，这种设计简单的 Feistel 结构使得 *L* 和 *R* 两部分混合在一起。用密钥来进行异或主要是通过密钥和数据进行混合运算来打乱消息。*S* 盒提供非线性变换。如果没有以上这些部分，密码就可以表示成二进制加法，从而很容易遭受到基于线性代数的数学攻击。最后，*S* 盒、扩展函数、位变换函数的结合起到了扩散的作用。扩散是指输入 *F* 的任何一位发生变化都影响到输出密文的许多位。在接下来一轮的计算中就会影响到更多位。如果没有良好的扩散性能，明文微小的变化也只能导致密文的某些位发生变化，攻击者很容易检测出这些变化。

根据安全定义，DES 算法有很多特有的性质。比如，每一轮的轮密钥都是由分组密码的主密钥的某些位生成的。如果主密钥为 0，那么所有的轮密钥都是相同的，也都为 0。上面提到加密和解密的唯一区别就是轮密钥的顺序，因为所有的轮密钥都是 0，所以所有的加密密钥和解密密钥也都相同了。这是一个非常容易检测的性质，而理想分组密码没有这个性质。它容易导致简单而高效的区分攻击[⊖]。

DES 算法也有互补的性质：

$$\overline{E(K,P)}=E(\overline{K},\overline{P})$$

K 为密钥，*P* 为明文，$\overline{X}$ 是指 *X* 的所有位取反后的值。如果使用取反的密钥加密取反后的明文值，那么所得到的密文是原密文的取反。

这是很容易理解的。试想在图 3-1 中如果将 *L*、*R* 和 *Kᵢ* 的所有位均取反会出现何种情况。取反输入经过扩展与取反的 *Kᵢ* 进行异或，会得到和之前相同的输入，经过 *S* 盒和位变换后输出还是与未取反时的输出相同。但是 *L* 的值取反，所以异或后得到的取反结果作为新的 *R* 值。因此得到结论：如果将 *L* 和 *R* 以及加密的密钥均取反，那么得到的输出值也是原来值的取反结果。

同样理想分组密码不具备这种性质，当然，也可以利用这个特有的性质对使用 DES 的系统进行攻击。

总之，DES 因为具备这些特殊性质，按照前面对分组密码安全的定义，可以排除 DES 是一个安全的分组密码。但是即使忽略这些性质，DES 的密钥长度也是远远不能保证安全性的。目前已经能够通过简单的穷举搜索破译出 DES 的密钥^[44]。

3DES 算法具有更长一些的密钥，但是它继承了 DES 算法的弱密钥和互补性质，其中每一项都不符合我们的标准。而且，也受到分组长度只有 64 位的限制，这使单个密钥加密的数据量受到限制（参阅 4.8 节）。有些时候，由于一些原因不得不使用 3DES 算法，但是需要仔细使用，因为这个算法具有分组长度的限制，而且它并非是一个理想分组密码。

3.5.2 AES

高级加密标准（AES）是美国政府制定用来取代 DES 算法的标准。美国国家标准与技术研究所（NIST）并没有采用委托设计的方法而是发起征集，寻求密码学界的建议。共提交了 15 个提案^[98]，其中 5 个被选入围，最后 Rinjdael 算法被选中成为 AES[⊖]，AES 在 2001 年成为标准。

AES 采用与 DES 不同的结构，并没有采用 Feistel 结构。图 3-2 表示了一轮 AES 算法

⊖ 还有另外三种密钥满足这个性质，被称为 DES 的弱密钥。

⊖ 在关于 Rinjdael 算法的发音上有一些争议，但是没有关系，这个单词来自荷兰语，所以你可以随意称呼这个算法，或者直接叫它 AES 算法。

的执行细节，随后的几轮执行相似的步骤。输入 16 字节（128 位）的明文，首先将明文与 16 字节的轮密码进行异或操作，在图中用 ⊕ 运算符来表示。然后进入 8 位输入 8 位输出的 *S* 盒，这些 *S* 盒内部结构均是相同的。输入后按照特定的顺序重新排列输出。最后分为 4 个组，使用线性混合函数进行异或运算得到输出结果。

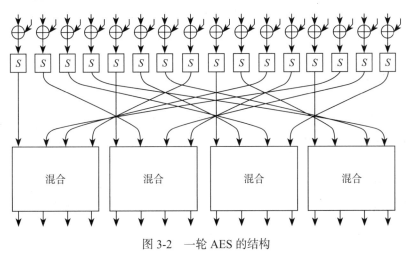

图 3-2　一轮 AES 的结构

54

　　这就完成了一轮的运算。整个 AES 算法的轮数为 10 ～ 14 轮，轮数的选择取决于密钥的长度。AES 的密钥长度有 128 位、192 位、256 位。使用 128 位密钥加密 10 轮，192 位密钥加密 12 轮，256 位密钥加密 14 轮。AES 算法和 DES 算法一样有一个子密钥生成器来产生轮密钥，但子密钥生成器有着不同的结构。

　　AES 结构有利也有弊。每一个执行步骤都包含了多个并行运算，可以实现高速运算；另一方面，解密和加密运算完全不同，需要逆转 *S* 盒的查找表，而且混合运算的逆运算也和原混合运算不同。

　　在 DES 算法中有一些功能相同的模块。异或运算把密钥混至数据中，*S* 盒提供非线性，位变换和混合函数提供扩散功能。AES 算法是一个非常清晰的设计，为分组密码的各个部分划分了清晰独立的任务。

　　AES 算法一直是相当积极的设计。AES 的设计者曾经描述了一个对执行 6 轮的算法进行攻击的方法。这也就意味着如果 AES 只被定义执行 6 轮就会受到攻击。因此作者提出了要根据密钥的长度来选择加密 10 ～ 14 轮 [27]。

　　在 AES 算法的选择中，攻击的方法已经进行了改进，可以攻击执行 7 轮的 128 位密钥、8 轮的 192 位密钥、9 轮的 256 位密钥 [49]。当然，还要多预留出 3 ～ 5 轮的轮数以保证安全。从不同的角度来看：对于 128 位的密钥，在 Rijndael 被选为 AES 算法时最好的攻击方法能够攻击 70% 的密码算法。换句话说，Rijndael 被选为 AES 是建立在未来攻击方法都不会有大的改进的前提之下的。

　　AES 是否能经得起时间的考验？无法预测未来的情况，但是它有助于回顾过去。直到最近，最好的密码分析包括 DES、FEAl 和 IDEA。在所有情况下，在这些算法被首次提出后多年，肯定会出现明显改善的攻击方法。自那时起，这个领域已经取得了显著性的进展，但是仍然需要坚定地相信不会有突破性的攻击方法出现。

　　事实上，在本书撰写的时候我们已经看到了一些在 AES 密码算法分析上取得的了不

起的突破 [14,15,16]。有一种攻击可以通过 4 个相关密钥和 2^{176} 次运算攻破 192 位密钥的 12 轮 AES 算法。还有一种攻击可以通过 4 个相关密钥和 2^{119} 次运算攻破 256 位密钥的 14 轮 AES[15]。另外，还有一种攻击可以通过 2 个相关密钥和 2^{45} 次运算攻破 256 位密钥的 14 轮 AES 算法中的 10 轮 [14]。

|55|　这些攻击都取得了巨大的成果。这表明 AES 算法已经不符合我们对分组密码安全的定义。对于 192 位密钥和 256 位密钥 AES 算法的攻击仅限于理论，在实际中不存在，所以目前不准备对这些理论上的攻击采取任何补救。但是根据攻击的定义，192 位和 256 位的 AES 算法已经从理论上被攻破，当然，随着时间的推移更巧妙、更有效的攻击可能会出现。

　　业界仍然为 AES 在实际系统中的应用而感到担忧。我们知道现阶段应用 AES 是一个很合理的决定，因为它是美国政府的标准，使用标准避免了很多争议和问题，但必须认识到，在今后的密码学发展中仍然会遇到很多较严重的问题。如果你正在开发一个系统或者制定协议标准，为了便于今后用另一种分组密码替换 AES，建议你保证可扩展性和灵活性。我们会在 3.5.6 节详细阐述这一点。

3.5.3　Serpent

　　Serpent 算法也是 AES 备选算法中的一个 [1]。它就像一个坦克，是 AES 公布的候选算法中最保守的，Serpent 算法在很多方面与 AES 算法完全相反。AES 算法更注重效率，Serpent 则更加考虑安全性。目前最佳的攻击手段只能攻破执行 12 轮加密的情况，而整个算法是计算 32 轮 [38]。Serpent 的缺点是它的速度只有 AES 的三分之一。这个算法很难有效实现，因为 S 盒必须转换成为适合底层 CPU 计算的布尔公式。

　　在某些方面，Serpent 具有和 AES 类似的结构。它需要执行 32 轮，每一轮包括一个 128 位的轮密钥进行异或运算，然后进行线性混合函数运算，将输出的 128 位输入 32 个 4 位的 S 盒进行并行处理。在每一轮的计算中，S 盒的结构都是相同的，但是在不同轮的计算中需要 8 个不同的 S 盒。

　　Serpent 算法有一个非常不错的软件实现设计。采用直接实现行的方法会使速度变得十分缓慢，因为每一轮运算需要 32 个 S 盒查找表，而整个算法需要执行 32 轮，那么总共需要进行 1024 次查找操作，而一个一个地操作是非常缓慢的。一个巧妙的设计是将 S 盒操作转变为 4 位布尔公式。输出的 4 位写成布尔公式的 4 位输入，然后 CPU 可以通过与、或、异或来直接计算这 4 个布尔公式。32 位的 CPU 可以并行执行这 32 个 S 盒，因为尽管有不同的输入数据，但寄存器中的每一位使用相同的计算函数。这种实现方式被称为 bitslice 实现。而 Serpent 算法使用这种实现方式。在混合阶段非常容易使用 bitslice 实现。

|56|　如果 Serpent 算法的执行效率和 Rijndael（现 AES）的执行效率相同，由于其在安全性上的保守设计，它一定会被选为 AES。但是速度始终是一个相对的概念。以加密 1 字节的效率来衡量，它和 DES 算法的速度相当且比 3DES 算法要快很多，只有当 Serpent 算法和其他的候选算法相比时，才显得相对较慢。

3.5.4　Twofish

　　Twofish 也是 AES 候选算法中的一个，可以看作是 AES 算法和 Serpent 算法的折中。它的执行速度几乎和 AES 一样快，但可以提供更安全的保证。标准算法是执行 16 轮，目前最优的攻击可以攻破 8 轮。Twofish 最大的缺点是更改加密密钥的代价非常大，因为 Twofish

算法在之前会使用密钥进行大量的预计算。

　　Twofish 和 DES 相同，都是用 Feistel 结构。图 3-3 ⊖给出了整个过程的图示。Twofish 将 128 位的明文分成 4 个 32 位的值，大多数的运算都是基于这 32 位的值。可以看到 Twofish 算法的 Feistel 结构，F 是轮函数。轮函数由两个 g 函数、一个被称为 PHT 的函数 和密钥相加运算构成。F 函数的输出结果与右边数据做异或运算（右边两条互相垂直的线）。 带有 <<< 和 >>> 符号的方框代表 32 位数值的算术移位。

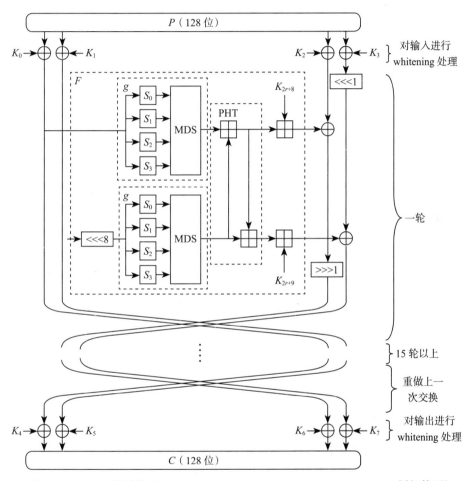

图 3-3　Twofish 的结构（© 1999，Niels Ferguson，John Wiley and Sons，授权使用）

　　每一个 g 函数包含 4 个 S 盒，然后是一个线性混合函数，这个函数和 AES 算法的混合 函数十分类似。但是 S 盒有些不同。与本书中提到的其他分组密码不同的是，这些 S 盒不是 固定的，相反，S 盒的结构依赖于密钥。有一种根据密钥来计算 S 盒结构的算法。这样设计 的目的是因为依赖密钥的 S 盒更加难以攻破。这就是为什么 Twofish 算法需要对每一个密钥 值进行预计算。S 盒预计算的结果保存在内存中。

　　PHT 函数通过 32 位加运算混合两个 g 函数的输出结果。F 函数的最后部分是对密钥进 行加法。注意这个加用符号 ⊞，而异或用符号 ⊕。

⊖　这也是该图比其他的图更加复杂、详细的原因。我们三人中的两个人在 Twofish 的设计小组，所以直接从我 们的书中截取这张图 [115]。

Twofish 算法依然使用 whitening（白化）技术，即在密码算法的开始和结束使用额外的密钥加密数据，这样做是以很小的代价使得算法更加难以攻破。

与其他密码算法一样，Twofish 有一个子密钥生成器可以生成轮密钥以及加密开始和结束时需要的额外密钥。

3.5.5   其他的 AES 候选算法

上面已经讨论了 5 个 AES 候选算法中的三个，还有两个算法：RC6[108] 和 MARS[22]。

RC6 算法是一个使用 32 位乘法的有趣设计。在 AES 算法的竞争中，已经有方法成功攻击了 17 轮的 RC6，而正式 RC6 算法是执行 20 轮。MARS 是一个具有非均匀结构的设计。MARS 使用了大量不同种类的运算，因此比其他候选算法实现的代价大很多。

RC6 算法和 MARS 算法都被选为候选算法的原因是：它们都是良好的分组密码。它们的内部运作细节都在规格说明中指出。

3.5.6   如何选择分组密码

随着攻击 AES 算法的密码分析不断取得进展，选择 AES 作为加密算法似乎很难让人放心。尽管如此，我们仍然推荐 AES 算法。它的执行速度很快，而且所有目前针对该算法的攻击都是理论上的，都是非实际的。即使 AES 算法在理论上被完全攻破，也并不意味着在实际系统中的应用不再安全。AES 是由美国政府批准的官方标准。很多人都在使用它，人们常说"没有人会因为购买 IBM 被解雇"。同样，没有人会因为选择了 AES 而解雇你。

AES 还有一些其他的优点。AES 相对容易使用和实现。所有的密码库都支持该算法，另外，由于它是标准，所以受到很多客户的青睐。

在有些情况下 3DES 仍然是最好的解决方案。如果需要向后兼容或者被系统的其他部分限定为只能使用 64 位长度的分组，3DES 算法仍然是最佳选择。然而，3DES 由于它的一些独特性质导致不能够满足安全标准，另外它仅仅 64 位的分组长度也成了一个很大的限制。

如果为了增强安全性，可以采用双重加密，先用 AES 进行加密然后用 Serpent 或者 Twofish 算法进行加密。如果采用双重加密，一定要在不同的分组密码中使用不同的、独立的密钥。或者增加 AES 执行的轮数，128 位密钥加密 16 轮，192 位密钥加密 20 轮，256 位密钥加密 28 轮。

此外，针对 AES 算法的攻击分析在本书即将完成时才刚刚开始。现在讨论业界反响还言之过早，但是要注意关注业界的普遍共识和主流方向。也许 NIST 会针对一些最近的对 AES 的攻击提出具体建议。如果 NIST 对 AES 算法的新攻击方法提出了改进建议或者业界的共识发生了明显的转变，没有人会责怪听从建议的人。

这里，还需要讨论 AES 的另一个问题，即前面很少谈到侧信道攻击和时间攻击（详见 8.5 节和 15.3 节）。事实证明，即使没有针对 AES 算法的实际攻击手段，仍然可以执行不充分的攻击。例如，如果 AES 执行运算所需要的时间取决于具体的输入——有些输入需要更多的时间而有些输入需要较少的时间，就可以对 AES 进行攻击。如果攻击者可以度量系统执行 AES 运算需要的时间，就可以得到密钥的一些位。如果使用 AES 算法，就尽量不要使执行时间固定，或者以其他方式隐瞒时间信息。

3.5.7   如何选择密钥长度

所有的 AES 候选算法（Rijndael、Serpent、Twofish、RC6 和 MARS）的密钥长度为 128

位、192 位、256 位。对于大多数的应用，128 位的密钥长度已经足够满足安全性。然而，如果要达到 128 位的安全性，建议密钥长度大于 128 位。

128 位的密钥是足够长的，除非遇到碰撞攻击。事实上，我们发现系统可能受到生日攻击或者中间人攻击。至少从理论上这些攻击是存在的，但有时设计者不理会这些攻击，认为他们是安全的，但攻击者找到了一种更聪明的方式来使用这些攻击。大多数分组密码允许某种形式的中间人攻击，这里的建议是：对于一个 n 位的安全等级，分组密码的长度应该为 $2n$ 位长。

遵循这个建议可以使任何类型的碰撞攻击都没有作用。在实际系统中却很难遵循这个规则：为了满足 128 位的安全性，需要用分组长度为 256 位的分组密码，但是所有常见的分组密码的分组长度都是 128 位。这个问题非常严重。在分组密码模式中有很多碰撞攻击，后面会详细介绍。

不过，至少可以使用所有候选 AES 都支持 256 位的长密钥。并不是说 128 位的密钥不安全，而是假设分组密码安全的情况下，256 位能够提供更好的安全性。

在这里提倡采用 256 位密钥来保证 128 位的安全强度。换句话说，如果攻击者想要攻破这样的系统，最少需要执行 2^{128} 步操作。需要注意，设计强度是 128 位并不代表采用 256 位长度的密钥。

最后，回到目前针对 AES 算法的攻击中来。目前，192 位密钥和 256 位密钥长度的 AES 算法并不安全。已经有攻击针对 192 位密钥和 256 位的子密钥生成器的弱点。这就是对 256 位密钥的攻击比对 192 位密钥的攻击更有效的原因，也是目前没有针对 128 位密钥的攻击的原因。所以，通常在分组密码安全的情况下，比起 128 位密钥的分组密码，我们更倾向于使用 256 位密钥的分组密码，但对于 AES 来说情况有些复杂。刚才提到采用 256 位密钥的分组密码来保证 128 位的安全性，所以本书后面的章节都使用 256 位密钥的 AES 算法。但是，如果出现新的针对 AES 的攻击手段，我们很有可能会使用新的 256 位密钥的分组密码来取代 AES。

3.6　习题

3.1　存储一个 80 位密钥长度、分组长度为 64 位的理想分组密码需要多少空间？

3.2　DES 算法有多少轮？DES 的密钥长度是多少位？DES 算法的分组长度是多少？3DES 算法是如何根据 DES 进行加密的？

3.3　AES 的最常用密钥长度是多少？对于每种密钥长度，执行的轮数是多少？AES 算法的分组长度是多少？

3.4　在 3DES 和 AES 两种算法中，在什么情况下选择 3DES？什么情况下选择 AES？

3.5　假设有一台处理器可以在 2^{-26} 秒执行一次 DES 的加密或解密运算。设想已知 DES 算法下使用单个未知密钥加密的很多明文密文对。那么使用一台处理器进行穷举搜索，平均需要多长时间破译 DES 密钥？如果使用 2^{14} 台处理器进行穷举搜索，需要多久？

3.6　考虑一组新的分组密码 DES2，只包括了两轮 DES 算法。DES2 算法和 DES 算法具有相同的分组长度和密钥长度。DES 算法 F 函数是一个有两个输入、一个输出的黑盒。输入为 48 位轮密钥和 32 位数据段，输出为 32 位。

假设现在有大量的 DES2 下使用单个未知密钥加密的明文密文对。请给出一个算法计算出第一轮轮密钥和第二轮轮密钥。该算法应该比穷举搜索 56 位 DES 密钥执行更少的操作。这个算法能否转换为对 DES2 算法的区分攻击呢？

3.7　DES 算法的互补性质使得 DES 是不安全的。请描述一个系统，说明由于 DES 算法的互补性质而存在的针对该系统的攻击。

3.8　使用你计算机上所熟悉的密码软件开发包。有很多种选择，常用的开发包是开源的 OpenSSL。使用现有的密码库，用 256 位密钥的 AES 算法解密下列密文（十六进制）：

61

53 9B 33 3B 39 70 6D 14 90 28 CF E1 D9 D4 A4 07

密钥（十六进制）为

80 00 00 00 00 00 00 00 00 00 00 00 00 00 00 00

00 00 00 00 00 00 00 00 00 00 00 00 00 00 00 01

3.9　使用某个现有密码库，用 AES 算法加密以下明文（十六进制）：

29 6C 93 FD F4 99 AA EB 41 94 BA BC 2E 63 56 1D

其中使用以下 256 位密钥（十六进制）：

80 00 00 00 00 00 00 00 00 00 00 00 00 00 00 00

00 00 00 00 00 00 00 00 00 00 00 00 00 00 00 01

3.10　编写一个程序来验证 DES 算法的互补性质。该程序应该以密钥 K 和明文 P 为输入，验证对该密钥以及明文满足 DES 算法的互补性质。本练习中，你可以使用现有的密码库。

62

分组密码工作模式

分组密码只能加密固定长度的分组，如果需要加密一段并非恰好一个分组长度的数据，就需要使用分组密码工作模式，这也用来指称使用某个分组加密算法来构造的加密函数。

在开始介绍本章内容之前，我们要提醒一点。本章所讨论的加密模式可以防止窃听者读取所加密的消息流，但它们不提供任何认证，因此攻击者仍可以篡改消息，有时甚至可以任意方式篡改。很多人觉得这难以置信，但这很容易理解。加密模式下的解密函数仅仅解密数据，解密出来的内容可能没有任何意义，但还是将某个（修改过的）密文解密为（修改过的并且毫无意义的）明文。不能认为这些无意义的消息不会造成损害，因为系统的安全性依赖于系统其他部分，这往往也会导致很多问题。此外，对于某些加密方案，解密修改后的密文并不一定产生"垃圾消息"，某些模式允许针对性的明文修改，甚至许多数据格式可以通过局部地随机修改来操纵。

几乎在任何情况下，被篡改的消息所导致的损害远超过泄露明文所引发的损害。因此，需要将加密和认证结合起来，这里所讨论的工作模式应与第 6 章讨论的某个认证函数结合起来使用。

4.1 填充

一般来说，分组密码工作模式是一种将一段明文 P 加密为密文 C 的方法，其中明文和密文可以是任意长度。大多数模式要求明文 P 的长度恰好是分组大小的整数倍，这就需要对明文进行填充。有多种填充明文的方法，但需要遵循的最重要的规则是：填充必须是可逆的，也就是说必须可以从填充后的消息中唯一地恢复出原始消息。

一个非常简单的填充规则是添加 0 直到消息的长度符合要求，这并不是一个很好的填充方法。这并不是可逆的，比如明文 p 和 $p\|0$ 具有相同的填充结果。（这里使用运算符 $\|$ 来表示连接。）

在本书中，只考虑明文的长度是字节的整数倍。某些密码原语特地针对奇数长度，但最后一个字节没有被完全使用。提供这样的通用性并无用处，反而往往成为一个障碍。在许多实现中规定在任何情况下不允许奇数大小，因此这里约定长度都是字节的倍数。

一个填充规则满足如果明文已经符合长度要求就无须进行填充是非常理想的，但这很难对所有情况都满足。对可逆的填充方案，都可以找到一些长度已适合但还需进行填充的消息，实际上所有填充规则都会给明文增加至少一个字节。

那么，应该如何填充明文？用 P 来表示明文，$l(P)$ 表示 P 的长度，以字节为单位，b 为分组密码的分组大小（以字节为单位）。我们建议使用以下两种填充方案之一：

1）在明文接下来的第一个字节中填充 128，然后填充 0 直到整个长度满足 b 的倍数。填充 0 的字节数介于 $1,\cdots,b-1$ 之间。

2）首先计算需要填充的字节数，该字节个数 n 满足 $1 \leqslant n \leqslant b$ 并且 $n+ l(P)$ 是 b 的倍

数。然后在明文后附加 n 个字节，每个字节填充的值为 n。

上述两种方案都是可行的。没有密码学分支来讨论填充，只要填充方法满足可逆性都是适用的。上面给出的两种方法只是最简单的填充方法，还可以在明文 P 前先加入 P 的长度，在 P 之后填充 P 一直到 b 的倍数。这种方法需要在处理数据前预先知道明文 P 的长度，有时却无法预知。

一旦填充后的长度是分组大小的倍数，就可以将填充后的明文分成多个分组。明文 P 被分成一个分组序列 $P_1, \cdots, P_k$，分组个数 k 可由公式 $\lceil (\ell(P) + 1) / b \rceil$ 来计算，这里符号 $\lceil \cdots \rceil$ 表示向上取整。在本章其余大部分地方，我们都假设明文是由整数个分组 $P_1, \cdots, P_k$ 组成。

当采用随后介绍的分组密码工作模式来解密密文后，填充部分必须被移除。用于移除填充的代码还应该检测是否使用了正确的填充，填充的每个字节必须被验证填充了正确的值，一个错误的填充应如同认证错误来处理。

4.2   ECB

电子密码本（ECB）是最简单的加密长明文的工作模式，它的定义如下：

$$C_i = E(K, P_i) \qquad i = 1, \cdots, k$$

该工作模式非常简单：只需要分别加密明文消息的每个分组。当然，情况也并非如此简单，否则就不会安排一整章来讨论分组密码的工作模式。任何时候都不要使用 ECB 模式，该模式有严重的缺陷，在这里引入只是为了提醒你不要去使用它。

ECB 模式存在什么问题？如果两个明文分组是完全相同的，那么相应的密文分组也是相同的，这对攻击者是可见的。依赖于消息的结构，这会向攻击者泄露很多信息。

在很多情况下会出现重复的大分组文本，例如本章中多次出现"密文分组"这个词。如果两次出现都恰好落在分组的范围内，那么表示一个明文分组重复出现了。在大多数的 Unicode 字符串中，每隔一个字节有一个 0 值，这就极大地增加了出现重复分组的机会。很多文件格式中会出现由多个 0 组成的大分组，这也导致大量重复分组的出现。总的来说，这个性质使得 ECB 模式基本不会被使用。

4.3   CBC

密码分组链（CBC）是应用最广泛的分组密码工作模式之一。通过将每个明文分组与前一个密文分组进行异或操作，该模式避免了 ECB 模式的问题。CBC 模式标准形式定义如下：

$$C_i = E(K, P_i \oplus C_{i-1}) \qquad i = 1, \cdots, k$$

使用前一个密文分组来"随机化"明文避免了 CBC 模式所存在的问题，相同的明文分组将加密为不同的密文分组，显著地减少了攻击者所能获取的信息。

我们还需回答采用什么值作为 C_0，这个值被称为初始化向量，或者 IV。下面分析几种选取 IV 的策略。

4.3.1   固定 IV

不要使用固定 IV，这会在加密消息的第一个分组时引入 ECB 模式所存在的问题。如果两个不同消息的首个明文分组相同，那么它们起始的密文分组也会相同。实际应用中的消息经常会以相似或相同的分组开始，而我们不想让攻击者检测到这一点。

4.3.2　计数器 IV

另一种方法是使用一个计数器作为 IV。对于第一个消息，让 IV = 0；对于第二个消息，令 IV = 1。同样，这也不是一种好的方案。正如之前提到，实际应用中很多消息内容的开头都是相似的，如果不同消息的第一个块差别较小，那么经过异或操作，计数器 IV 就可能抵消这个差别，重新生成相同的密文分组。例如 0 与 1 只是一位有所不同，如果两个消息开头的明文分组恰好只是在这个位上不同（这类情况发生的概率要远大于所想象的），那么这两个消息的起始密文分组将会相同。攻击者会敏捷地发现两个明文之间的差别，这是安全的加密方案所不允许的。

4.3.3　随机 IV

ECB 模式与采用固定 IV 或者计数器 IV 的 CBC 模式所存在的问题都源于明文消息并不是非常随机的，明文通常有固定的开头或者非常可预测的结构，选择明文的攻击者甚至可以控制明文的结构。在 CBC 模式中，密文分组被用于"随机化"明文分组，但对第一个明文分组，必须使用初始化向量 IV，因此应该采用随机 IV。

这就引发了另一个问题，随机选择的 IV 必须让解密方知道，才能够正确解密。一个标准的解决方案是选择随机 IV 并作为第一个密文块放在消息所对应的密文之前发送给接收者。相应的加密过程如下： |66|

$$C_0 := 随机分组值$$
$$C_i := E(K, P_i \oplus C_{i-1}) \quad i = 1, \cdots, k$$

这里明文 $P_1, \cdots, P_k$ 就被加密为 $C_0, \cdots, C_k$。注意，密文是以 C_0（而不是 C_1）开始的，密文要比明文多一个分组。对应的解密过程如下：

$$P_i := D(K, C_i) \oplus C_{i-1} \quad i = 1, \cdots, k$$

使用随机 IV 的主要缺点就是密文比明文多一个分组，对于长度较短的消息来说，将导致消息长度的显著增长，这通常是人们不希望的。

4.3.4　瞬时 IV

还有另一种解决方案，该方案分为两步。首先，为每一个用该密钥加密的消息分配一个唯一的数，称为瞬时值（nonce, number used once），瞬时值的关键是它的唯一性，对于同一个密钥，相同的瞬时值不能使用两次。通常，瞬时值是消息的某种编号，可能与其他信息结合而构成。在大多数系统中本已对消息进行编号，如用于保证消息正确的顺序或者检测重复消息等。瞬时值本身不需要保密，但一个瞬时值只能使用一次。

在 CBC 模式中，就是用瞬时 IV 加密的方法来得到初始向量 IV。

在典型的场景下，发送者对消息进行连续编号，并在每次传输时发送这个消息编号。发送者发送消息的过程如下：

1）为消息分配一个消息编号。通常，消息的编号由一个从 0 开始的计数器提供，而计数器在任何时候都不能返回 0，否则就会破坏唯一性。

2）由消息编号构造唯一的瞬时值。对给定的密钥，瞬时值不仅在这台计算机中是唯一的，甚至在整个系统都是唯一的。例如，同一个密钥用于加密双向的通信，此时瞬时值应该由消息编号与消息的发送方向标识组成。瞬时值的大小应该是分组密码的单个分组大小。 |67|

3）用分组密码加密瞬时值得到 IV。

4）在 CBC 模式下使用此 IV 对消息加密。

5）在密文中添加足够的信息使接收者能够恢复这个瞬时值。有一种方法是在明文的前面附加消息编号，或者通过可靠信道传输密文，这时消息编号将是隐含的，IV 值本身（公式中的 C_0）不需发送。

包含在消息中的额外信息通常比随机 IV 模式少得多。对大多数系统来说，32～48 位的消息计数器已经足够大了，而随机 IV 需要 128 位的 IV 开销。大部分的通信系统都需要消息计数器，或者使用隐含计数器的可靠传输信道，因此这种方式生成 IV 并没有增加消息的开销。

如果攻击者可以完全掌控瞬时值的生成，那么在生成 IV 时这个瞬时值需要采用一个单独的密钥来进行加密。任何实际系统都需要确保瞬时值的唯一性，但是并不是说可以任意选取瞬时值，所以在大多数情况下就如加密消息一样使用相同的密钥加密瞬时值。

4.4   OFB

到目前为止所介绍的模式都是以某种方式用分组密码对消息分组进行加密，输出反馈模式（OFB）与此不同，它并不是将消息作为加密函数的输入进行加密。相反，输出反馈模式使用分组密码生成一个伪随机字节流（称为密钥流），然后将其与明文进行异或运算得到密文。这种用生成随机密钥流进行加密的方案称为流密码。一些人似乎认为流密码的安全性并不高，其实完全不是这样，只要使用恰当，流密码是非常有用的。流密码在使用时要非常小心，对流密码的误用如重复使用瞬时值，很容易使系统变得不安全。像 CBC 这样的工作模式即使在被误用的情况下仍然能够正常工作，相比之下更加健壮。而流密码的优点比它的缺点更加突出。

OFB 可以定义为：

$$K_0 := IV$$
$$K_i := E(K, K_{i-1}) \qquad i = 1, \cdots, k$$
$$C_i := P_i \oplus K_i$$

这里同样使用 IV 值 K_0 重复进行加密生成密钥流 $K_1, \cdots, K_k$，然后明文与密钥流进行异或运算生成密文。

这个 IV 必须是随机的，如同在 CBC 中一样（见 4.3.3 节），IV 可以随机地选择并同密文一起发送出去，也可以由一个瞬时值生成（见 4.3.4 节）。

OFB 的一个优点是它的解密运算和加密运算完全相同，这样实现起来非常容易。因为仅需要实现分组密码的加密函数，而无须再实现解密函数。

OFB 的另一个优点是不需要对明文进行填充。如果将密钥流看作一个字节序列，加密时可以使用和消息明文同样长度的字节。换句话说，如果最后一个明文分组并非"全满"，那么只需要发送那些和明文对应的密文字节。无须对明文进行填充，降低了开销，这一点对长度较短的消息来说非常重要。

当然由于 OFB 模式使用流密码，还面临着一个风险。一旦有两个不同的消息使用了同一个 IV，那么这两个消息就被相同的密钥流加密。这会引发非常严重的后果。假设 P 与 P' 是两个不同消息的明文，它们被相同的密钥流分别加密为 C 与 C'，现在攻击者可以计算 $C_i \oplus C_i' = P_i \oplus K_i \oplus P_i' \oplus K_i = P_i \oplus P_i'$。也就是说，攻击者可以计算出两个明文的差别。如果攻击者已知其中一个明文（这在现实生活中常常发生），那么就能够很容易地求出另外一个明文。有些著名的攻击甚至可以从未知明文中通过明文之间的差别来恢复这两个未知明文的信息[66]。

OFB 的另一个问题是如果一个密钥分组重复出现，那么随后密钥分组序列就与之前的重复了。对于长度较大的消息来说，密钥分组序列中有可能出现循环。另外，如果一个消息的 IV 与另外一个消息所对应的密钥分组序列中的某一个密钥分组相同，那么两个消息的一部分就使用了相同的密钥流。在这两种情况下，都使用相同的密钥流对不同的消息分组进行加密，这不是一种安全的加密方案。

在这成为可能之前已加密了大量的数据，这根本上来说是一种在密钥流分组和初始点之间的碰撞攻击，所以在发生碰撞之前至少能加密 2^{64} 个数据分组。这也是为何 128 位长度的分组密码仅能提供 64 位安全性的一个例子。如果限制每个密钥所能加密的数据量，就可以降低密钥分组重复的可能性。但尽管如此，碰撞的风险仍然存在，假如不幸出现了碰撞，整个消息的保密性就无法保证了。

69

4.5 CTR

还有另一种分组密码的工作模式称为计数器模式，简称为 CTR。这种模式已经被使用很多年，却一直没有被作为 DES 的标准模式[95]，因此被很多教材所忽视。最近，CTR 已由美国国家标准和技术研究所（NIST）标准化[40]。与 OFB 模式一样，计数器模式也是一种流密码模式，定义如下：

$$K_i := E(K, \text{Nonce} \,\|\, i) \qquad i=1,\cdots,k$$
$$C_i := P_i \oplus K_i$$

如同所有的流密码一样，加密时必须使用某种形式的唯一瞬时值。大多数系统都是用消息编号与某些附加数据来生成瞬时值，以保证它的唯一性。

CTR 生成密钥流的方法很简单。首先，将瞬时值与计数器值连接起来，然后进行加密产生密钥流的一个密钥分组。这要求瞬时值与计数器值的连接不能超过单个分组的大小，但对于现时 128 位的分组来说，这几乎不是问题。显然，由于需要存放计数器值 i，瞬时值长度必须小于分组的长度。典型的分配方案是消息编号占 48 位，瞬时值的附加数据占 16 位，而其余 64 位用于计数器 i。这样将把系统限制为使用一个密钥只能加密 2^{48} 个不同的消息，每个消息最多有 2^{68} 字节。

同 OFB 模式一样，在 CTR 模式中绝不能重复使用一个密钥和瞬时值的组合，这是经常提到的 CTR 的缺点，但 CBC 模式也有同样的问题。如果使用同一个 IV 两次，那么就可能泄露明文的数据了。CBC 模式更易于限制泄露的信息量，因此相对健壮些。但是，任何信息的泄露都违背了安全性需求，在模块化的设计中，即使只有一个模块有很少的信息泄露，也不能指望系统其余部分来减少破坏。因此，在使用 CBC 和 CTR 模式时，都必须保证 IV 或者瞬时值的唯一性。

真正问题的关键是如何确保瞬时值的唯一性。如果不能够确定瞬时值是唯一的，那么可以使用随机 IV 的 CBC 工作模式，IV 是随机生成的，不由应用开发者来控制。但是，如果能保证瞬时值是唯一的，那么使用 CTR 模式就很方便。仅需要实现分组密码的加密函数即可，因为它的加密函数和解密函数相同。同时，由于 CTR 模式的密钥流中的任意一个密钥块都可以及时计算，可以非常容易地获取明文的任一部分。对于高速应用，可以通过并行地计算密钥流达到非常快的速度。另外，CTR 的安全性也可以被认为就是分组密码的安全性。

70

CTR 加密模式的任何一个缺陷都隐含着分组密码的一个选择明文攻击。也就是说，如果不存在对分组密码的攻击，也就不存在对 CTR 模式的攻击（接下来就会讨论关于流量分析和信息泄露的内容）。

4.6 加密与认证

目前所讨论的所有模式都是在二十世纪七十年代和八十年代早期被提出的。在过去的几年里，又有一些新的分组密码工作模式被提出。NIST 最近又将两个工作模式定为标准，称作 CCM[41] 模式和 GCM[43] 模式。这些模式能够同时提供认证和加密，在我们讨论了认证后，将在第 7 章讨论这些模式。

4.7 如何选择工作模式

之前已经介绍了几种模式，但是只有两种模式可以考虑使用：CBC 模式和 CTR 模式。之前已经说明 ECB 模式不够安全。而且 OFB 虽然是一个不错的工作模式，但是 CTR 模式在某些方面更优，而且避免了短循环的问题。因此没有理由丢弃 CTR 而选择 OFB。

那么，在 CBC 模式和 CTR 模式中应该选择哪一个呢？在本书的第一版中，我们建议使用 CTR 模式。但是随着密码学的发展，我们现在更加倾向于选择随机 IV 下的 CBC 模式。为什么会有这种改变呢？因为目前已经存在很多由于不能够正确生成瞬时值所导致的应用安全问题的例子。即使是系统面临攻击时，CTR 还是一个很好的模式，但是前提是应用必须要能够生成唯一的瞬时值，这会成为很多问题和安全漏洞的主要源头。随机 IV 下的 CBC 模式虽然有一些缺点（密文更长，明文需要填充，系统需要随机数生成器），但是具有更强的健壮性，即使误用也能很好地工作。在很多系统中，瞬时值生成都是一个非常困难的问题，所以不建议采用需要使用瞬时值的任何模式。当然这也包括瞬时 IV 下的 CBC 模式。因此，如果在开发应用时需要使用加密模式，建议安全起见使用随机 IV 下的 CBC 模式。

需要注意的是加密模式仅仅提供保密性，也就是说，攻击者无法获取所传输的数据的信息，但不包括你正在通信、在何时通信、通信的数据量、在和谁通信等这些信息。对这些外部信息进行的分析称为流量分析（traffic analysis）。⊖

本章中所提到的加密模式都仅仅可以提供保密性，并不能够防止攻击者篡改数据。如何同时提供保密性和可认证性，我们将在第 7 章进行讨论。

4.8 信息泄露

现在来讨论有关分组密码工作模式的一个"黑暗面"：任何分组密码模式都会泄露一些信息。

假设有一个完美的分组密码，但即使采用这个分组密码，由加密模式加密产生的密文仍然会泄露明文的一些信息，这可由一些明文和密文分组的等式和不等式来说明。

首先来分析 ECB 模式。如果两个明文分组相同（ $P_i=P_j$ ），那么对应的密文分组也相同（ $C_i=C_j$ ）。对于随机的明文来说，出现相同的可能性很小，但是大多数的明文都不是随机的，而且有很强的结构性。因此，出现相同明文分组的状况很常见，而相同的密文分组会泄露明文的这种结构，这就是舍弃 ECB 模式的原因。

71

⊖ 流量分析可以为攻击者提供很多有用信息。防止流量分析是可能的，但这种代价对于军方以外的人来说太大了。

那么 CBC 模式如何呢? 由于每一个明文分组首先与前一个密文分组进行异或运算后再加密, 从而使得相同的明文分组所对应的密文分组不一定相同。设想所有的密文分组是一些随机值, 它们毕竟是由分组密码产生的, 这个分组密码能根据给定输入产生随机输出。如果有两个相同的密文块, 那么:

$$C_i = C_j$$
$$E(K, P_i \oplus C_{i-1}) = E(K, P_j \oplus C_{j-1}) \qquad \text{由 CBC 模式可得}$$
$$P_i \oplus C_{i-1} = P_j \oplus C_{j-1} \qquad \text{两边解密得}$$
$$P_i \oplus P_j = C_{i-1} \oplus C_{j-1} \qquad \text{基本代数运算}$$

最后一个公式说明两个明文分组的差别等于对应密文分组的异或, 而我们假设攻击者可以得到密文分组。这是任何一个完美的加密系统不应该发生的情况。另外, 如果明文分组中有大量冗余, 如英文的文本文件, 那么就可能包含足够的信息来恢复两个明文分组。

当两个密文分组不相同时情况也类似。由 $C_i \neq C_j$ 可得 $P_i \oplus P_j \neq C_{i-1} \oplus C_{j-1}$, 互不相等的一对密文分组隐含了关于明文分组的一个不等式。

CTR 模式具有类似的性质。在 CTR 模式中, 由于密钥块 K_i 是由瞬时值与计数器值加密得到的, 它们一定不相同。加密的所有明文值都是不同的, 因此所有密文值 (这构成了密钥分组) 也是不同的。对于任意给定的两个密文分组 C_i 和 C_j, 必有 $P_i \oplus P_j \neq C_{i-1} \oplus C_{j-1}$。否则, 两个密钥流分组就应该相同, 这是不可能的。换句话说, 对于每个密文分组对, CTR 模式同样隐含着关于明文分组的不等式。

在 CTR 模式中没有碰撞问题, 因为 CTR 模式中任意两个密钥分组都不相同, 所以从两个相同的密文分组或两个相同的明文分组并不能获取更多信息。不存在密钥分组碰撞, 这是 CTR 区别于绝对理想流密码的唯一特点。

OFB 比 CBC 和 CTR 更加糟糕。对于 OFB 模式, 只要密钥流分组没有碰撞发生, 它与 CTR 模式一样会泄露同样多的信息; 如果两个密钥流分组出现碰撞, 那么后续的密钥流分组也会发生碰撞。这对安全性构成了灾难性的威胁, 这也是 CTR 模式优于 OFB 的原因。

4.8.1 碰撞的可能性

现在来探讨两个密文分组相同的概率是多少。假设总共加密 M 个明文分组。至于这 M 个明文块是由几个长消息还是由很多个短的消息组成都无关紧要, 重要的是分组的数量。在这 $M(M-1)/2$ 个不同的分组对中, 任意一对相等的可能性为 2^{-n} (这里 n 为分组密码的分组长度)。因此, 相同密文分组对数量的期望值是 $M(M-1)/2^{n+1}$。当 $M \approx 2^{n/2}$ 时, 这个期望值接近于 1。这就是说大约加密 $2^{n/2}$ 个明文分组就很可能得到两个相等的密文分组[⊖]。当 $n=128$ 位时, 大约加密 2^{64} 个明文块就可以期望得到两个相同的密文分组, 这就是 2.7.1 节所提到的生日悖论。现在看来, 似乎 2^{64} 是一个非常庞大的数字, 但一般所设计的应用系统也应该有 30 年的寿命, 在将来也许人们会处理接近 2^{64} 个分组的数据。

另外, 加密较小的数据量也会出现风险。假如处理 2^{40} 个分组 (大约 16 TB 的数据量), 那么就有 2^{-48} 次机会得到一对相同的密文分组。这是一个非常小的概率, 但是对于攻击者来说, 可以取定一个特殊的密钥, 收集 2^{40} 个分组并检测重复的分组。这样成功的机会当然也很小, 但是可以对大约 2^{48} 个密钥重复这个工作, 攻击者要找到一个碰撞的计算量为 $2^{40} \times 2^{48} = 2^{88}$,

---

⊖ 在出现第一对相同的密文分组之前, 可以加密的数据分组数近似为 $\sqrt{\pi 2^{n-1}} = 2^{n/2} \sqrt{\pi/2}$。得到这个结果需要非常复杂的理论分析, 这里并不需要那么精确的估计。

这远远小于 128 位的设计强度。

现在来分析 CBC 和 CTR。在 CTR 中只能得到每个明文分组的不等式，而对 CBC 来说，由密文分组的不等性或者相等性可以相应地得到关于明文分组的不等性或相等性。显然，相等性要比不等性泄露给攻击者的明文信息更多，因此 CTR 比 CBC 泄露的信息少。

4.8.2　如何处理信息泄露

如何达到 128 位的安全等级呢？从根本上讲，这是不可能的，但可以尽可能接近。没有什么简单的方法能用分组长度为 128 位的分组密码来获得 128 位的安全等级。为了达到这样的安全等级，需要 256 位的分组密码，但目前的相关研究也不足以达到这个等级。目前所能够做到的是尽量接近期望的安全等级，尽量减轻有可能带来的危害。

CTR 模式泄露的数据很少。假设我们加密了包含 2^{64} 个分组长度的数据，得到了密文 C。对任意一个可能的明文 P（长为 2^{64} 个分组），攻击者可以求出用于将明文 P 加密为密文 C 的密钥流，密钥流包含一个碰撞的机会大约为 50%。我们知道 CTR 不会有碰撞发生，一旦出现碰撞，这个特殊的明文就被排除。因此，在所有可能的明文 P 中，攻击者可以排除大约一半的明文。这相当于 1 位的信息泄露。有时即使是 1 位的信息泄露也会导致问题，但对于 2^{64} 个分组来说，泄露 1 位信息问题不太大。如果仅仅加密 2^{48} 个分组，那么攻击者大约可以排除所有可能明文的 2^{-32}，也就是说攻击者基本不能获得什么信息。在实际应用的环境下，这样少的泄露没有什么利用价值。因此，尽管 CTR 不完美，但是可以通过限制单个密钥加密的信息总量来减少危害。限制加密不超过 2^{60} 个分组也是合理的，也就是说加密 2^{64} 个字节的信息仅泄露少于 1 位的信息量。

当使用 CBC 模式时，应该采用更严格的限制。因为 CBC 模式一旦发生了碰撞，就会泄露 128 位的明文信息。降低碰撞发生的概率是保证安全性的一个非常有效的策略。在这里建议，使用 CBC 模式加密的数据量应该是 2^{32} 个分组左右，这使得泄露 128 位信息量的风险概率变为 2^{-64}。当然，这离我们期望的安全等级还有很大的距离，但是对于大多数的应用来说已经足够。

注意，这个限制是指对于单个密钥加密数据总量的限制。这些数据可以来自一个很长的消息，也可以由很多短消息组成。

虽然目前对于如何处理信息泄露还没有一个令人满意的解决方案，但是这确实是我们所面临的现状。我们采用 CTR 模式或 CBC 模式，并对用一个密钥所处理的数据量加以限制。当一个密钥将要达到数量限制时，建立一个新的密钥是一件非常容易的事。我们将在后面讨论密钥协商协议。如果已经使用密钥协商协议来建立密钥，那么更新密钥并不困难。虽然过程有些复杂，但这是目前最实用的方法。

4.8.3　关于数学证明

可能具有数学背景的读者对于本书轻率使用的概率感到惊讶，因为本书并没有验证有关的独立性。当然，从纯数学角度来看，这样的方法是不对的。但是正如物理学家一样，密码学家也是用他们发现的最有用的方式使用数学。因为密码学中的值通常具有随机性，密码学家竭尽全力去破坏所有的工作模式，因为这些模式会导致攻击。经验证明，本书中使用的有关概率的简单方法已经足够产生我们所需求的精确程度。数学家可以对此进行更加深入的研究，获得更精确的结论，但是本书中还是采用这种近似而简明的方法。

4.9 习题

4.1 假设一明文用 P 表示，$l(P)$ 代表明文 P 的字节数。b 代表分组密码分组长度（以字节为单位）。请指出下面的填充方案的不足之处：尽可能填充最少的字节以保证填充后明文长度是分组长度的倍数，即填充的字节数 n 需要满足两个条件 $0 \leqslant n \leqslant b-1$，$n+l(P)$ 是 b 的倍数，所填充的 n 个字节中，每个字节所填充的值为 n。

4.2 本章提到了四种初始向量：固定 IV、计数 IV、随机 IV、瞬时 IV。试比较四种 IV 下的 CBC 模式在安全性和性能方面的优缺点。

4.3 假设攻击者已知一段 32 字节的密文 C（十六进制）如下：

46 64 DC 06 97 BB FE 69 33 07 15 07 9B A6 C2 3D
2B 84 DE 4F 90 8D 7D 34 AA CE 96 8B 64 F3 DF 75

以及如下的 32 字节的密文 C'（十六进制）：

51 7E CC 05 C3 BD EA 3B 33 57 0E 1B D8 97 D5 30
7B D0 91 6B 8D 82 6B 35 B7 8B BB 8D 74 E2 C7 3B.

这两段密文是采用相同瞬时值的 CTR 模式下的加密结果，该瞬时值是隐含的，因此未包含在密文中。又已知密文 C 所对应的明文 P 为：

43 72 79 70 74 6F 67 72 61 70 68 79 20 43 72 79
70 74 6F 67 72 61 70 68 79 20 43 72 79 70 74 6F.

试问，根据已知信息能得到对应于密文 C' 的明文 P' 的哪些信息？

4.4 现采用 256 位密钥的 AES 算法加密一段消息，加密后密文序列如下：

87 F3 48 FF 79 B8 11 AF 38 57 D6 71 8E 5F 0F 91
7C 3D 26 F7 73 77 63 5A 5E 43 E9 B5 CC 5D 05·92
6E 26 FF C5 22 0D C7 D4 05 F1 70 86 70 E6 E0 17

加密密钥如下：

80 00 00 00 00 00 00 00 00 00 00 00 00 00 00 00
00 00 00 00 00 00 00 00 00 00 00 00 00 00 00 01

该加密是采用随机 IV 的 CBC 模式。其中密文是以 IV 开始的。试解密该密文。可以使用现有的密码库进行练习。

4.5 采用 AES 算法加密一段消息，明文序列如下：

62 6C 6F 63 6B 20 63 69 70 68 65 72 73 20 20 20
68 61 73 68 20 66 75 6E 63 74 69 6F 6E 73 20 78
62 6C 6F 63 6B 20 63 69 70 68 65 72 73 20 20 20

加密密钥如下：

80 00 00 00 00 00 00 00 00 00 00 00 00 00 00 00
00 00 00 00 00 00 00 00 00 00 00 00 00 00 00 01

试使用现有的密码库加密明文。

4.6 假设 P_1、P_2 是长度为两个分组大小的消息，P_1' 是长度为一个分组长度的消息。已知 C_0，C_1，C_2 是消息 P_1，P_2 采用随机密钥和随机 IV 的 CBC 模式加密后的密文，C_0'，C_1' 是消息 P_1' 同样采用随机 IV 的 CBC 模式加密后的密文，加密密钥相同。假设攻击者已知 P_1，P_2，并且可以通过窃听得到 C_0，C_1，C_2，C_0'，C_1'。试在 $C_1' = C_2$ 的条件下计算消息 P_1'。

Cryptography Engineering: Design Principles and Practical Applications

散列函数

散列函数是一类将任意长度的输入位（或字节）串转换为固定长度的输出的函数。散列函数的一个典型应用是数字签名。给定一个消息 m，当然可以对这个消息本身进行签名。然而，大多数数字签名方案所采用的公钥运算的运算代价很大，直接对消息本身签名非常不经济。因此不会直接对 m 进行签名，而是应用散列函数 h，对 $h(m)$ 进行签名。相对于成千上万位长度的消息而言，散列函数的输出一般在 128 位到 1024 位之间。对 $h(m)$ 的签名比对消息 m 直接签名要快得多。为保证采取这种方法构造的签名是安全的，必须要求散列函数 h 满足以下条件：很难构造出两个消息 m_1 和 m_2，使得 $h(m_1)=h(m_2)$。下面将详细讨论散列函数的安全性质。

散列函数有时又称为消息摘要函数，其散列结果也称作摘要或者指纹。对于散列函数还有更广义的理解，因为除了生成消息摘要外，对于散列函数还有很多其他的应用。我们要提醒一个可能的混淆：术语"散列函数"也用于称呼访问散列表（一种在很多算法中使用的数据结构）的映射函数。这种散列函数与密码学中的散列函数有一些相似的性质，但两者有很大不同。在密码学中使用的散列函数有特殊的安全性质，而散列表的映射函数（散列函数）并不需要这些性质，因此要小心使用避免混淆。本书中的散列函数是指密码学散列函数。

散列函数在密码学中有很多应用，它在密码系统中的各个不同部分之间建立紧密的联系。当输入是变长的值时，可以使用散列函数映射为固定长度的值。散列函数可以作为密码学中的伪随机数生成器，从一个共享密钥生成几个密钥。它所具有的单向性也可以起到隔离系统不同部分的作用，以保证即使攻击者得到了其中某个值，也不能获得其他值。

尽管几乎所有的应用系统都要使用散列函数，但是相比于我们对于分组密码的研究，对于散列函数的了解却很少。一直以来，由于对于散列的研究远少于对分组密码的研究，这导致没有很多实际的方案可供选择。直到最近，NIST 公布选取一个称为 SHA-3 的散列函数标准，SHA-3 散列函数的挑选过程非常类似于挑选 AES 作为新的分组密码标准的过程。

5.1 散列函数的安全性

如上文所述散列函数将任意长度的消息 m 映射为固定长度的输出 $h(m)$，$h(m)$ 的长度一般在 128 位到 1024 位之间。可能会对输入的长度有所限制，但对所有实用的目的而言输入都可以是任意长度的。散列函数要满足几个要求，其中最基本的要求是它必须是单向函数：即对给定的消息 m，计算 $h(m)$ 很容易；而对于给定的 x，不可能求出满足 $x=h(m)$ 的 m。换句话说，单向函数是计算容易但求逆困难的函数，单向函数也因此得名。

在散列函数的所有性质中，最常提到的是它的抗碰撞性。一对碰撞是指两个不同的输入 m_1 和 m_2 使得 $h(m_1)= h(m_2)$。任意一个散列函数都会有无穷多个这样的碰撞（因为有无限个可能输入值，有限个可能输出值）。因此，散列函数不可能是无碰撞的。抗碰撞性是要求虽然碰撞存在，但很难被找到。

散列函数的抗碰撞性使得它适合用于数字签名方案，但有些具有抗碰撞性的散列函数完全不适合于如密钥生成、单向函数等其他应用。实际上，密码系统的设计者希望散列函数是一个随机映射，因此我们要求散列函数与随机映射不可区分。任何其他的定义都使设计者不再将散列函数当作理想的黑盒，而是要考虑散列函数的性质与系统其他部分的相互作用（本书中的定义采用统一编号）。

定义 4　理想的散列函数是从所有可能的输入值得到所可能的有限输出值集合的一个随机映射。

如同对理想分组密码的定义一样（见 3.3 节），对散列函数的这个定义也是不完整的。严格地说，没有完全符合随机映射这样的散列函数，只能考虑在所有可能的映射上的概率分布，这对我们来说已经足够了。

现在来定义对于散列函数的攻击。

定义 5　对散列函数的攻击是一个区分散列函数与理想散列函数的非通用（non-generic）的方法。

这里，理想的散列函数必须与我们进行攻击的散列函数具有相同的输出长度。与分组密码一样，非通用性要求我们注意所有通用攻击。我们对于针对分组密码的通用攻击的评论同样适用于这里，比如如果某种攻击可以区分两个理想散列函数，那么它就没有利用散列函数的任何性质，也就是一个通用攻击。

还有个问题是允许区分器进行多大的计算量。不同于分组密码，散列函数没有密钥，因此不存在穷举密钥搜索这样的通用攻击。散列函数的一个重要参数是输出长度，针对散列函数的一个通用攻击是产生碰撞的生日攻击。对输出长度为 n 的散列函数来说，生日攻击需要大约 $2^{n/2}$ 步。但碰撞只与散列函数的某些应用相关。在其他情况下，目的可能是寻找一个散列值的原像（即给定 x，求满足 $h(m) = x$ 的 m 值），或者找到散列输出中的某种结构。通用的原像攻击需要大约 2^n 步。在这里并不打算详细讨论与哪些攻击相关，允许特定攻击区分器进行多少计算才算合理这些问题。显然，区分器必须要比能得到相似结果的通用攻击更加有效。这并不是区分器的准确定义，但也没有一个确切的定义，如同在分组密码中一样。如果有人宣称找到一种攻击，只要看是否能用不依赖于给定散列函数特性的通用攻击得到类似的或者更好的结果。如果答案是肯定的，那么这个区分器没有任何作用，否则这个区分器是一个非常良好的区分器。

与分组密码一样，我们允许指定一个相对较低的安全等级。可以设想，一个 512 位的散列函数拥有 128 位的安全等级，在这种情况下，对区分器的限制是 2^{128} 步。

5.2　实际的散列函数

好的散列函数并不多。目前主要从 SHA 系列中选择：SHA-1、SHA-224、SHA-256 和 SHA-512。当然，还有一些其他的已经公布的方案，包括提交作为新的 SHA-3 标准的候选方案。但是这些已经公布的方案由于缺乏足够的关注和研究，目前仍然无法得到大多数使用者的信任。实际上，对 SHA 系列的分析也不够充分，但是由于它被 NIST 进行了标准化，NSA 对它做了进一步的完善。[⊖]

几乎所有实际使用的散列函数都是迭代的散列函数，这里我们也只讨论这一类的散列函

⊖　不论对 NSA 的评价如何，他们所发表的密码学的相关作品都是相当不错的。

数。迭代的散列函数首先将输入分成固定长度的分组序列 $m_1,\cdots,m_k$，最后一个分组要进行填充以使其达到固定的长度，分组的长度一般为 512 位，最后一个分组通常包含一个表示输入长度的位串。然后使用一个压缩函数和固定大小的中间状态对这些消息分组按顺序进行处理，这个过程由固定的值 H_0 开始，随后计算 $H_i = h'(H_{i-1}, m_i)$，最后一个值 H_k 便为散列函数的输出。

散列函数的这种迭代设计有应用上的优势。首先，与直接处理可变长度的输入相比，这样的迭代运算易于规定和实现；其次，这种结构使得我们可以在得到消息的第一部分时就开始计算，在实际应用中对一个数据流计算散列值时，可以实时地进行散列，而无须存储这些数据。

与分组密码一样，在这里不打算用很多篇幅详细解释各种散列函数的细节。对散列函数的实现细节的解释与本书的目标并不是太相关。

5.2.1   一种简单但不安全的散列函数

在讨论实际使用的散列函数之前，以一个不安全的迭代散列函数的例子来开始，这个例子会帮助读者理解针对散列函数的通用攻击的定义。该散列函数基于 256 位密钥的 AES 算法来构造，将 256 位密钥 K 设定为全 0。如果对消息 m 进行散列运算，首先将消息进行填充然后每 128 位一组分成 k 个分组，分别为 $m_1,\cdots,m_k$。具体的填充细节这里不详述，也不重要。令 H_0 的 128 位都为 0。然后根据 $H_i = \text{AES}(H_i-1 \oplus m_i)$ 进行计算，H_k 为散列函数的输出结果。

这是个安全的散列函数吗？能不能抵抗碰撞？在给出详细分析之前，请读者自己思考是否可以找到方法攻破该散列函数。

接下来给出一种非通用攻击。取一条消息 m 经过填充后可以分为两个分组 m_1 和 m_2，将这两个明文分别用散列函数进行迭代得到 H_1 和 H_2，H_2 也是该散列函数的输出值。现在构造消息 $m_1'=m_2 \oplus H_1$ 和 $m_2'=H_2 \oplus m_2 \oplus H_1$，$m_1'$ 和 m_2' 合并构成一段消息，进行填充得到 m'。根据散列函数构造的性质可知 m' 经过散列后的结果仍然是 H_2（本章的习题中将验证这一点）。以较高的概率，m 和 m' 为不同的位串。也就是两个不同的消息 m 和 m' 的散列值相同，即产生了碰撞。只需针对散列函数进行类似的攻击，就将以上方法转换为一个区分攻击。如果该攻击可行，那么我们这里引入的散列函数则是弱的，否则是理想散列函数。这个攻击利用了散列函数设计上的特定缺陷，所以是非通用攻击。

5.2.2   MD5

现在来讨论一些实际的散列函数，首先来看 MD5。MD5 是由 Ron Rivest 设计的一个 128 位的散列函数[104]。MD5 在 MD4 的基础上强化了抗攻击能力[106]，MD4 的运算非常快，但是非常脆弱[36]。现在也同样发现了 MD5 的弱点，但是，MD5 仍然应用于很多实际系统中。

计算 MD5 的第一步是将消息分为 512 位的序列分组，对最后一个分组要进行填充，消息的长度信息也在其中。MD5 有 128 位的状态变量，它们被分为 4 个 32 位的字。压缩函数 h' 共有 4 轮，在每一轮中，消息分组和状态变量进行混合，这种混合运算由 32 位的字上的加法、异或、与、或、轮转运算组合而成（详见 [104]）。每一轮将整个消息分组都混合在状态变量中，因此每个消息字都使用了 4 次。在 4 轮的压缩 h' 完成之后，将结果与输入状态

相加得到 h' 的输出。

这种在 32 位字上运算的结构在 32 位 CPU 的机器上特别有效，这种结构首先由 MD4 采用，现已成为很多密码学原语的一个基本特性。

对于大多数应用来说，MD5 的 128 位散列长度是不够的。由生日悖论可知，对 128 位散列函数大约进行 2^{64} 次计算就可以找到一个碰撞。这也就是说通过 2^{64} 个 MD5 的计算就可以发现碰撞，这对现在的密码系统来说是不够的。

MD5 算法的问题还更糟。MD5 的内部结构设计也会使很多更有效的攻击成为可能。迭代散列函数设计背后的基本思想之一是如果 h' 是抗碰撞的，那么由 h' 所构造的散列函数 h 也是抗碰撞的。也就是说，h 中的任何碰撞的都是由于迭代函数 h' 的碰撞导致的。这些年来 MD5 算法的迭代压缩函数 h' 已经被证明可以产生碰撞 [30]，虽然 h' 的碰撞不能完全意味着是 MD5 算法的碰撞。但最近的密码分析进展表明（由 Wang 和 Yu 的工作 [124] 突破）已经可以通过少于 2^{64} 步的计算找到针对 MD5 算法的碰撞。虽然这种攻击并不能攻破 MD5 算法的所有用法，但是可以说 MD5 是脆弱的，因此不宜再使用了。

81

5.2.3 SHA-1

安全散列算法由 NSA 设计并由 NIST 进行标准化 [97]。最早的版本被称为 SHA（现称为 SHA-0），这个算法有一个缺陷，NSA 发现并修复了这个缺陷，NIST 公布了改进后的版本，称为 SHA-1。然而，他们并没有公布这个缺陷的具体细节。三年后，Chabaud 和 Joux 公布了 SHA-0 的一个缺陷 [25]，这个缺陷正是被改进的 SHA-1 所修复的，因此有理由假定我们已经了解了究竟是什么问题。

SHA-1 是 160 位的散列函数，与 MD5 一样也是基于 MD4 的，因此与 MD5 有很多共同的特性，但它的设计更加保守，要慢于 MD5。尽管如此，SHA-1 算法仍然是不安全的。

SHA-1 算法的每一个 160 位的状态是由 5 个 32 位的字组成。与 MD5 算法类似，SHA-1 算法总共也有 4 轮，每一轮都由定义在 32 位字长上的基本运算混合而成。所不同的是，MD5 对每个消息分组进行 4 次处理，而 SHA-1 用线性递归的方法将 16 个字长的消息分组扩展为它所需要的 80 个字长。这是对 MD4 技术的一种推广。在 MD5 中，消息的每一位在混合函数中都被使用 4 次，而 SHA-1 的线性递归保证了消息的每一位都至少影响混合函数 12 次。有趣的是，从 SHA-0 到 SHA-1 的唯一改变是对线性递归增加了 1 位的轮转。

SHA-1 的主要问题不是内部缺陷，而是输出为 160 位的长度。进行 2^{80} 步运算就可以使 160 位的散列函数产生碰撞，这个安全等级低于我们对于分组密码密钥长度为 128～256 位的要求，当然也不符合对于分组密码 128 位的设计安全等级。虽然进行 SHA-1 运算要比 MD5 花费更多的时间，但是已经可以证明采用少于 2^{80} 步的运算就可以使 SHA-1 产生碰撞 [123]。当然，攻击手段的总是在不断加强，SHA-1 算法当然也不再是可信的算法。

5.2.4 SHA-224、SHA-256、SHA-384 和 SHA-512

在 2001 年，NIST 公布的标准草案包含了 3 个新的散列函数，后于 2004 年又修订了该规范，增加了一个新的散列函数 [101]。这些散列函数都属于 SHA-2 系列，分别有 224 位、256 位、384 位、512 位的输出，设计用于与密钥长度为 128 位、192 位、256 位的 AES 算法以及 112 位的 3DES 算法一起使用。这些算法的结构和 SHA-1 非常类似。

这些散列函数还较新，因此要有所警惕。但是 SHA-1 算法已知的缺陷要更严重。如果

82 想得到比 SHA-1 更强的安全性，就应该使用具有更长输出的散列函数，但是已经公布的具有较长输出的散列函数并没有得到广泛的分析，而 SHA-2 系列至少由 NSA 进行仔细审查，似乎更加可靠。

SHA-256 比 SHA-1 慢得多。对于长消息，用 SHA-256 计算散列值大约与用 AES 或 Twofish 进行加密所需的时间相当，或许还略长一点。这种情况并不糟糕，只是一个更加保守设计的结果。

5.3 散列函数的缺陷

遗憾的是，所有的散列函数都有一些性质导致它们不能完全满足安全性定义。

5.3.1 长度扩充

最大的问题是这些散列函数都有一个易于避免但会导致实际问题的长度扩充缺陷。一个消息 m 被分成消息分组序列 $m_1, \cdots, m_k$，得到散列的值为 H。现在选择消息 m'，它对应的消息分组序列为 $m_1, \cdots, m_k, m_{k+1}$，由于 m' 的前 k 个块与 m 相同，散列值 $h(m)$ 是在计算 $h(m')$ 时的一个中间值，即有 $h(m') = h'(h(m), m_{k+1})$。当使用 MD5 或者 SHA 系列的散列函数时，必须谨慎地选取 m' 来加入填充和长度域，但这不是问题，因为构造这些域的方法是公开的。

存在长度扩充问题是因为在散列函数计算的最后一步缺少一个特殊的处理，结果导致 $h(m)$ 恰好是计算 $h(m')$ 时完成前 k 个块计算的中间状态。

这个性质对于那些我们期望作为随机映射的散列函数来说是非常不理想的，因为这个性质使得前面提到的散列函数都不能满足我们给出的安全性的定义。区分器只需构造一些合适的消息对 (m, m')，然后验证这样的关系是否成立。对于理想的散列函数，这样的关系一定不成立。这是一个利用了散列函数本身性质的非通用攻击，所以是一个有效的攻击。这样的攻击需要很少次数的计算，因此速度非常快。

这个性质具有什么危害？设想在一个系统中，Alice 给 Bob 发送一个消息 m，用 $h(X\|m)$ 作为对消息的认证，这里 X 是只有 Bob 和 Alice 知道的一个秘密消息。如果 h 是一个理想的散列函数，这将是一个相当好的认证系统。但是由于长度扩充的缺陷存在，Eve 现在可以在消息 m 后面附加文本，然后计算出与新消息相匹配的认证消息。在这个认证系统里 Eve 就

83 可以修改消息，这样的系统对我们来说显然是没有任何用处的。

长度扩充存在的缺陷在 SHA-3 算法中得到解决，NIST 对于 SHA-3 的要求之一就是不存在长度扩充问题。

5.3.2 部分消息碰撞

第二个问题是采用迭代结构的散列函数固有的缺陷，我们使用一个特殊的区分器来加以解释。

任何区分器都首先要确定用于区分散列函数和理想散列函数的场景，有时这样的场景很简单，如给定散列函数来试图找到碰撞。下面使用一个相对复杂的场景。假设有一个系统使用 $h(X\|m)$ 作为对消息 m 的认证，其中 X 为认证密钥。攻击者可以选择消息 m，但系统只能认证一个消息。⊖

⊖ 大多数系统只允许认证一定数量的消息，这里是一个比较极端的情况。在现实生活中，许多系统里的消息都带有一个消息编号，对于这种攻击来说其影响与允许单一消息认证的系统一样。

对于输出大小为 n 的理想的散列函数，我们希望它具有 n 位的安全性。攻击者选择消息 m 并使系统对其用 $h(m\|X)$ 进行认证，除了对 X 进行穷举搜索外，没有更好的攻击方法。对于迭代散列函数，攻击者可以采用更加有效的方法。当使用 h 进行散列处理时可以通过生日攻击用大约 $2^{n/2}$ 步找到两个发生碰撞的消息 m 和 m'，并使系统对消息 m 进行认证，然后用消息 m' 代替。由于散列函数的迭代计算结构，只要出现了碰撞而且余下的输入一样，那么散列值就一定相同，而消息 m 和 m' 有相同的散列值，因此对任意的 X，有 $h(m\|X) = h(m'\|X)$。注意该攻击与 X 无关，同一对 m 和 m' 对任何 X 都适用。

这个是区分器的一个典型例子。区分器设置自己的游戏规则（实施攻击的场景），然后攻击这个系统。目的仍然是区分给定的散列函数和理想的散列函数，如果攻击成功，则这个散列函数是迭代散列函数，否则证明是理想散列函数。

5.4　修复缺陷

我们一直希望能够得到可以当作随机映射的散列函数，但所有已知的散列函数都不具备这样的性质。在使用散列函数时，必须检查是否存在长度扩充的缺陷？要检查是否存在部分消息碰撞？是否检查其他的缺陷？

允许散列函数有缺陷是一个非常不可取的想法。可以肯定的是，散列函数存在的缺陷一定会在某些应用中暴露出来。即使有些函数的缺陷已被归档，但在应用到实际系统之前也不会去检查。即使可以很好地控制设计过程，也会不可避免地陷入一个非常复杂的问题中。设想散列函数有 3 个缺陷，而分组密码也有 2 个，签名方案有 4 个等。那么为了安全性考虑，就必须检查由这些缺陷相互作用所产生的上百种可能的缺陷组合，分析它们实际上是不可能的。因此，必须对散列函数进行修复。

新的 SHA-3 标准将修正这些缺陷，但目前还需要一个临时的修复方案。

5.4.1　一个临时的修复方法

本节给出一个修复方法。在后续的小节中会深入讨论其他修复方案，当然这个方案还没有得到同行们的广泛讨论。但是这个讨论是有启发性的，因此在这里引入。

设 h 是前面提到的某个散列函数，我们用 $m \mapsto h(h(m)\|m)$ 代替 $m \mapsto h(m)$ 作为散列函数。[○]我们将 $h(m)$ 放在要进行散列运算的消息的前面，这可以保证散列函数的迭代运算与消息的每一位都有关，从而避免长度扩充和部分消息碰撞的攻击。

定义 6　设 h 是一个迭代的散列函数，散列函数 h_{DBL} 定义为 $h_{DBL}(m):= h(h(m)\|m)$。

如果 h 是 SHA-2 系列散列函数中的任一散列函数，这样构造的散列函数 h_{DBL} 具有 n 位的安全性，其中 n 是散列函数的输出长度。

这个方案的缺点是比较慢，原因是必须对消息进行两次散列运算，使得时间为原来的 2 倍。另一个缺点是该方法需要缓冲整个消息序列 m 的值后才能进行运算，无法随着数据流的产生直接进行计算。在一些实际的应用中，就是需要随着数据流的产生过程中不断进行散列运算，所以在这种应用中不能使用 h_{DBL}。

5.4.2　一个更有效的修复方法

那么如何能保持原始散列函数的运算速度呢？定义散列函数为 $h\left(h\left(0^b\|m\right)\right)$ 而不是

○　标记 $x \mapsto f(x)$ 是不用函数名来表示函数的方法，如 $x \mapsto x^2$ 是将输入进行平方运算的函数。

$h(m)$，要求它的安全性为 $n/2$ 位。这里 b 是压缩函数的分组长度，因此 $0^b\|m$ 相当于在散列前先在消息之前添加一个全 0 的分组。通常，当碰撞攻击不可能时，希望 n 位的散列函数能够提供 n 位的安全性。[⊖]而部分消息碰撞攻击仅仅依赖于生日攻击，因此，如果将安全性降低为 $n/2$ 位，这些攻击将被从所要求的安全等级中排除出去。

在大多数情况下，这种降低安全性的要求是不能被接受的，但这里我们比较走运。散列函数是针对碰撞攻击可能发生的情况而设计的，因此就它们的长度来说已经足够大了。如果将这种构造用于 SHA-256，得到的散列函数将拥有 128 位的安全性，这正是我们所需要的安全强度。

也许有人会对 n 位的散列函数仅提供 $n/2$ 位的安全性有争议，这种观点也是有根据的。如果没有明确说明所提供的安全性强度，人们往往会误用散列函数并认为散列函数能提供 n 位的安全性。例如，人们对 AES 算法的 256 位密钥使用 SHA-256，认为它可以提供 256 位的安全等级。按照前面的解释，使用 256 位的密钥只能得到 128 位的安全等级。这恰好与降低了安全性要求的 SHA-256 的修复版本相匹配。这并不是偶然的，因为在这两种情况下，密码值的大小与所声称的安全性强度之间的差异都归于碰撞攻击，而我们总是假定碰撞攻击是可能的，这样就可以将不同的长度与安全等级很好地结合在一起。

下面是修复方案更正式的定义：

定义 7　设 h 是迭代散列函数，b 是压缩函数的分组长度，散列函数 h_d 定义为 $h_d:=h(h(0^b\|m))$，其声称安全等级为 $\min(k,n/2)$，其中 k 和 n 是散列函数 h 的安全等级和输出的大小。

通常结合 SHA 系列的散列函数来应用这种构造，对于任意的散列函数 SHA-X，其中 X 为 1、224、256、384、512 之一，SHA$_d$-X 定义为将 m 映射为 SHA-X(SHA-X($0^b\|m$)) 的函数。例如，SHA$_d$-256 即 $m \mapsto$ SHA-256(SHA-256 ($0^{512}\|m$))。

这种方法由 Coron 提出^[26]，在 5.4.1 节定义的基础上修复了 SHA 系列的迭代散列函数。可以证明修复的散列函数 h_d 至少与基本散列函数 h 一样安全。[⊖]HMAC 也使用类似的两次散列方法抵抗长度扩充攻击。在消息前添加一个全 0 分组，这样除非有不寻常的事情发生，h_d 内层散列函数的第一个分组输入与外层散列函数的输入是不同的。h_{DBL} 与 h_d 都消除了对实际系统构成最大威胁的长度扩充缺陷，而 h_{DBL} 是否满足 n 位的安全性有待进一步证明，但是可以肯定它们都具有 $n/2$ 位的安全性，因此在实际应用中可以使用更有效的 h_d 构造。

5.4.3　其他修复方法

还有一些针对 SHA-2 系列迭代散列函数其他缺陷的修复方案：截断输出^[26]。如果散列函数是 n 位输出，那么只取其前面的 $n-s$ 位（s 为某个正整数）作为散列值。事实上，SHA-224 和 SHA-384 算法都是如此设计的，SHA-224 是将 SHA-256 丢弃了 32 位输出，而 SHA-384 是将 SHA-512 丢弃了 128 位输出。为了满足 128 位的安全要求，需要采用 SHA-512 算法，然后丢弃 256 位输出，返回剩余的 256 位作为截断散列函数的输出结果。由于生日攻击，这个 256 位的散列函数可以满足 128 位的安全性设计目标。

⊖ 甚至在 SHA-256 的文档中也表明 n 位的散列函数如果找到给定值的原像需要 2^n 步运算。

⊖ 这里使用了一些近似。通过两次散列运算，函数的值域缩小了，生日攻击变得更加容易。但这种影响几乎可以忽略，同样也在近似范围之内。

5.5 散列算法的选择

目前，很多提交给 NIST 的 SHA-3 候选算法中都有一些新的算法设计，其中也考虑了本书中所提到的散列函数的弱点以及其他的相关缺陷。然而，NIST 还没有最终确定 SHA-3 的标准算法。对 SHA-3 算法真正的放心使用还需要进行进一步分析。短期内，我们建议使用 SHA 系列的散列函数，包括 SHA-224、SHA-256、SHA-384、SHA-512。此外，也可以使用 SHA_d 系列散列函数，或者使用 SHA-512 的截断输出函数，得到 256 位结果。从长远来看，建议使用最终将确定的 SHA-3 标准算法。

5.6 习题

5.1 使用软件工具生成两个消息 M 和 M'，$M \neq M'$，请使用一个已知的针对 MD5 的攻击方法，产生一个针对 MD5 的碰撞。产生 MD5 碰撞的代码样例请参阅：http：//www.schneier.com/ce.html。

5.2 使用现有的密码库，编写一段程序来计算以下十六进制消息序列的 SHA-512 散列值：

48 65 6C 6C 6F 2C 20 77 6F 72 6C 64 2E 20 20 20

5.3 考虑算法 SHA-512-n，此散列函数是指首先运行 SHA-512 算法，输出取前 n 位作为结果。请编写程序采用生日攻击找到对 SHA-512-n 的碰撞。其中，n 是 8 到 48 之间的 8 的倍数。程序可以使用现有密码库。分别计算当 n 为 8、16、24、32、40、48 时程序所需的时间，对于每一个 n 值运行 5 次以上来进行统计。分别计算 SHA-512-256、SHA-512-384、SHA-512 算法执行该程序所需的时间。

5.4 使用前一小题的 SHA-512-n 算法，请编写程序，分别恢复下列散列函数算法的散列值的原像。

采用 SHA-512-8 算法的散列值（十六进制）：

A9

采用 SHA-512-16 算法的散列值（十六进制）：

3D 4B

采用 SHA-512-24 算法的散列值（十六进制）：

3A 7F 27

采用 SHA-512-32 算法的散列值（十六进制）：

C3 C0 35 7C

分别计算当 n 为 8、16、24、32 时程序所需的时间，对于每一个 n 值运行 5 次以上来进行统计。程序可以使用现有密码库。分别计算 SHA-512-256、SHA-512-384、SHA-512 算法执行该程序所需的时间。

5.5 在 5.2.1 节中，提到消息 m 和 m' 经过散列运算得到相同的值 H_2，请给出证明。

5.6 选择两个 SHA-3 候选散列函数，比较它们的性能，以及在当前最好的攻击下的安全性。SHA-3 候选算法的信息请参阅 http://www.schneier.com/ce.html。

Cryptography Engineering: Design Principles and Practical Applications

消息认证码

消息认证码，或者 MAC，用于检测对消息的篡改。加密使 Eve 不能够获取消息的内容，但不能防止 Eve 对消息进行操纵，这时就需要消息认证码。与加密消息一样，MAC 也使用一个密钥 K，Alice 和 Bob 知道这个密钥但 Eve 不知道。当 Alice 向 Bob 发送消息 m 时，不仅仅发送消息 m，而且还发送一个由 MAC 函数计算得到的 MAC 值。Bob 检验接收到的消息的 MAC 值与收到的 MAC 值是否相等，如果不匹配则丢弃这个没能通过认证的信息。由于 Eve 不知道密钥 K，所以不能为篡改后的消息找到正确的 MAC 值，从而保证 Eve 不能对消息进行操纵。

本章只讨论认证，将加密与认证结合起来的机制将在第 7 章讨论。

6.1　MAC 的作用

MAC 函数有两个输入，其中一个是固定长度的密钥 K，另一个是任意长度的消息 m，产生固定长度的 MAC 值。这里将 MAC 函数表示为 $MAC(K, m)$。为了对一个消息进行认证，Alice 把消息 m 与 MAC 值 $MAC(K, m)$ 一起发送，这个 MAC 值也称为标签（tag）。假设 Bob（同样有密钥 K）收到消息 m' 和标签 T 后，可以使用 MAC 验证算法来检验 $T = MAC(K, m')$ 是否成立。

我们首先只考虑 MAC 函数本身，但是要注意的是，正确地使用 MAC 函数要远比仅将它应用于消息复杂，我们将在 6.7 节中详细讨论这些问题。

6.2　理想 MAC 与 MAC 的安全性

目前有多个 MAC 的安全性的定义，这里采用我们偏好的定义。这个定义基于理想 MAC 函数的概念，与理想分组密码的概念非常类似，主要的差别在于分组密码是置换，而 MAC 则不是。我们倾向于这种定义，因为这个定义包含了绝大部分的攻击方法，包括弱密钥攻击、相关密钥攻击，等等。

理想的 MAC 是一个随机映射。设 n 是 MAC 函数输出结果的位数，理想的 MAC 定义如下：

定义 8　理想的 MAC 函数是一个从所有可能的输入到 n 位输出的随机映射。

需要注意的是，在这个定义中 MAC 有两个输入：密钥和消息。攻击者不知道密钥 K，更准确地说是攻击者并不能够完全获取密钥 K 的值，当然系统其他部分的缺陷可能会泄露密钥 K 的部分信息。

我们定义 MAC 的安全性如下：

定义 9　对于 MAC 的攻击是区分 MAC 函数和理想 MAC 函数的非通用方法。

密码学是一个十分广泛的领域，其中包括了很多理论家使用的正式的定义。我们倾向于使用以上定义是因为这个定义更广泛，更符合人们所理解的攻击的范围。我们定义的攻击模型包括了传统的正式定义未能覆盖的多种攻击，比如相关密钥攻击，以及假设攻击者已知部分密钥信息进行攻击等。这就是倾向于用这种安全性定义的原因，即使 MAC 函数被误用或者在一些非寻常的环境里使用，这种定义也足够健壮。

限制更强的标准定义是攻击者选择 n 个不同的消息，然后得到每个消息对应的 MAC 值。攻击者必须提出与所选择的 n 个消息不同的第 $n+1$ 个消息和与这个消息对应的有效的 MAC 值。

90

6.3 CBC-MAC 和 CMAC

CBC-MAC 是一种将分组密码转换为 MAC 的经典方法，密钥 K 被用作分组密码的密钥。CBC-MAC 所采用的方法是对消息 m 用 CBC 模式进行加密，而只保留密文的最后一个分组，其余全部丢弃。对一个由分组 $P_1,\cdots,P_k$ 组成的消息，MAC 计算过程为：

$$H_0 := \mathrm{IV}$$
$$H_i := E_K(P_i \oplus H_{i-1})$$
$$\mathrm{MAC} := H_k$$

有时也会取最后一个分组的一部分（例如一半）作为 CBC-MAC 函数的输出。CBC-MAC 的常见定义要求 IV 固定为 0。

一般情况下，在加密和认证中不能使用相同的密钥。在 CBC 加密和 CBC-MAC 认证中使用相同的密钥尤其危险，因为 MAC 的值为最后一个密文分组。而且，根据使用 CBC 加密和 CBC-MAC 的时间和方式，对二者使用相同的密钥可能会同时导致对 CBC 加密的隐私性和 CBC-MAC 可认证性的破坏。

使用 CBC-MAC 有一定的技巧，但是当正确地使用并且所用的分组密码安全时一般认为是安全的。学习 CBC-MAC 的强度和缺陷是非常有教育意义的。有许多针对 CBC-MAC 的碰撞攻击，可使得它的安全性只是它分组长度的一半[20]。举一个简单的碰撞攻击的例子：设 M 是一个 CBC-MAC 函数，如果已知 $M(a)=M(b)$，则对任意的 c 都有 $M(a\|c)=M(b\|c)$。这是由 CBC-MAC 的结构所导致的，下面用一个简单的情形来解释这点。c 为单个分组，我们有：

$$M(a\|c) = E_K(c \oplus M(a))$$
$$M(b\|c) = E_K(c \oplus M(b))$$

因为 $M(a)=M(b)$，所以有 $M(a\|c)=M(b\|c)$。

攻击分为两个阶段。在第一个阶段，攻击者收集大量消息的 MAC 值，直到产生碰撞。由生日悖论可知，对于 128 位的分组密码，需要进行 2^{64} 步计算。在这个阶段攻击者得到了两个消息 a 与 b 且满足 $M(a)=M(b)$。若攻击者从发送者那里得到对消息 $a\|c$ 的认证码，他就可以用 $b\|c$ 代替消息 $a\|c$ 而无须改变 MAC 值，这个值完全可以通过接收者对 MAC 值的验证，从而使接收者接到一个伪造的消息。（切记，在这个偏执狂模型中，攻击者生成一个消息并得到发送者对它的认证是可行的，因为在很多情况下此类事情可能会发生。）这种攻击有多种扩展，甚至对于增加长度域和填充的情况都有效[20]。

91

这是一个非通用攻击，因为它对理想的 MAC 函数无效。对于理想的 MAC 函数，找到了碰撞并不是问题，即使得到了满足条件 $M(a) = M(b)$ 的两个消息 a 和 b 时，也不能够为新消息伪造一个 MAC 值，而在 CBC-MAC 模式中是可以的。

还有另外一种攻击手法，假设 c 为一个分组长度的消息，且满足 $M(a\|c)=M(b\|c)$。那么

对任意分组 d，有 $M(a\|d)=M(b\|d)$。攻击过程类似于上述攻击。首先攻击者收集大量消息的 MAC 值，直到产生碰撞，得到产生碰撞的 a 和 b。然后攻击者从发送者获取 $a\|d$ 的认证码，就可以用 $b\|d$ 代替消息 $a\|d$ 而无须改变 MAC 值。

一些理论研究的结果表明，在特定的证明模型下，当分组长度为 128 位并且 MAC 处理相同长度的消息时，CBC-MAC 只能提供 64 位的安全性 [6]。但是这种安全强度显然不能够满足设计要求，虽然现在还没有切实可行的方法可以达到 128 位分组密码的安全强度。如果使用 256 位分组长度的分组密码，CBC-MAC 的安全性将会更好。

谨慎地使用 CBC-MAC 还有其他原因。如果需要对不同长度的消息进行认证，不要仅对消息本身进行 CBC-MAC，因为易被攻击。例如，假设消息 a 和 b 的长度都是单个分组的长度，假设发送者对 a、b、$a\|b$ 进行 MAC 运算。攻击者截获这些消息和相应的 MAC 标签，并且伪造消息 $b\|(M(b) \oplus M(a) \oplus b)$ 的 MAC，而这是发送者从未发送的。该消息的伪造标签为 $M(a\|b)$，与消息 $a\|b$ 的标签相同。在本章后面的练习中，读者可以尝试证明之，但是问题来自于发送者对不同长度的消息进行 MAC 运算。

如果使用 CBC-MAC 算法，应该按照如下方法进行：

1）从 $l\|m$ 构造位串 s，其中 l 是消息 m 在固定长度格式下的编码长度。

2）对 s 进行填充使得其长度为分组长度的整数倍（详见 4.1 节）。

3）对填充后的位串 s 应用 CBC-MAC。

4）输出最后一个密文分组或它的一部分，切记不要输出任何中间值。

CBC-MAC 的优点是它使用与分组密码加密模式相同类型的计算。在很多系统中，加密和 MAC 是仅有的两个需要应用于大量数据的函数，所以速度对它们来说很重要，让它们拥有相同的基本函数有助于更有效地实现功能，尤其是在硬件实现中。

尽管如此，我们也不推荐直接使用 CBC-MAC 方法，因为这种方法很难恰当地使用。我们推荐 CMAC 作为备选方法 [42]，CMAC 基于 CBC-MAC 并且最近已由 NIST 标准化。CMAC 的工作原理和 CBC-MAC 几乎相同，只是对最后一个分组的处理有所区别。确切地说，在进行最后一次分组密码加密之前，CMAC 将两个特殊值中的一个与最后一个分组进行异或。这些特殊值从 CMAC 的密钥产生，被 CMAC 用到的那个值取决于消息的长度是否为分组块长度的倍数。在 MAC 运算中引入对这些值的异或可以防御在不同长度的消息中使用 CBC-MAC 所面临的攻击。

6.4 HMAC

既然理想的 MAC 是一个以密钥和消息为输入的随机映射，而且我们已经有了与随机映射类似的散列函数，因此很自然地会想到用散列函数构造 MAC，这正是 HMAC 所要完成的工作 [5,81]。HMAC 的设计者当然非常了解第 5 章中所介绍的关于散列函数的问题，正是由于这个原因，不能将 HMAC 简单地定义为 $h(K\|m)$、$h(m\|K)$ 甚至 $h(K\|m\|K)$ 等，因为如果使用标准的迭代散列函数会产生很多问题 [103]。

所以在 HMAC 中计算 $h(K \oplus a\|h(K \oplus b\|m))$，其中 a 和 b 为指定的常数。即首先对消息进行一次散列运算，输出结果再与密钥一起进行散列运算，详见文献 [5, 81]。HMAC 可以采用第 5 章中提到的任何一个迭代散列函数。HMAC 的设计使得它不会受到同 SHA-1 一样的碰撞攻击，这些攻击近来已削弱了 SHA-1 的安全性 [4]。这是由于在 HMAC 算法中，对消息的头部进行散列运算时基于一个密钥，这个密钥是攻击者未知的。这也就是说，基于

SHA-1 的 HMAC 算法不会比 SHA-1 算法差。但是由于攻击手段的不断进步，基于 SHA-1 的 HMAC 也面临着越来越多的风险，这里不推荐使用。

HMAC 的设计者对 HMAC 进行了精心的设计来抵御这些攻击，并且证明了相应构造的安全性界。HMAC 避免了将密钥 K 泄露给攻击者的密钥恢复攻击，避免了攻击者无须与系统交互即可完成的攻击。然而，与 CMAC 一样，HMAC 函数仍然只有 $n/2$ 位的安全性，因为可以利用迭代散列函数的内部碰撞来对函数进行通用的生日攻击。HMAC 的构造使得攻击需要与系统进行 $2^{n/2}$ 次交互，这比在自己的计算机上完成 $2^{n/2}$ 次计算要困难得多。

当一些原语（在该例中是散列函数）具有一些我们不希望看到的性质时，HMAC 会出现一系列的问题，HMAC 论文 [5] 中给出了很好的例子来解释这些问题。这也是我们强制地为密码原语提供清晰的行为规范的原因。

HMAC 的结构清晰有效而且便于实现，因此非常受欢迎。将 SHA-1 作为散列函数的 HMAC 应用十分广泛，现在也可以在很多程序库中找到。然而为了达到 128 位的安全性，我们只使用诸如 SHA-256 之类的 256 位的散列函数。

6.5 GMAC

近期 NIST 公布了一种新的标准化 MAC 方法，称之为 GMAC[43]，这种方法无论在硬件实现还是软件实现方面都非常有效。GMAC 是针对 128 位的分组密码设计的。

GMAC 的工作原理完全不同于 CBC-MAC、CMAC 以及 HMAC。GMAC 的认证函数有三个输入：密钥、待认证的消息、瞬时值，该瞬时值只使用一次。CBC-MAC、CMAC 和 HMAC 的算法中都没有使用瞬时值作为输入。如果使用密钥和瞬时值对消息进行 MAC 运算，接收者也需知道这个瞬时值，所以需要发送者通过某种方式将瞬时值发送给接收者，瞬时值也可以是隐含的，如发送者和接收者都维护的包计数器。

由于有不同的输入接口，GMAC 不满足在 6.2 节中对于 MAC 的定义，这使得将它与理想的 MAC 区分开来。但是我们可以使用 6.2 节结尾中所提到的不可伪造的定义方法，即考虑到这样一种攻击模型：攻击者选择 n 个不同的消息，然后得到每个消息对应的 MAC 值。攻击者如果不能够提出与前面选择的 n 个消息不同的第 $n+1$ 个消息和相应的有效 MAC 值，那么这样的 MAC 就是不可伪造的。

在底层 GMAC 使用了全域散列函数 [125]，这与我们在第 5 章中所讨论的散列函数完全不同。至于全域散列函数的工作原理，不是这里讨论的重点，可以将 GMAC 看作对输入消息进行了简单数学函数运算。这个函数要比 SHA-1 或 SHA-256 等简单得多。GMAC 采用分组密码 CTR 模式将函数的输出进行加密得到标签。GMAC 将瞬时值的某个函数值用作 CTR 模式中的 IV。

GMAC 已标准化，也是许多应用环境中的合理选择。还需要注意的是，像 HMAC、CMAC 和 GMAC 这些方法都只能提供最多 64 位的安全性。一些应用可能希望使用长度短于 128 位的标签，然而与 HMAC 和 CMAC 不同的是，如果减少标签长度，GMAC 的安全性会降低。试想一个标签长度被截短到 32 位的 GMAC 算法，虽然希望系统可以提供 32 位的安全性，但是通过 2^{16} 步计算就可以伪造一个 MAC 值 [48]。我们的建议是：如果在实际需求中必须使用短的 MAC 值，那么就不要使用 GMAC 算法。

最后，要求系统提供瞬时值是有风险的，因为如果系统很容易多次产生相同的瞬时值，那么就没有安全性可言了。正如我们在 4.7 节中所讨论的，实际系统往往会因为无法正确地处理瞬时值而产生很多安全问题。因此我们建议放弃向应用开发者推广使用瞬时值的模式。

6.6 如何选择 MAC

从前面的讨论可以推断出我们主张选择 HMAC-SHA-256——一个以 SHA-256 作为散列函数的 HMAC。我们希望使用 256 位的全部输出,而很多系统使用 64 位或 96 位的 MAC 值,即便这样,似乎总的开销也会很大。如果以传统的方式使用 MAC,碰撞攻击就不会存在,因此基于目前的研究来看,将 HMAC-SHA-256 的结果截短为 128 位应当是安全的。

目前的状况并不乐观,我们希望能够构造出更快的 MAC 函数。但是在合适的函数公布和经过分析并被广泛接受之前,我们所能做的并不多。GMAC 的运行效率不错,但只能提供最多 64 位的安全性,并且不适用于生成短标签。而且 GMAC 算法还需要产生瞬时值,这会导致很多安全隐患。

在 NIST 的 SHA-3 候选算法中有些特殊模式可用来构造更快的 MAC,但是毕竟最终的算法还没有敲定,确定哪个候选算法的安全性是值得信任的还为时过早。

6.7 MAC 的使用

如何正确使用 MAC 比初看起来要复杂得多,本节我们着重讨论这个问题。

当 Bob 收到 MAC(K, m) 后,他就知道某个知道密钥 K 的人认可了消息 m。这样的声明隐含了所有的安全性质,因此在使用 MAC 时需要格外小心。比如 Eve 可以记录 Alice 发送给 Bob 的消息,在以后某个时间给 Bob 发送这个消息的一个副本。如果没有抵御这类攻击的措施,Bob 将把这个消息的副本当作来自 Alice 的有效消息而接收。在双向通信中,如果 Alice 和 Bob 使用相同的密钥,类似的问题也会出现。Eve 可以将这个消息返回给 Alice,她可能会相信这是来自 Bob 的消息。

在许多情况下,Alice 和 Bob 不仅想对消息 m 进行认证,而且要包括附加数据 d。这个附加数据包括防止重放攻击的消息编号,还有消息源和目的地等,这些域通常是被认证的(通常是已加密的)消息头的一部分。MAC 必须认证 d 和 m,一般的方法是对 $d\|m$ 应用 MAC 函数,而不是仅仅应用于 m(这里我们假设从 d 和 m 到 $d\|m$ 的映射是一对一的,否则我们应使用更好的编码方式)。

后面的讨论可以总结为以下设计规则:

Horton 原则:消息认证是认证消息的含义,而不是消息本身。

MAC 仅仅对字节串进行认证,而 Alice 和 Bob 想对具有特定含义的消息进行认证,字节串(发送的字节)和字节串的含义(对消息的理解)这两者的差别是很重要的。

假设 Alice 用 MAC 对 $m := a\|b\|c$ 进行认证,其中 a、b 及 c 是某些数据域,Bob 收到了 m 并将它划分为 a、b 及 c。问题是如何保证 Bob 也将 m 分成同样的域,如果 Bob 采用的规则与 Alice 构造这个消息的规则不一致,Bob 就将得到错误的域值,于是 Bob 可能会接收一个通过认证的伪造数据,这种情况很糟糕。因此,必须保证 Bob 将 m 划分到不同域的数据与 Alice 所填入的数据是一致的。

在一个比较简单的系统里不难做到这点,只要每个数据域都有固定的长度就可以了。但是,很容易遇到有些域的长度需要可变的情况,或者新版本的软件可能使用更大一些的域。当然,新版本的软件需要有向下的兼容性。这仍然是一个问题。一旦域的长度不再是固定的,Bob 会从上下文来确定这些域,但攻击者也可能操纵这些上下文。例如,Alice 使用旧版本的软件和旧的比较短的域，而 Bob 使用新版本的软件，攻击者 Eve 操控了 Alice 与 Bob 之间的通信，使得 Bob 相信正在使用新协议（实现的具体细节并不重要，MAC 系统不应依赖于系统其他部分的安全性），因此 Bob 用较大的域长度对消息进行分割，从而得到了伪造的数据。

为此我们需要 Horton 原则[122]⊖，即认证消息所包含的含义而不是消息本身。这就意味着 MAC 认证的不仅是消息 m，还包括 Bob 解析消息 m 以获取含义所需要的所有信息，这通常包括协议标识符、协议版本号以及协议消息标识符和各个数据域的长度等信息。一种方法是不仅将各个域连接起来，还使用诸如 XML 那样的数据结构，无须更多信息即可用来解析数据。

Horton 原则是低层的认证协议不能为高层的协议提供适当的认证的原因之一。在 IP 包层的认证系统中无法获悉电子邮件程序将如何解释数据，这就使得它无法检测消息在解释时的上下文与消息发送时的上下文是否一致。唯一的解决方案是，除了低层的认证外，让电子邮件程序对所交换的数据进行认证。

在进行认证时，总要仔细考虑哪些信息应该包含在认证的范围内，确保将包括消息本身在内的所有信息编码为一个字节串，而且编码应保证能以唯一的方式解析为原先的各个数据域。这也同样适用于我们在本节开始讨论的将附加数据与消息进行连接的方式。如果对 $d\|m$ 进行认证，最好有固定的分解规则将连接后的消息 $d\|m$ 分解为原先的 d 和 m。

6.8　习题

6.1　试描述一个使用 CBC-MAC 进行消息认证的真实系统，并分析对于 CBC-MAC 进行长度扩充攻击下的系统脆弱性。

6.2　假设 c 为一个分组长度，a 和 b 是多个分组长度的位串，且有 $M(a\|c) = M(b\|c)$，这里 M 为 CBC-MAC 函数。试证明对于任意分组 d，有 $M(a\|d)=M(b\|d)$。

6.3　假设消息 a 和 b 的长度为一个分组大小，发送者分别对消息 a、b、$a\|b$ 进行 CBC-MAC 运算。攻击者截获经过 MAC 运算后的标签，然后伪造消息 $b\|(M(b) \oplus M(a) \oplus b)$，这个伪造后的消息标签为 $M(a\|b)$，也即消息 $a\|b$ 的标签。试用数学方法证明。

6.4　假设消息 a 的长度是一个分组的大小。假设攻击者截获 MAC 值 t，这个值是消息 a 通过随机密钥下的 CBC-MAC 进行计算得出的值，密钥是攻击者未知的。试解释如何选取一个长度为 2 个分组的消息并伪造相应的 MAC。试解释为何伪造的标签对于所选取的消息来说是有效的。

6.5　使用现有的密码库，使用基于 AES 的 CBC-MAC 算法，采用如下 256 位密钥：

```
80 00 00 00 00 00 00 00 00 00 00 00 00 00 00 00
00 00 00 00 00 00 00 00 00 00 00 00 00 00 00 01.
```

计算如下消息的 MAC 值：

```
4D 41 43 73 20 61 72 65 20 76 65 72 79 20 75 73
65 66 75 6C 20 69 6E 20 63 72 79 70 74 6F 67 72
61 70 68 79 21 20 20 20 20 20 20 20 20 20 20 20
```

6.6　使用现有的密码库，使用基于 SHA-256 的 HMAC 算法和如下密钥：

```
0b 0b 0b 0b 0b 0b 0b 0b 0b 0b 0b 0b 0b 0b 0b 0b
0b 0b 0b 0b 0b 0b 0b 0b 0b 0b 0b 0b 0b 0b 0b 0b.
```

⊖　致不是在美国长大的读者，这是以儿童作家苏斯博士笔下的一个角色命名的[116]。

计算如下消息的 MAC 值：

4D 41 43 73 20 61 72 65 20 76 65 72 79 20 75 73
65 66 75 6C 20 69 6E 20 63 72 79 70 74 6F 67 72
61 70 68 79 21

6.7 使用现有的密码库，采用基于 AES 的 GMAC 算法和如下 256 位密钥：

80 00 00 00 00 00 00 00 00 00 00 00 00 00 00 00
00 00 00 00 00 00 00 00 00 00 00 00 00 00 00 01

计算如下消息的 MAC 值：

4D 41 43 73 20 61 72 65 20 76 65 72 79 20 75 73
65 66 75 6C 20 69 6E 20 63 72 79 70 74 6F 67 72
61 70 68 79 21

其中瞬时值为

00 00 00 00 00 00 00 00 00 00 00 01.

安 全 信 道

我们最终又回到将要解决的实际问题中来，安全信道是所有实际问题最普遍的部分。

7.1 安全信道的性质

可以将安全信道定义为在 Alice 和 Bob 之间建立安全的连接，但这并不是正式的定义。在弄清楚所讨论的问题之前，首先要对问题进行一定的形式化。

7.1.1 角色

首先，多数的连接都是双向的，Alice 给 Bob 发送消息，Bob 也同样会给 Alice 发送消息。通常不想混淆这两个消息流，因此在协议中必然有某种不对称。在实际系统中，可能一方是客户端另一个则是服务器，或者更简单地采用发起者（发起安全连接的一方）和响应者。采用哪一种说法都可以，但必须将 Alice 和 Bob 的角色分配给通信的两方，确保他们知道自己的角色。

当然 Eve 总是存在的，他会用任何可能的手段对安全信道进行攻击。Eve 可以读取 Alice 和 Bob 之间的所有通信，并且可以任意操纵这些通信的内容，尤其是 Eve 可以对正在发送的数据进行删除、插入、修改等操作。

我们可以把 Alice 向 Bob 发送消息想象为两台计算机通过某种网络互相发送消息。另一个有趣的应用是安全地存储数据，如果认为存储数据是向未来发送数据，那么这里的讨论同样适用。Alice 和 Bob 可能是同一个人，传输介质可能是备份磁带或者 USB 盘，仍然需要保护这些传输介质的数据安全，防止被窃取和操纵。当然，如果需要发送消息给未来，就无须交互协议，因为未来不会向过去发送消息。

7.1.2 密钥

要实现安全的信道，必须有一个共享的密钥。我们假设 Alice 和 Bob 有一个共享的密钥 K，其他任何人都不知道这个密钥，这是基本的性质。密码学原语永远不把 Alice 当作一个人来识别，他们只能识别这个密钥，因此 Bob 的验证算法只能告诉他这样的事实：这个消息是由知道密钥 K 并充当 Alice 这个角色的某个人发送的。只有当 Bob 知道这个密钥 K 限于他和 Alice 知道时，这个结论对 Bob 才有意义。

如何建立这个共享密钥不是本节所关心的问题，我们假定密钥已经建立，第 14 章将详细讨论密钥管理。对密钥有如下要求：

- 只有 Alice 和 Bob 知道密钥 K。
- 每次安全信道被初始化时，就会更新密钥 K。

以上第二条要求十分重要。如果相同的密钥被反复使用，之前会话的消息就能向 Alice 或 Bob 重放，由此引起各种混淆。因此，即使以固定的口令为密钥，在 Alice 和 Bob 之间仍然需要密钥协商协议来建立一个合适的唯一密钥 K，在每次建立安全信道时都必须重新运行这个协议。每次会话所用的密钥 K 称为会话密钥，如何产生会话密钥将在第 14 章讨论。

安全信道的设计要达到 128 位的安全性，按照 3.5.7 节提到的设计准则，需要 256 位长度的密钥，因此这里密钥 K 长度为 256 位。

7.1.3 消息或字节流

另一个问题是，我们是将 Alice 和 Bob 之间的通信看作离散消息序列（如电子邮件）还是连续的字节流（如流媒体）。我们仅仅考虑处理离散消息的系统，它可以很容易地用来处理字节流，这只需将数据流分割为离散的消息，在接收端再组合成字节流就可以了。实际应用上，几乎所有的系统在密码层都使用离散消息系统。

我们还假设实现 Alice 和 Bob 之间传递消息的底层传输系统是不可靠的。从密码学的角度来看，即使是一个可靠的通信协议，如 TCP/IP，也不能构成一个可靠的通信信道，因为攻击者很容易在不打乱数据流的情况下在 TCP 流中修改、移除或插入数据。仅对数据包丢失这样的随机事件来说，TCP 是可靠的，但它不能抵御主动攻击。从攻击对手的角度来看，根本没有可靠的通信协议（这是一个密码学家如何看待世界的很好的例子）。

7.1.4 安全性质

现在我们可以提出信道的安全性质。Alice 发送消息序列 m_1，m_2，…，经由安全信道算法处理后发送给 Bob，Bob 用安全信道算法处理接收到的消息，得到消息序列 m'_1, m'_2，…。必须满足以下性质：

- 除了消息 m_i 的长度和发送时间外，Eve 无法得到有关消息 m_i 的任何其他信息。
- 即使 Eve 通过操纵正在传输的数据对信道进行攻击，Bob 接收到的消息序列 m'_1，m'_2，…必须是序列 m_1，m_2，…的子序列。并且 Bob 很清楚地获悉他收到的是哪一个子序列（子序列就是从原序列中去掉 0 个或更多的元素后得到的序列）。

第一个性质是关于隐私性。在理想状态下，Eve 不应该得到关于这些消息的任何信息。在现实中，这很难达到，要隐藏消息的长度和时间等信息非常困难。已知的解决方法是要求 Alice 用她所使用的最大带宽发送连续的消息流，如果她没有消息要发送，就必须生成一些琐碎的消息进行发送。对军事应用来说，这个方案是可接受的，但不适合对大多数的民用应用。既然 Eve 可以获取在通信信道传输的消息的长度和时间，她就可以获悉通信的对象、通信量和通信的时间，这些统称为流量分析。流量分析可以产生很多信息，而且很难阻止。这也是在其他安全信道常见的问题，包括 SSL/TLS、IPsec 和 SSH。本书不解决该问题，因此 Eve 可以在我们的安全信道上进行流量分析。

第二个性质确保 Bob 能够获取以正确的顺序排列的准确消息。在理想状态下，我们希望 Bob 收到的消息序列恰好是 Alice 发送的，但现实中没有在密码学意义上可靠的通信协议，Eve 总是可以删除传输中的某个消息。由于我们不能防止消息的丢失，Bob 就必须能处理仅得到一个消息子序列的情形。注意，Bob 收到的消息序列的顺序是正确的，没有重复的消息，没有修改过的消息，也没有除 Alice 以外的人发送的伪造消息。更进一步说，要求 Bob 清楚地知道他错过了哪些消息。这对某些应用来说很重要，因为在这些应用中对于消息的解释依赖于收到这些消息的顺序。

在大多数情况下，Alice 都想确保 Bob 可以得到她发送的所有信息。大多数系统实现了一种方案，其中 Bob 要向 Alice 发送确认（显式地或隐式地），Alice 重新发送那些没有得到 Bob 确认的消息。注意我们的安全信道从不会提议重发某条消息，必须由 Alice 来完成消息的重发，或者至少是由使用安全信道的协议层来完成。

为什么不在安全信道内实现重发功能使得安全信道是可靠的？因为这将会使得安全信道的描述变得复杂，而我们希望关键安全模块应该尽量简单。消息的确认和重发是标准的通信协议技术，可以在安全信道的上层来实现。本书关注的重点是密码学方面，而不是基本通信协议技术方面。

7.2　认证与加密的顺序

显然，我们将同时对消息进行加密和认证。有三种方法可供选择：先加密，然后再对密文进行认证（加密然后认证）；先认证，然后再对消息和 MAC 值进行加密（认证然后加密）；或者同时加密消息和认证数据，然后将两个结果组合（如连接）起来（加密同时认证）。何种方法最优没有定论。

支持采用第一种方法的主要原因有两个。首先，理论结果表明，根据安全加密和认证的某些特定定义，先加密的方案是安全的，而其他方法是不安全的。如果追究这些研究的细节，会发现当加密方案有某个特殊的缺陷时，先认证的方案才是不安全的。在实际系统中，我们从不会使用有这种缺陷的加密方案。然而，这些较弱的加密方案满足某个特殊的安全性的正式定义。对这个弱的加密方案的密文应用 MAC 就修复了这个缺陷，从而使其变得安全了。这些理论结果是有价值的，但并不是总可以应用于实际加密方案。事实上，有类似的证明表明，这些问题在流密码（如 CTR 模式）和 CBC 模式的加密方案中（其中对瞬时值或 IV 进行了认证）不可能出现。 [102]

先进行加密的另外一个理由是，它能更有效地丢弃伪造消息。对正常的消息，不管是哪种顺序，Bob 都必须解密消息和检查认证。如果消息是伪造的（即有错误的 MAC 域），Bob 将丢弃它。在先加密的方案中，接收端后解密，Bob 永远无须解密一个伪造消息，因为在解密之前就可以识别这个伪造消息，从而将它丢弃。但在先认证的方案中，Bob 首先必须对消息进行解密，然后再进行认证检查，这样对伪造消息的处理就需要做更多的工作。当 Eve 给 Bob 发送大量的伪造消息时，那么需要做的工作量非常大。在先加密的方案中，Bob 节省了解密的时间，从而减轻了 CPU 的负载。在一些特殊环境里，这可以使拒绝服务（Denial-of-Service，DoS）攻击变得更加困难，虽然也就提高了大约 2 倍。现实中的情况是，更有效的 DOS 攻击是通过通信信道饱和来进行攻击的，而不是消耗 Bob 的 CPU。

支持加密同时认证的主要理由是加密和认证过程可以并行地进行，在某些情况下该方法可以提高性能。采用加密同时认证方法时，攻击者可以获取原始消息的 MAC 标签，这是因为 MAC 值没有被加密（不同于先认证后加密模式），而且 MAC 值也不是从密文计算来的（不同于先加密后认证模式）。MAC 是用于认证消息而不是提供隐私性。这意味着应用加密同时认证方法时 MAC 有可能泄露消息的隐私信息，因而破坏安全信道的隐私性。如同先认证方法，当用在加密同时认证方法中时，某些加密方案同样是不安全的。如果审慎地选用 MAC 和加密方案，并且将瞬时值等额外数据也作为 MAC 的输入，加密同时认证方法也是安全的。

支持先认证的主要理由也有两个。在先加密构造中，Eve 可以看到 MAC 的输入和 MAC 值；而在先认证的构造中，MAC 的输入（即明文）和真正的 MAC 值被隐藏了，Eve 只能得到密文和加密后的 MAC 值，使得对 MAC 的攻击要比先加密的情况困难得多。实际的选择是两个函数（加密函数和认证函数）中最后应用哪一个。如果最后进行的是加密，那么 Eve 就试图攻击加密函数；如果最后进行的是认证，Eve 就设法攻击认证函数。在许多情况下，认证比加密更重要，因此我们倾向于让加密函数处在 Eve 直接攻击中，而尽可能地保护 MAC。当然，如果加密方案和 MAC 都足够安全的话，这些问题都无所谓，但是我们有职业的偏执，希望不基于该假设仍能提供一个健壮的安全信道。

为什么认证要比加密更重要呢？设想正在使用的是安全信道，分别考虑在知道信道内容和可以对通信数据进行修改这两种情况下，Eve 的攻击所带来的最大破坏。在大多数情况下，相比看到通信内容所造成的损害，修改通信数据是灾难性的攻击。

支持先认证的第二个理由是 Horton 原则，即要对消息的含义进行认证，而不是对消息本身进行认证。对密文进行认证破坏了这个原则，从而就产生了缺陷。这个潜在的危害来自于密文可能通过了 Bob 的认证检测，但他用于解密消息的密钥可能与 Alice 加密消息所用的密钥不同。于是，尽管通过了认证检测，Bob 仍将得到一个与 Alice 所发送的消息不同的明文。这不应该发生，但可能会发生。某个具有特殊的（不寻常）IPsec 配置就存在这样的问题[51]，这个缺陷必须被修复。人们可能会将加密密钥包括在需认证的附加数据中，但是除了正常用途外不应这样来使用密钥。这会引发额外的风险，不应该让一个有缺陷的 MAC 函数来泄露加密密钥的信息。标准的解决方案是从单个安全信道密钥来为安全信道生成加密密钥和认证密钥。这种方法可以克服这个缺陷，但会导致一个交叉依赖关系，认证会依赖于密钥生成系统。

还可以花更多时间来论证哪种操作顺序更好，这些方案均可以造就一个好的系统，也可以产生一个糟糕的系统。每种方法都有各自的优缺点，由于先认证方法的简单性和在偏执狂模型下的安全性，在本章随后的讨论中我们采用先认证方法。

7.3 安全信道设计概述

我们的解决方案由三部分组成：消息编号、认证和加密。接下来我们就详细介绍一个可能的安全信道的设计，在此过程中，将解释如何去考虑相关问题。

7.3.1 消息编号

消息编号对于安全信道的设计十分重要。消息编号可用于为加密算法提供需要的 IV；无须存储大量数据即可让 Bob 拒绝重放的消息；Bob 可用来判断在通信过程中丢失了哪些消息；也能保证 Bob 以正确的顺序接收消息。为此，消息编号必须单调增加（后面的消息必须有较大的消息编号）而且是唯一的（没有两个消息的编号是相同的）。

指定消息编号非常容易，Alice 将第一个消息编号为 1，将第二个消息编号为 2，依次类推。Bob 记录他收到的最后一个消息的编号。任意一个新消息对应的消息编号要大于之前消息的消息编号，只接受逐渐增大的消息编号，Bob 能确保 Eve 无法向他重放旧消息。

我们的安全信道设计中采用 32 位长度的消息编号，第一个消息的编号为 1，消息的最大编号为 $2^{32}-1$。如果消息编号溢出，Alice 就必须停止使用现在的密钥，并且再一次运行密钥协商协议生成新的密钥。消息编号必须是唯一的，所以不允许将它重置为 0。

我们可以使用 64 位的消息编号，但这会增加开销（我们将为每个消息分配 8 个字节的消息编号，而不是 4 个字节）。32 位的消息编号已经可以满足大多数的应用，而且密钥也应该经常更换。⊖ 当然，也可以使用 40 位或 48 位的消息编号，这些都不重要。

大多数 C 程序员都喜欢从 0 开始计数，那么消息编号为什么选择从 1 开始呢？这是一个非常简单的实现技巧。如果有 N 个数可以被分配，Alice 和 Bob 就必须要记录 N+1 个状态，毕竟截止到某一时刻，消息编号可以是 $\{0,\cdots,N\}$ 中的任意一个。限制消息数量为 $2^{32}-1$，则状态可以用 32 位的数来编码。如果从 0 开始对消息编号，那么在每个实现中，就要有一个额外的标志来说明是还未发送任何消息还是消息编号已用完。额外的标志增加了大量几乎不会被执行的额外代码，如果代码几乎很少使用，将只会被测试几次，因此很可能会不起作用。这是一个容易出错的地方，我们可以通过从 1 开始编号来避免这种情况发生。

本章随后的讨论中，我们将用 i 来代表消息编号。

105

7.3.2 认证

我们需要一个 MAC 作为认证函数。可能与读者所想的一样，我们将采用 HMAC-SHA-256，使用它全部 256 位输出。MAC 的输入由消息 m_i 和额外的认证数据 x_i 组成，正如我们在第 6 章所解释的，一些上下文数据必须包含在认证中。Bob 将用这些数据解释这个消息的含义，这些数据通常包括协议的标识、协议的版本号、所协商的域的长度等。这里我们只规定安全信道，x_i 的实际值必须由应用的其余部分来提供。在我们看来 x_i 就是一个位串，而且 Alice 和 Bob 应有相同的 x_i。

设 $l(.)$ 为一个返回数据串长度（以字节为单位）的函数，MAC 值 a 可以计算如下：

$$a_i := \mathrm{MAC}(i \,\|\, \ell(x_i) \,\|\, x_i \,\|\, m_i)$$

其中 i 与 $l(x_i)$ 都是 32 位的无符号整数（即最低有效字节在前的格式）。$l(x_i)$ 确保可以将 $i\|l(x_i)\|x_i\|m_i$ 唯一地分解成各个对应的域。如果没有 $l(x_i)$，将会有很多方式将它分割为 i、x_i 和 m_i，这将导致认证会出现歧义。当然，对 x_i 进行编码的方式应使得无须更多上下文信息即可解析为不同的域，但这并不是在这个层面需要的要求，使用安全信道的应用必须保证这一点。

7.3.3 加密

安全信道设计的加密算法使用 CTR 模式下的 AES。但是在 4.7 节的讨论中，我们提到过 CTR 模式因为使用瞬时值是危险的。我们提到过将瞬时值的控制交给开发者会有风险，也见识过太多的应用因为未正确地生成瞬时值而引发的安全问题。然而，我们的安全信道将瞬时值的处理内嵌，从不将生成瞬时值的控制交给任何其他方。我们采用消息编码作为 CTR 模式需要的唯一瞬时值，所以我们的安全信道使用 CTR 模式。但是我们仍然不会将生成瞬时值的生成交外部系统，建议不要直接使用 CTR 模式。

我们将每个消息的长度限制为不超过 16×2^{32} 个字节，即分组计数器限制为 32 位。当然，我们也可以使用 64 位的计数器，但是 32 位的计数器在许多平台上都更易于实现，而且对大多数应用来说也不需要处理那么大的信息。

106

密钥流由 k_0，k_1，$\cdots$ 组成，对瞬时值为 i 的消息，密钥流定义为：

$$k_0,\cdots, k_{2^{36}-1}$$
$$:= E(K,0\,\|\,i\,\|\,0)\,\|\,E(K,1\,\|\,i\,\|\,0)\,\|\,\cdots\,\|\,E(K,2^{32}-1\,\|\,i\,\|\,0)$$

⊖ 所有的密钥都需要在合理的时间间隔内更新，频繁使用的密钥要经常更新，一般限制一个密钥最多处理 $2^{32}-1$ 个消息。

这里每个明文分组由 32 位的分组编号、32 位的消息编号以及 64 位的 0 组成。密钥流很长，我们仅仅使用最初的 $l(m_i)+32$ 个字节（不必计算密钥流的其他字节），将 m_i 与 a_i 串联起来后与 $k_0,\cdots,k_{l(mi)+31}$ 进行异或运算。

7.3.4　组织格式

我们不能将 $m_i\|a_i$ 加密后就发送，因为 Bob 也需要知道消息编号。最后发送的消息将由编码为 32 位整数的 i（其中最低有效字节在前）与加密后的 m_i 和 a_i 组成。

7.4　详细设计

现在来讨论安全信道设计的具体细节，再次强调这不是实现安全信道唯一方式，而是借这个机会探讨建立安全信道所面临的挑战和精妙之处。方便起见，我们将信道定义为双向的，因此相同的密钥将双向使用。如果我们将信道定义为单向的，可以肯定有人在两个方向使用相同的密钥，最终会破坏安全性。采用双向信道可以降低这样的风险。另一方面，如果你正在使用他人定义的安全信道，那要格外谨慎不要在双向使用相同的密钥。

我们用伪代码来描述算法，对熟悉传统编程设计的人来说这样的描述很容易阅读。程序块用缩进和成对的关键字来表示，如 if/fi 和 do/od。

7.4.1　初始化

我们给出的第一个算法是信道数据的初始化算法，它包含两个主函数：建立密钥和建立消息编号。我们从信道密钥导出 4 个附属密钥：Alice 给 Bob 发送消息所用的加密密钥和认证密钥，Bob 给 Alice 发送消息所用的加密密钥和认证密钥。

107

函数 InitializeSecureChannel

输入：K　256 位的信道密钥

　　　　R　角色说明，确定参与方是 Alice 还是 Bob

输出：S　安全信道的状态

首先计算所需要的 4 个密钥。这 4 个密钥是没有长度或以零终止的 ASCII 字符串。

KeySendEnc ← SHA_d-256（$K\|$ "Enc Alice to Bob"）

KeyRecEnc ← SHA_d-256（$K\|$ "Enc Bob to Alice"）

KeySendAuth ← SHA_d-256（$K\|$ "Auth Alice to Bob"）

KeyRecAuth ← SHA_d-256（$K\|$ "Enc Bob to Alice"）

如果参与方是 Bob，交换加密密钥和解密密钥。

if R = "Bob" **then**

　　　swap（KeySendEng, KeyRecEnc）

　　　swap（KeySendAuth, KeyRecAuth）

fi

将发送和接收的计数器置 0。发送计数器是发送的最后一个消息的编号，接收计数
　　器是接收的最后一个消息的编号。

（MsgCntSend,MsgCntRec）← （0,0）

将状态打包。

```
S ← (KeySendEnc,
      KeyRecEnc,
      KeySendAuth,
      KeyRecAuth,
      MsgCntSend,
      MsgCntRec)
return S
```

还有一个用于清除状态信息 S 的函数，对于这个函数我们不做详细说明，它的功能就是清除存储状态信息 S 的内存。由于密钥在这里存储，清除这个区域的信息是至关重要的。在许多系统中，仅仅释放内存空间并不意味着清除了状态信息，因此在使用完后必须删除 S。

7.4.2 发送消息

现在来讨论发送消息的处理过程。这个算法以会话状态、要发送的消息以及用于认证的附加数据为输入，输出准备发送的已加密和认证的消息。接收者必须拥有相同的附加数据以进行认证检查。

108

```
函数 SendMessage
输入：S   安全会话状态
      m   要发送的消息
      x   用于认证的附加数据
输出：t   发送给接收者的数据
      首先检查消息编号并更新。
      assert MsgCntSend < 2^32 − 1
      MsgCntSend ← MsgCotSend + 1
      i ← MsgCntSend
      计算认证码，ℓ(x) 和 i 都用 4 个字节编码，最低有效字节在前。
      a ← HMAC-SHA-256(KeySendAuth, i‖ℓ(x)‖x‖m)
      t ← m‖a
      生成密钥流。分组密码的每个明文分组由 4 个字节的计数器、4 个字节的 i 以及 8
        个全 0 字节组成，整数的最低有效字节在前。E 是使用 256 位密钥的 AES 加密
        算法。
      K ← KeySendEnc
      k ← E_K(0‖i‖0)‖E_K(1‖i‖0)‖···
      形成最终的文本。i 用 4 个字节编码，最低有效字节在前。
      t ← i‖(t ⊕ First-ℓ(t)-Bytes(k))
      return t
```

基于我们之前的讨论，这个算法是非常直观的。我们要检查消息计数器是否已达最大值，这个检查非常必要。如果计数器发生轮回，那么整个安全性都会受到威胁，这是常见的错误。认证和加密正如我们前面所讨论的。最后，我们将 i 与加密和认证的消息一起发送，

以便接收者获取消息编号。

要注意由于 MsgCntSend 被修改了，因此会话状态要更新。需要再次强调的是：这是至关重要的，因为消息编号必须唯一。事实上，这些算法中的每部分对于安全性都是至关重要的。

我们的安全信道设计采用 CTR 加密模式，如果加密方案需要进行填充，那么在解密时必须验证填充内容。

7.4.3 接收消息

接收消息算法的输入有 SendMessage 算法计算出来的经加密和认证后的消息，以及用于认证的附加数据 x。我们假定接收者通过某种带外（out-of-band）的方式已获取了 x，例如如果 x 包含协议版本号，那么如果 Bob 参与了协议，他必然知道该值。

109

函数 ReceiveMessage

输入： S 安全会话状态

  t 接收者收到的数据

  x 用于认证的附加数据

输出： m 实际发送的消息

  接收者收到的信息必须至少包含有 4 个字节的消息编号和 32 个字节的 MAC 域，这个检查保证以后对消息的分割可正常进行。

assert $\ell(t) \geqslant 36$

将 t 分割为 i、加密的消息和认证码。分割是确定的，因为 i 总是占用 4 个字节。

$i \parallel t \leftarrow t$

生成密钥流，过程如同发送者。

$K \leftarrow$ KeyRecEnc

$k \leftarrow E_K(0 \parallel i \parallel 0) \parallel E_K(1 \parallel i \parallel 0) \parallel \cdots$

解密消息和 MAC 域并进行分割。分割是确定的，因为 a 总是占用 32 个字节。

$m \parallel a \leftarrow t \oplus$ First-$\ell(t)$-Bytes(k)

重新计算认证码。$\ell(x)$ 和 i 都用 4 个字节编码，最低有效字节在前。

$a' \leftarrow$ HMAC-SHA-256(KeyRecAuth, $i \parallel \ell(x) \parallel x \parallel m$)

if $a' \neq a$ **then**

  destroy k, m

  return AuthenticationFailure

else if $i \leqslant$ MsgCntRec **then**

  destroy k, m

  return MessageOrderError

fi

MsgCntRec $\leftarrow i$

return m

这里使用操作的标准顺序。你可以在解密之前对消息编号进行检查，但是如果 i 在传输过程中被破坏了，这个函数将会返回一个错误的出错信息。本应返回的是消息被破坏的出错

信息，却返回了消息顺序错误这样的出错信息。由于调用者对两种情况可能采用不同的处理方式，该例程不应返回错误的信息。有人倾向于先进行检查，因为这样可以更快地丢弃虚假消息。但是我们认为这并不重要，如果收到了太多的错误包以至于丢弃这些包的速度都很重要，这说明系统已经遇到了更大的问题。

对于接收者还有个很重要的问题，在认证码被验证之前，ReceiveMessage 函数不能泄露关于密钥流和明文消息的任何信息。如果认证失败，返回一个出错提示，但密钥流和明文不能被泄露。在实际实现中应清除存储这些元素的内存区域。为什么一定要清除内存信息呢？一般假设攻击者可以获取密文，因此明文消息会泄露密钥流。危险在于攻击者可以发送一个伪造的消息（带有不正确的 MAC 值），但他可以从接收者发布出来的数据中得到密钥流。这里还是基于多疑症模型，总假定该例程发布或泄露的任何数据都会被攻击者获得。在返回错误信息之前销毁数据 k 和 m，这就可以保证永远不会泄露这些数据。

7.4.4　消息的顺序

与发送者一样，接收者通过修改 MsgCntRec 变量来更新状态 S。接收者要确保接收的消息编号严格地递增，这可以保证任何一个消息都不会被接收两次，但如果消息流在传输时改变了顺序，一些有效的消息将会丢失。

这个缺陷很容易修复，但是需要一定代价。如果让接收者接收顺序颠倒的消息，那么使用安全信道的应用必须能处理顺序颠倒的消息。很多应用都不能处理这个问题，而有些应用可以处理，但是当消息顺序颠倒时，会出现一些细微的错误（与安全性有关）。在大多数情况下，我们选择修复传输层来防止消息顺序颠倒的情况发生，因此安全信道不必处理这些事情。

还有另外一种情况是，由于某种原因接收者允许消息以任意的顺序到达。对 IP 包进行加密和认证的 IP 安全协议 IPsec[51] 就是这种情况。因为在传输中 IP 包可以重新排列，而且所有使用 IP 的应用也了解这个性质，IPsec 不仅仅保存收到的最后一个消息的计数器值，而且要保留一个重放保护的窗口。如果 c 是收到的最后一个消息的编号，那么，IPsec 就为消息编号 $c-31$，$c-30$，$c-29$，…，$c-1$，c 维护一个位图，其中的每一位都表示与这个消息编号所对应的消息是否已被收到。编号比 $c-31$ 小的消息总是被拒绝，而对编号在 $c-31$ 与 $c-1$ 之间的消息，只要对应的位为 0 就被接收（接收后对应位置为 1）。如果消息的编号比 c 大，更新 c，同时位图移位来维持不变性。这样的位图构造允许消息的顺序在有限范围内发生颠倒，接收者无须增加过多状态。

还有另一种选项是，当发生丢包时，自动终止通信。这尤其适合于当安全信道运行于可靠传输协议之上时，例如 TCP。除非受到恶意攻击，消息都会按顺序到达并且没有丢包。所以在这种方法中，一旦出现丢包和到达顺序颠倒，就自动终止通信。

7.5　备选方案

我们所给出的安全信道的定义并非总是实用，特别是在嵌入式硬件中实现安全信道时，实现 SHA-256 的开销非常高。作为备选，最近研究的一些专用分组密码模式可以同时提供隐私性和可认证性。

类似于 CBC 模式和 CBC-MAC，这些专用于隐私性和认证性的分组密码工作模式只有一个密钥作为输入。这些模式一般都是以消息作为输入，加上用于认证的附加消息以及瞬时值。但是这些模式不像使用相同密钥的 CBC 模式和 CBC-MAC 一样简单，因为在常规加密和常规 MAC 中采用相同密钥会带来安全问题。

最知名、最早的组合模式为 OCB 模式[109]。这个模式的效率非常高，每一个明文分组都并行地进行处理，这对高速硬件是非常有吸引力的。但是由于一些专利的存在限制了 OCB 模式的应用。

由于 OCB 模式的专利问题，也因为需要一种专用的用于加密和认证的单密钥分组模式，Doug Whiting、Russ Housley 和 Niels 提出了 CCM 模式[126]。这是一个将 CTR 模式加密和 CBC-MAC 认证结合起来的方案，通过仔细设计使得在 CTR 模式和 CBC-MAC 中使用相同密钥。与 OCB 相比，CCM 需要两倍的计算量去加密和认证一个消息，但是据我们所知目前 CCM 还没有发布专利，而且设计者也知道没有涉及 CCM 的专利，他们也不会去申请专利。Jakob Jonsson 给出了 CCM 安全性的一个证明[65]，而且 NIST 已经将 CCM 模式作为一个分组密码模式进行标准化[41]。

为了改善 CCM 的效率，Doug Whiting、John Viega 和 Yoshi 提出了另一种模式，称为 CWC[80]。CWC 基于 CTR 模式来提供加密功能，在底层采用全域散列函数来实现认证[125]，在我们第 6 章中讨论 GMAC[43] 时曾经提到了全域散列函数但并没有深入讨论。类似于 OCB 模式，CWC 模式对全域散列函数的使用使得 CWC 可以完全并行化，但是不存在专利问题。采用一个在硬件实现更加有效的全域散列函数，David McGrew 和 John Viega 改进了 CWC，这个改进模式被称为 GCM[43]，NIST 已经将 GCM 模式作为分组密码进行标准化。

就像本章开始所讨论的安全信道一样，OCB、CCM、CWC 和 GCM 都采用两个位串作为输入：待发送的消息和用于认证的额外数据。GMAC 消息认证方案实际上就是 GCM 模式中输入消息为空串时的情形。

这些模式都是合适的选择，因为都已标准化并且没有专利限制，我们倾向于使用 CCM 和 GCM 模式。但是 GCM 认证能力具有在 6.5 节所讨论的 GMAC 的缺点。因此，尽管可以将 GCM 的认证长度从 128 位降到更小，但我们不建议这么做。我们建议只是在 128 位长度的认证标签的情况下使用 GCM。

另一个要点是：在 OCB、CCM、CWC、GCM 以及其他一些类似模式本身无法实现完全的安全信道，它们只提供了加密 / 认证功能，并且每个包需要一个密钥和唯一的瞬时值。我们曾在 4.7 节中讨论依赖外部系统生成瞬时值的风险，然而很容易做到不采用单独的 MAC 和加密函数，就能让我们的安全信道算法使用其中一个分组密码模式，这时只需要两个密钥，而不是在安全信道初始化函数 InitializeSecureChannel 中生成的四个辅助密钥。每个方向有一个密钥，而瞬时值可以通过对消息编号进行填充来构造。

安全信道是密码学最有用的应用之一，用于几乎所有的密码系统中。可以从性能良好的加密和认证原语来构造安全信道，同时还有专用的隐私性 – 认证性分组密码模式可供使用，但是有很多细节需要注意并要加以正确处理。我们后面还会考虑另一个挑战，即对称密钥的创建。

7.6　习题

7.1　在安全信道的设计中，我们提到消息编码不能重复。那么如果消息编码重复出现，会产生什么后果？

7.2 将本章设计的安全信道算法修改为使用先加密然后认证的顺序。 |113|

7.3 修改本章的安全信道算法，其中使用专用的单密钥模式来提供加密和认证。可以使用 OCB、CCM、CWC 或 GCM 作为黑盒。

7.4 试分析比较在安全信道设计中以不同顺序应用加密函数和认证函数的优缺点。

7.5 试以一个安全信道的产品或系统为例，可与习题 1.8 中所分析的产品或系统相同。试根据 1.12 节中提到的方法，这个产品或系统进行安全审查，但这里着重讨论与安全信道相关的隐私和安全问题。

7.6 假设 Alice 和 Bob 的通信过程使用本章中所设计的安全信道。Eve 是在通信过程中的窃听者。Eve 通过窃听加密信道上的通信可以获得何种类型的流量分析信息？试描述一种情况，其中通过流量分析导致的信息泄露是一种非常严重的隐私问题。 |114|

实现上的问题 I

本章我们将讨论有关实现的问题。实现加密系统与实现普通的程序不同，应该有一些不同的处理方法和步骤。

最大的问题，一如既往，仍然是木桶原理的最脆弱环节（见 1.2 节），在实现的层面很容易就会将安全性破坏或者复杂化。事实上，实现上的错误，比如缓冲区溢出，仍然是目前为止在实际系统中最大的安全问题之一。除了少数例外，很少会听说一个加密系统被攻破，这并不是因为大多数的加密系统已经足够安全（我们的分析足以证明这一点），而仅仅是因为在大多数的情况中，寻找与实现有关的漏洞比寻找加密系统的弱点更容易。所以聪明的攻击者并不会在密码攻击方面花心思，因为有比这更简单的途径。

到目前为止，本书的内容都限制在了关于密码学的讨论上，但是本章我们将关注加密系统的运行环境。系统的每一部分都会影响它的安全性，如果要很好地完成一项工作，整个系统必须从最底层开始设计，并将安全性作为主要目标，而不仅仅是在设计时注意安全性。我们这里所说的系统是一个广泛的概念，任何有可能损害系统安全性的因素都将包括在内。

操作系统自然是最主要的部分，但是到目前为止，已经被广泛使用的操作系统都不是以安全性为主要目标的。操作系统具有很明显的多样性，包括与桌面计算机交互的操作系统到嵌入式设备和手机上的操作系统。由此可以得出的逻辑上的结论是，要实现安全的系统是不可能的。我们不知道如何实现安全系统，也不知道有谁能实现这样的系统。

现实中的系统包括了很多从来不是为安全性而设计的部分，这使得不可能实现我们所需要的安全等级。那么我们应该放弃吗？当然不是。当我们设计加密系统时，要尽最大努力至少确保我们的部分是安全的，这有一点儿各人自扫门前雪的意味。我们仍然要考虑系统的其他部分，尽管在本书的范围中我们不能做什么。这是我们写本书的原因之一：让人们认识到安全性的隐患，以及正确实现安全性是多么重要。

需要建立一个有效的加密系统的另外一个重要原因是我们之前所提到的，对加密系统的攻击具有巨大的危害性，因为这种攻击可以是不可见的。攻击者如果已经成功攻破了你的加密系统，而你很有可能完全没有察觉。就好像盗贼拥有了你家房门的钥匙，但是如果他行动谨慎，你怎么可能察觉到呢？

我们的长期目标是构造安全的计算机系统。为了达到这个目的，每个人都必须做好自己的工作。本书的主要内容是关于保证加密系统的安全。系统的其他部分也必须安全。我们知道，系统整体的安全性完全取决于它最脆弱的环节，我们将尽最大努力使加密系统不要成为脆弱环节。

另外一个需要正确实现密码学的原因是一旦实现了这个系统，想要更换它是非常困难的。操作系统只运行在单机上，更新单机上的操作系统比较容易，而且也经常这样做。密码学系统通常是在通信协议中使用的，使得计算机之间可以互相通信，要修改网络中的通信协议是一件十分可怕的事，因此很多网络仍然在使用 20 世纪 70 年代和 80 年代设计的协议。

我们必须知道，我们今天所设计的任意一个加密系统如果得到了广泛的应用，那么它有可能在今后的三十或五十年一直被使用。我们希望到那个时候系统的其他部分已经达到了较高的水平，当然我们仍不希望加密系统成为最脆弱的环节。

8.1 创建正确的程序

加密系统实现的核心问题是 IT 行业不知道如何写出正确的程序或模块（所谓"正确"的程序就是它的运行和规范完全一致），有些原因使得我们在编写正确的程序时会遇到一些困难。

116

8.1.1 规范

第一个问题是，大多数程序都缺少一个能清楚说明其功能的详细描述。如果没有这样的规范，就不能定义这个程序的正确性，当然也无法检查程序正确与否。

许多软件项目都有一个称为功能规范的文档，在理论上这就应该是程序的规范，但实际上这样的文件可能根本就不存在，或者也许存在但不够完整，也可能仅仅对一些与程序运行不相关的事情进行了规范。没有明确的规范，就不可能写出正确的程序。

在程序规范的过程中，有以下三个阶段：

1）**需求规范**：需求规范是关于程序应当完成的功能的非正式描述。是回答"我可以做什么"的文档，而不是描述"我如何做某件事"的文档。需求规范更注重对宏观结构的规范，而不注重于具体的实现细节，因此在细节方面有些含糊。

2）**功能规范**：功能规范对程序的行为进行详尽的细节定义。功能规范只对那些可以在程序外部度量的部分进行规范。

对功能规范中的每一项内容，首先要自问能否对已完成的程序建立一个测试，以确定该项内容成立与否。这个测试可以仅使用程序的外部行为，而与内部的运行无关。如果不能为规范中的某一项进行这样的测试，那么该项就不应该属于功能规范。

功能规范应该是完整的。也就是说，每一个功能都要进行规范说明，所有未在功能规范中说明的功能不必实现。

从另外一个角度看，功能规范是测试已经完成的程序的基础，规范中的任意一项都可以并且也应该被测试。

3）**实现设计**：这个文件有很多命名，它指定了程序内部的工作方式，包括了所有无法从外部进行测试的部分。一个好的实现设计通常将程序分成几个模块，并对各个模块的功能进行描述。反过来，对这些模块的描述可以看作是模块的需求规范，将模块自身分裂为多个子模块并且重复这三个阶段的工作。

117

在这三个阶段中，功能规范无疑是最重要的一个，当程序完成后，需要根据这个文件对程序进行测试。有时，程序可以从非正式的需求规范和几个白板上的设计草图的基础上产生。但若没有功能规范，我们甚至没有办法描述在程序完成后最终实现了什么。

8.1.2 测试和修复

编写出正确程序第二个需要注意的是"测试-修复"这个几乎通用的开发方法。程序员首先写出一个程序，然后测试它是否能正确运行，如果不能，则他们修复程序错误，然后再重新测试。我们都知道，这样也并不能保证一定能得到正确的程序，但可以获得在通常情况下运行正确的程序。

1972 年，Edsger Dijkstra 在图灵奖的获奖感言中表示，测试只能表现出错误的存在，但是不能够证明错误是不存在的 [35]。这句话十分正确，我们希望能写出可以证明其正确性的程序，但遗憾的是，现在证明程序正确性方面的技术不足以处理日常的程序设计任务，更无法顾及整个项目。

计算机科学家们还不知道如何解决这个问题。也许程序正确性的证明在将来是可能的，也许我们只是需要有更广泛和全面的测试基础设施和方法。但即使没有完美的解决方案，我们也一定要在现有工具的基础上尽最大努力去做。

关于程序中的错误有一些简单的规则，这些规则可以在任意一本软件工程方面的书中找到：

- 如果发现一个程序中的错误，首先实现一个检测这个错误的测试，并验证它能够检测出这个错误。然后修正这个错误，并确保测试程序不能再检测到这个错误。最后，继续在每一个后续版本上运行这个测试程序，以确保这个错误不再出现。
- 一旦发现了一个错误，找出引发这个错误的原因，同时全面检查程序，看在程序的其他地方是否还有类似的错误。
- 对发现的每一个错误进行跟踪。对错误进行简单的统计分析可以显示程序的哪一部分容易有错误，或哪一类错误会经常发生等等，这种反馈对一个质量控制系统来说是必要的。

这些规则的设置甚至没有一个最低界限，也没有很多的方法论可以用来借鉴。虽然讨论软件质量的书不少，但是它们的观点并不完全一致，许多人提出了一种特定的软件开发方法作为解决问题的手段，我们总是对这种一劳永逸的方法持怀疑态度。真理似乎总是在某个地方。

118

8.1.3　不严谨的态度

所面临的第三个问题是计算机行业里，人们对程序中的错误有着不可置信的不严谨的态度，程序中的错误被认为是自然而然的事情。如果你的文字处理系统突然崩溃，一天的工作全部丢失，大家都认为这是相当正常的，也是可以接受的。通常他们都会指责用户说："你应当随时保存所有的工作。"软件公司也会发行很多带有潜在的错误的产品，如果他们卖的仅仅是计算机游戏软件，那也无所谓，而现在我们的日常生活，包括工作、经济，以及越来越多的方面都依赖于软件。如果汽车制造商发现卖出去的汽车有瑕疵，他们会将这些汽车召回并进行修正。软件公司逃避了这样的责任，如果他们生产其他的产品也是这样，这是不允许的。这种不严谨的态度意味着在生产正确的软件产品上，还有很多严肃的工作要去做。

8.1.4　如何着手

现实情况非常复杂，千万不要以为你只需要一个好的程序员或很多次代码审查工作，或是经过 ISO 9001 认证的开发过程，或者是完全的测试，甚至是以上描述的这些加起来，就足够了。软件的设计非常复杂，不能被简简单单地用一些过程和规则完整描述。我们发现研究航空工业这个现实中最好的工程质量控制系统有一定的指导意义。航空工业的安全系统涉及这个行业里的每一个人，对几乎每一步操作都有非常严格的规则和过程，而且在出现故障的情况下有多种备用的方案。飞机上的每一个螺母和螺钉都必须在使用之前经过飞行质量的考核认定。任何时候只要机修工带螺丝刀上了飞机，他的工作都将由管理员进行监督检查。每一次维修都有详细小心的记录，对任何事故都要进行非常谨慎的调查研究，找出事故发生的原因，然后进行修正。这种质量追求会有很高的成本，但也带来了令人瞩目的效果。今天的飞行工作完全是常规性操作，而每一个故障都可能是致命的，当问题出现时，飞机不可能用刹车停下来，安全返回地面的唯一途径是经过精密的操作降落在世界各地的很少的机场上。航空工业在有效保证飞行安全方面获得了令人瞩目的成绩，我们应尽量从中学到更多的东西。编写正确的程序的成本也许比我们现在要多得多，但与现在全社会为软件中的潜在错误所付出的代价相比，可以肯定地说长期来看这样的成本是划算的。

119

8.2　制作安全的软件

到现在为止，我们只讨论了正确的软件。仅仅编写正确的软件对安全系统来说是不够的，软件也必须还是安全的。

两者之间有什么差别呢？正确的软件有一个特定的功能。如果按下按钮 A，就会发生 B。安全的软件还有一个额外的要求：缺失某些功能。也就是攻击者无论采取什么措施，它都不可能做 X。这是一个非常根本的区别，你可以测试功能，但不能缺失功能。由于没有一个有效的方法可以检测软件的安全性，这使得编写安全的软件比编写正确的软件更加困难。可以得到如下结论：

标准的实现技术完全不适合于编写安全的代码。

我们实际上并不知道如何编写安全的代码。软件质量涉及很广泛的领域，需要几本书来论述。对此我们的掌握并不多，但我们了解密码学的特定问题以及经常遇到的问题，这也就是本章后面将要讨论的内容。

在开始讨论之前，首先阐明我们自己的观点：除非你愿意为开发一种安全的实现付出实际的努力，否则没有必要着重讨论和研究密码学的部分。密码系统的设计很有趣，但是密码系统仅仅是整个庞大系统的一小部分。

8.3　保守秘密

当你的工作涉及密码学时，你都在和秘密的信息打交道，而这些秘密信息还必须保密。这就意味着要保证处理秘密信息的软件不能泄露这些秘密。

对于这些安全信道而言，我们有两类秘密信息：密钥和数据。这两类秘密信息都是瞬时的，不需要长期存储。数据只有在处理每个消息的时候存储，而密钥也仅仅在安全信道的持续期间存储。这里我们将讨论瞬时秘密的存储，关于长期秘密的存储将在第 21 章讨论。

瞬时秘密存储在计算机的内存里，很遗憾的是，大多数计算机上的内存都是不安全的。我们将分别分析以下问题。

120

8.3.1　清除状态

编写安全软件的一个基本规则是，立即将不再使用的数据清除。数据保存的时间越长，其他人获取数据的机会就越大。进一步说，在对存储介质失去控制之前，应该清除里面存储的信息。对于瞬时秘密，这就要求清除内存的特定区域。

这听起来很容易做到，但它会引发很多问题。如果你用 C 语言编写了一个完整的程序，可以只关心这个程序本身的清除。如果你编写了一个供他人使用的程序库，那么就需要依靠主程序来决定哪些状态不再需要。例如，当通信连接关闭的时候，应该通知加密相关的库，清除安全信道的会话状态。这个程序库可以有一个函数专门完成这项工作，但我们都知道开发应用的程序员可能根本不会调用这个函数，因为不使用这个函数程序也可以正常运行。

在面向对象的语言中，问题会变得更简单一些。在 C++ 中，每一个对象都有一个析构函数，这个析构函数可以清除状态。这当然是 C++ 中安全性相关编码的标准实践。只要主程序功能合理并销毁了所有不再需要的对象，内存就将被清除。C++ 语言保证那些栈分配的对象在异常处理过程中栈展开时一定被正确销毁，但程序不得不自行确保销毁所有堆分配的对象。调用操作系统的函数退出程序可能不会展开调用栈。即使程序即将退出，也必须确保清除所有敏感数据。操作系统毕竟不能保证立即清除这些数据，有些操作系统甚至在进行下一个应用之前不清除内存。

即使这些工作都完成了，我们的目的仍然没有实现。有些编译器很难进行优化。典型的与安全性相关的函数用局部变量完成计算，然后清除这些变量，在 C 语言中可以通过调用 memset 函数完成。一个好的编译器会对 memset 函数进行更加有效的内联代码优化，但其中一部分优化不能令人满意。它们会检测到这些被清除的变量或数组都会不再被使用，因此"优化"了 memset 函数，改变了函数执行过程。这样做虽然很快，但程序会突然不能像计划的那样正常运行。代码有时也会泄露那些碰巧能在内存中找到的数据，如果分配给某些库的内存没有被清除的话，这个库可能将这些数据泄露给攻击者，因此要检查编译器产生的代码，确信秘密数据已被清除。

121

在像 Java 这类的语言中，情况会更加复杂。所有的对象都存储在堆里（已经被垃圾回收程序处理了），这就意味着在垃圾回收程序找出哪个对象不再被使用之前，finalization 函数（类似于 C++ 的析构）不能被调用。对垃圾回收程序的调用频率并没有明确的规范，因此秘密数据在内存中保存多长时间完全凭想象，并且异常处理的采用导致很难用手工进行清除。如果抛出异常，调用栈没有办法展开，此时程序员不能插入自己的代码，除非将每一个函数都写成一个很大的 try 子句。这种方法很不切实际，因此，异常处理必须在整个程序中都使用，这使得不可能在 Java 中建立一个恰当而安全的库。在进行异常处理期间，Java 展开栈，丢弃了废弃对象的引用，但没有清除对象本身。从这个层面上看，Java 确实并不好用，而我们能提出的最好方法是至少保证 finalization 函数可以在程序退出时运行。程序的 main 方法采用 try-finally 语句，在 finally 块中包含有强制进行垃圾回收的代码，引导垃圾回收程序完成全部 finalization 方法（详见函数 System.gc() 和 System.runFinalization()）。这仍然不能保证 finalization 方法得以运行，但这已是我们能找到的最好方法了。

我们真正需要的是编程语言本身所提供的支持。在 C++ 语言中，至少在理论上可以编写一个在不再使用时清除所有状态的程序，但它的很多其他特性使得它并不适用于编写安全软件。Java 使得清除状态变得很困难。一个改进方法是将变量声明为"敏感的"，从而能够有一种实现保证能将它们清除。最好的解决方案是有一种能清除所有不再使用的数据的语言，这样就可以在不太影响效率的前提下避免很多错误。

秘密的数据还可能在其他的存储单元中出现，所有的数据最后都进入 CPU 的寄存器。清除寄存器的内容在大多数编程语言中是不可能的，但对 x86 这样寄存器饥饿的 CPU 来说，任何数据都不可能在寄存器中存在很长时间。

在一个上下文切换期间（当操作系统从一个正在运行的程序切换到下一个程序时），CPU

寄存器中的值将被存放在内存中，这些值可以保存更长的时间。据我们所知，除了修复操作系统漏洞，确保这些数据的保密性之外，没有更好的方法来保证这些数据的保密性。

8.3.2 交换文件

为了能并行执行更多的程序，多数操作系统（包括当前的 Windows 和 UNIX 的所有版本）都使用虚拟内存系统。当运行一个程序时，并不是所有的数据都保存在内存里，其中有些被存在一个交换文件中，当试图访问那些不在内存中的数据时，程序就被中断，虚拟内存系统从交换文件中读出所需要的数据并放入内存，然后这个程序继续运行。另外，当虚拟内存系统需要更多的可用内存空间时，它将会从被某个程序占用的内存空间中任取一块，并将这个程序写入交换文件。

当然，并非所有虚拟内存系统会采取有效措施来保护数据的保密性，或者在将数据写入磁盘前对其进行加密。多数软件是为了一种合作性的运行环境而设计的，而不是为密码学家所考虑的那种存在攻击的运行环境，因此自然会产生这样的问题：虚拟内存系统可以从我们的程序所占用的内存空间中获取一些数据，并写入磁盘上的交换文件，而我们的程序却没有被告知或者注意到。假如这恰好发生在存放密钥的内存空间，一旦计算机崩溃或者关机，这些数据仍然保存在磁盘上。大多数操作系统在正常关机的情况下，这些数据也会保存到磁盘上。问题在于并没有清除交换文件的机制，因此这些数据就会永远地存留在磁盘上。没有人能知道交换文件将来会被什么样的访问者访问，我们确实不能承担将我们的秘密数据写入交换文件这样的风险。[⊖]

因此，我们如何阻止虚拟内存系统将数据写入磁盘呢？在有些操作系统上，我们可以使用系统调用，通知虚拟内存系统使指定的部分内存不被交换出去。一些操作系统支持安全交换数据，交换的数据受到密码保护，但是这些系统可能需要用户去修改一些系统配置选项。我们几乎找不到对要进行交换的数据进行密码学意义上的安全保护的操作系统。

所有的内存空间都可以保存秘密数据，假定我们可以锁定内存以阻止其进行交换，那么应该锁定哪些内存呢？这就带来了第二个问题。在许多编程环境里，获悉数据的精确存储位置很困难，对象常常分配在堆里，数据可以静态分配存储空间，而局部变量存放在栈里。详细的处理很复杂，也非常容易出错。最好的解决方案也许是锁定占用的所有内存，但其实并非易事。因为这样就可能会丧失操作系统提供的很多服务，如自动分配栈，而且此时虚拟内存系统不再有效。

问题的解决不应该这么困难。当然，合适的解决方案是创建能保护数据保密性的虚拟内存系统，这需要改变操作系统，因此这并不在我们的能力范围之内。即使操作系统的下一个版本有这样的特性，我们也应该仔细检查以确认虚拟内存系统是否能保护数据的保密性。并且，取决于应用，可能还是需要处理应用如何在较老的系统或不安全的配置系统中运行的问题。

8.3.3 高速缓冲存储器

现代计算机不是仅有一类内存，而是使用了有层次结构的内存。在最底层的是主内存，大小一般为千兆级。由于主内存相对比较慢，故需要有高速缓冲存储器，它是存储量比较小

⊖ 事实上，我们绝不应该将未加密的秘密数据保存在任何永久性的介质上，后面我们将对此进行讨论。

但速度比较快的内存。高速缓冲存储器保存了主内存中最近使用的数据的副本，如果 CPU 要访问这些数据，它首先检查高速缓冲存储器。如果数据在高速缓冲存储器中，则 CPU 就会以相对较快的速度得到这些数据；如果数据不在高速缓冲存储器中，则 CPU 就从主内存里读数据（相对较慢），并把数据的副本保存在高速缓冲存储器中方便以后使用。为了在高速缓冲存储器中让出空间，其他一些数据的副本将被丢弃。

高速缓冲存储器保存了一些数据的副本，其中包括秘密数据的副本，这对安全性来说很重要。问题是当我们试图清除秘密数据时，清除操作可能不会正常地发生。在有些系统里，对数据的修改仅仅写在高速缓冲存储器中，而没有写入主内存，只有当高速缓冲存储器需要更多的空间存储其他数据时，数据才最终写入主内存。我们并不知道这些系统的所有细节，它们会随 CPU 的不同而变化。我们无法知道在内存分配单元和高速缓冲存储器系统之间是否存在一些交互，可能会导致内存在缓冲存储器被刷新前，内存被释放时，某些清除操作忘了向主内存写入数据。制造商从来不对如何确保数据被清除的问题进行规范，至少我们没有看到这样的规范。只要没有这方面的规范，我们就不能够相信它。

高速缓冲存储器的第二个风险是，在某些环境下，高速缓冲存储器知道特定的内存单元已经被修改，可能是被多 CPU 系统中其他 CPU 修改的。然后，高速缓冲存储器将其为这个内存单元准备的数据标记为"无效"，实际数据则没有被清除，于是没有被清除的秘密数据的副本就又一次有存在的可能。

对此我们几乎无能为力，但由于在多数系统中除去物理攻击，只有操作系统的代码可以直接访问高速缓冲存储器机制，因此危险并不大。无论如何我们必须相信操作系统，于是也只有安全性交托给操作系统了。然而，由于这些设计并没有提供实现安全系统所必需的功能，我们仍然很关注它们。

124

8.3.4　内存保留数据

在内存里简单地重写数据并不能删除数据，这令很多人感到惊奇。具体情况在一定程度上与内存的类型有关，但一般来说如果将数据存储到内存的某一存储单元，这个存储单元会逐渐地"学习"这个数据，当进行重写或关机后，旧数据并没有完全丢失。根据具体环境，仅靠先断电再通电就可以恢复部分或者全部旧数据。如果使用（通常是无记录的）测试模式访问内存，其他内存可以"记住"旧的数据 [57]。

有几种机制可以引发这种现象。如果相同的数据存入 SRAM（静态 RAM）内存的同一单元一段时间，那么该数据将变成这个内存单元所优先的通电状态。我们的一个朋友在很久以前使用家用计算机时就遇到了这种现象 [17]。他写了一个 BIOS，在一个特殊的内存单元使用了一个特定值以决定重置时是冷启动还是热启动。⊖一段时间后机器在通电后拒绝启动，因为内存已经"学习"到了这个特定值，启动过程将每次的复位都认为是热启动，这样就不对变量进行初始化了，所以启动失败。这种情况的解决方案是交换内存芯片，让 SRAM 认识不规则的特定值。这个事实告诫人们：内存保留的数据远比想象的要多得多。

在 DRAM（动态 RAM）中的情况尽管要复杂一些，但也有类似的事情发生。DRAM 通过在非常小的电容器上存储一个小电荷来工作，电容器周围的绝缘材料将会受到产生的电场

⊖ 那时家用机用二进制形式的机器语言直接编程，这会导致很多错误，恢复已崩溃的程序的一个可靠方法是让机器复位。冷启动就是通电后启动，热启动就是使用者按复位键后运行。热启动不重新初始化所有的状态，从而并不清除使用者的设置。

作用，导致这些材料发生变化，特别会引起杂质迁移[57]。攻击者用物理方法可以恢复这些数据。另外，由于 DRAM 的电容放电的方式，这些存储的数据可能在电源断电后仍然存在一段时间，甚至是在内存冷却后还存在。

这是非常严重的威胁。对于后一类的问题已经有一种被称为冷启动攻击的方法出现[59]。研究者可以在重新启动计算机后将内存中的密钥恢复。当然，也可以物理拆除一台计算机上的内存条，装入另一台计算机，然后进行密钥恢复。如果你的计算机被泄密（例如被偷窃），那么一定不希望让内存中的数据也被泄露，为了达到这个目标，我们必须让计算机忘记一些信息。

对这个问题我们只可以给出一个部分解决的方案，也就是如果对内存作一个合理的假定，那么这个方案是有效的。这个方案被称为 Boojum，⊖适用于相对比较少的数据量，例如密钥。我们对于 Boojum 的描述在本书第一版的基础上进行了改进，包含了对冷启动攻击的防御[59]。设 m 是我们要存储的数据，代替原来的直接存储数据 m，我们生成一个随机数 R，然后存储 R 和 $R \oplus h(m)$。h 是一个散列函数。这两个值被存储在内存的不同单元，最好不要靠得太近。其中的诀窍是以一定的时间间隔有规律地改变 R，例如 1 秒，我们生成新的随机数 R'，并将存储的数据更新为 $R \oplus R'$ 和 $h(R \oplus R') \oplus m$。这样可以保证写入内存里的每一位都是随机的位序列。若要清除内存，只需用 0 替换 m 写入即可。

为了从这个存储区阅读信息，需要读取两部分，将第一个部分的数据进行散列运算，然后与第二部分进行异或运算得到 m。通过对新的数据和 $h(R)$ 进行异或并将数据存储在第二个存储单元内，来完成写入。

注意，尽量避免让 R 和 $h(R) \oplus m$ 的位在 RAM 芯片上靠得很近。由于不知道 RAM 芯片的工作方式，这似乎很难做到。但多数内存将信息存储在一个位矩阵里，用某些地址位选择行，用另一些地址位选择列。如果两个部分的存储地址相差 0x5555，则它们不大可能地被存储在邻近的芯片上（这里假设内存不使用偶地址位作为行号、奇地址位作为列号，但我们从来没有见到过这样的设计）。一个更好的解决方案是在非常大的地址空间里随机选择两个地址，这样两个单元邻近的概率就非常小，并与内存的实际芯片布局无关。

这仅仅是一个很小的部分解决方案，而且相当烦琐，它仅适用于较小的数据量，否则更新函数的开销会很大。但是该方案能够保证那些由秘密数据决定是否不断被重复的内存芯片不存在物理上的区别。此外，只要 R 中 k 个位是不可恢复的，攻击者就只能通过穷举搜索这 k 个位来恢复 $h(R) \oplus m$。

这种方法并不能保证内存被清除。如果你阅读关于内存芯片的文档，并没有一个规范指明内存芯片不能保留所有曾经存储的数据，当然没有芯片会这么做，但它表明我们最多可以实现启发式的安全性。

在此我们只集中考虑了主内存，相同的解决方案将用于高速缓冲存储器，只要能控制存储数据的芯片位置，就可采用同样的方法解决问题。这种方法不能用于 CPU 的寄存器，由于大量不同的数据要频繁地使用这些寄存器，我们怀疑这会存在一种数据保留问题。另一方面，比如浮点寄存器和 MMX 式寄存器这样的扩展寄存器很少被使用，因此它们也可能导致一些问题。

如果有大量的数据需要保密，这种方法要储存两个副本，同时需要定期地将它们与一个

⊖ 是根据 Lewis Carroll 的 The Hunting of the Snark 而命名的[24]。

随机数进行异或，因此该方案的代价将会过于昂贵。另一个较好的解决方案是对大块的数据进行加密，然后将密文存储在可能保留信息的内存中。仅有密钥需要使用这种方法，例如使用 Boojum 来避免数据保留。详细内容请参阅 [32]。

8.3.5 其他程序的访问

在计算机上保存秘密的数据还有另外一个问题：计算机里的其他程序也可能会访问这些数据。有些操作系统允许不同的程序共享内存。如果其他程序读取了你的密钥，这会产生十分严重的后果。通常来说共享的内存通常必须由两个程序设立，这样降低了风险。在其他情况下，共享的内存可能由于调用共享程序库而被自动设置。

现在操作系统都具有一些可由调试器使用的特性，于是调试器是一个很危险的工具。各种 Windows 的版本都允许将一个调试器附加在正在运行的程序上，这样调试器就可以做很多工作，包括从内存中读取数据。在 UNIX 下，有时可以强迫对程序进行核心转储。核心转储是一个包含程序数据的内存映像的文件，包括了所有的秘密数据。

另外一个危险来自于有特权的用户，称为超级用户或管理员。这些用户可以在计算机上访问一般用户不能访问的东西。例如，在 UNIX 下，超级用户可以读取任意内存里的数据。

一般来说，程序自身不能有效地防御这些攻击。如果在使用时非常注意，就可以避免其中一些问题，但你会发现自己的处理能力会受到一些限制。所以，仍然应该在正在使用的特定平台上考虑这些问题。

8.3.6 数据完整性

除了要保证数据的保密性外，我们还要保护所存储的数据的完整性。在传输期间我们用 MAC 来保护数据的完整性，但如果数据可以在内存里进行修改，仍然会有问题。

在下面的讨论中，我们将假设硬件系统是可靠的，如果硬件不可靠，你能做的事情也很有限。如果你不能确定硬件的可靠性也许应该花一些时间和一定数量内存去验证硬件，尽管这实际上是操作系统所做的工作。我们力争要做的是确保计算机上的主内存是 ECC（纠错码）内存$^{\ominus}$。如果只有 1 位发生错误，纠错码会检测到这个错误并进行纠正。如果没有 ECC 内存，任意 1 位的错误都将导致 CPU 读取了一个错误的数据。

为什么说这很重要呢？因为计算机中存在大量这样一位一位的数据，假设工程完成得很好，每秒每一位发生错误的可能性仅为 10^{-15}，如果你有一块大小为 128MB 的内存，那么大约共有 10^9 位，发生 1 位错误的期望时间大约为 11 天。出错率将会随着内存数量的增加而提高，如果内存大小为 1GB，情况更糟糕，发生一位的错误大概只需要 32 小时。服务器通常采用 ECC 内存，因为它们的内存很大，而且运行的时间也较长，我们希望所有的计算机都有相同的稳定性。

当然，这是硬件问题，你一般不能为运行应用的计算机指定内存类型。

有些问题既威胁数据的保密性，也威胁数据的完整性。调试器有时可以修改程序的内存，超级用户也可以直接修改内存，对此我们似乎无能为力，但是关注这些问题还是很有意义的。

$\ominus$　必须确保计算机上的所有组件都支持 ECC 内存。对那些比较便宜的内存模块要小心，他们不保存额外的信息，而会及时重新计算这些信息，这损坏了 ECC 内存的目的。

8.3.7　需要做的工作

在现代计算机上保证数据的保密性并不像听起来那么简单，有很多渠道都可以将秘密消息泄露出去。要使得数据能够完全有效地保密，你必须阻止所有这些泄露途径。很遗憾，现在的操作系统和编程语言都不支持完全阻止这些泄露所需要的功能，使用者必须尽力而为，这要涉及很多工作，而且这些工作都与具体的工作环境有关。

这些问题也使得创建包括密码函数的程序库非常困难。保护秘密数据的安全要涉及对主程序的修改，当然，主程序也处理保密信息，否则它就不需要密码库了。这是我们所熟悉的问题，在考虑与系统每个部分相关的安全性问题时都会遇到。

8.4　代码质量

如果要具体实现一个密码系统，你必将花费大量的时间在代码质量上。本书不是关于编程方面的书，所以我们简单介绍一些代码质量方面的内容。

8.4.1　简洁性

复杂性是安全性的一大敌人，因此，任何安全性设计都要力争做到简洁。在这一点上我们毫不妥协，即使这使得我们不被理解也要如此。去掉所有可去掉的花哨特性，不要采用委员会设计，委员会设计过程为了达到一致性通常会加入额外的特性或选项。在安全性中，简洁性占有首要位置。

安全信道就是一个典型的例子。它没有选项，不允许只对数据进行加密而不认证，也不允许对未加密的数据进行认证。人们总是希望得到这些特性，但他们并不知道使用这些特性导致的安全性方面的后果。大多数用户对安全性的理解并不足以使他们有能力对安全性选项做出正确的选择，最好的方法是不要任何选项，确保默认的安全性。如果一定要有选项，就只提供单项选择：安全的或不安全的。

许多系统也有多个密码套件，用户可以选择使用加密函数或认证函数，如果有可能的话，就消除这种复杂性，选择对所有可能的应用都足够安全的单一模式。各种不同的加密模式在计算方面的差异不大，而且对现代计算机来说密码系统也很少成为瓶颈。除了要摆脱复杂性之外，还要克服由用户使用弱密码套件带来的危险。毕竟，如果选择加密和认证模式对于设计者来说都很困难，不能够做出正确的选择，那么对于用户来说做出明智的决定会更加复杂。

8.4.2　模块化

即使已经消除了大量的选项和特性，得到的系统仍然会很复杂。有一种使得这样的复杂系统易于管理的技术就是模块化。模块化就是将系统分成一些模块，然后分别设计、分析、实现每一个模块。

读者应该已经对模块化已经很熟悉了，在保证密码系统的正确性方面，正确的模块化起到了非常重要的作用。以前我们把加密原语作为模块。模块的接口应尽量简单易懂，它的行为应该和用户合理的预期一致。仔细研究模块的接口，通常会有这样的一些选项或特性，它们被用于解决其他模块的问题。每一个模块都应该只解决自己的问题，因此如有可能，应该尽量删去这样的选项或特性。我们发现模块接口开始产生一些奇怪特性时，也就是要重新设计软件的时候了，因为它们的产生总是源于设计上的缺陷。

模块化是我们处理复杂系统的唯一有效的方法，因此它很重要。如果一个特殊的选项仅限于单个模块，那么它就可以在这个模块的上下文范围内分析。然而，如果选项改变了这个模块的外在行为，它就可以影响其他的模块。如你有 20 个模块，每一个模块有一个二元选项来改变模块的行为，那么就有超过百万种可能的选项组合。为了保证安全性，必须分析每一种组合，这是一个不可能完成的任务。

我们发现许多选项是为了提高效率而设计的，这是软件工程方面众所周知的问题。许多系统都进行所谓的最优化，这其实没有什么用，并不能达到预期的效果或作用很小，因为它们所优化的不是构成系统瓶颈的那部分。对这样的优化我们持保留态度，一般不会为此花费精力。我们提出了一个精巧的设计，尽量使得任务可以大批量地完成。老的 IBM PC BIOS 就是一个典型的例子：在屏幕上显示一个字符的例程以单个字符为变量。这个例程的系统开销几乎花费了所有的时间，但却仅有很小的一部分用于将字符显示在屏幕上。如果例程的接口允许以字符串作为参数，那么整个字符串的打印时间比显示单个字符所需的时间略多一点，这种糟糕设计的结果是所有的 DOS 机器的显示速度都很慢。同样的原则也适用于密码系统的设计。所以应确保任务可以大批量地完成，而且仅仅优化那些对程序可度量的性能产生重大影响的部分。

8.4.3 断言

断言是改善代码质量的有用工具。

当编写密码系统的代码时，要有一种近乎狂热的专业态度。每个模块都不能信任其他模块，并且始终检测参数的有效性，强迫限制调用顺序，并且拒绝执行不安全的操作。大多数时候，这些都是直接的断言。如果模块规范要求在使用一个对象前必须进行初始化，那么在初始化之前使用对象就会产生一个断言错误。断言失败总是导致程序的异常中断，并带有一个文档，用于说明是哪一个断言失败及对应的失败原因。

一般的规则是：任何时候，在可以对系统内部的一致性进行检查时，就应该增加一项断言。捕捉尽可能多的可以捕捉到的错误，不论是你自己的还是其他程序员的。由断言发现的错误不会导致安全漏洞。

有一些程序员在开发阶段实现了断言检查，但当他们出售产品时就将这些断言检查关闭了。这并不符合安全性思维？如果有一个核电站，它的操作员在拥有全部安全系统的情况下进行培训，而当他们开始对实际的反应堆进行工作时，安全系统全部被关闭；或者是一个伞兵在地面训练的时候带着应急降落伞，而当他从飞机上跳下时却没带降落伞，那么你会怎么想呢？为什么要关闭产品代码的这些断言检测呢？这才是你唯一需要它们的地方！如果产品代码的断言失败，你会遇到一个编程错误，忽略这个错误极有可能产生错误的结果，因为至少代码的一个假设是错误的。一个程序的最坏的结果是产生错误的结果。至少要让用户知道出现了编程错误，这样用户就不会相信程序所产生的错误的结果。我们的建议是保留所有的错误检查。

8.4.4 缓冲区溢出

缓冲区溢出这个问题已经持续了几十年，对于彻底解决这个问题的可用方案也具有同样长的历史。一些早期的高级编程语言，如 Algol 60，通过采用强制的数组边界检查就完全解决了这个问题。即使这样，互联网上大量的安全问题都是由缓冲区溢出引发的。当然，也仍然存在着除了缓冲区溢出以外的其他软件攻击，例如格式字符串攻击、整数溢出攻击等。

这都不是我们所能改变的，但我们可以给出一些如何编写好的密码系统代码的建议。不要使用允许缓冲区溢出的编程语言，具体来说，不要使用 C 或 C++。不论使用哪种语言，不要关闭对数组边界的检查。这虽然是一些很简单的规则，却可能解决一半的安全漏洞。

8.4.5　测试

广泛的测试总是好的开发过程的一部分，测试可以帮助我们发现程序中的隐含错误，但对发现安全漏洞却没什么作用。千万不要将测试与安全性分析混淆，这两者是互补的，但是不同。

应该进行的测试共有两种类型。第一类是由模块功能规范产生的一组通用测试集。理想的方法是让一个程序员实现模块，而让另一个程序员实现测试，两者都按照功能规范工作，如果他们之间出现任何误解，就表明必须对功能规范进行进一步的阐明。通用测试应尽量覆盖模块的所有功能。对有些模块，测试比较简单；对另外一些模块，测试程序必须模拟整个运行环境。在我们自己的很多代码中，测试代码差不多与功能代码一样长，而我们还没有找到一个有效的改进办法。

第二类测试集是由模块程序员自己开发出来的测试程序，用来测试对程序实现的限制。例如，如果一个模块内部使用一个 4KB 大小的缓冲区，对这个缓冲区的起点和终点进行边界条件的附加测试将有助于捕捉任何缓冲区管理错误。这类测试的设计有时需要对模块内部有所了解。 [131]

我们常常写入由随机数生成器产生的测试序列，我们将在第 9 章对伪随机数生成器（PRNG）进行广泛的讨论。使用伪随机数生成器使得进行大量的测试变得很容易，如果我们保存了产生伪随机数生成器的种子，就可以重复同样的测试序列，这对测试和调试非常有用。具体细节取决于所分析的模块。

另外，我们发现设计一些在每次程序启动时都运行的"快速测试"代码很有用。Niels 在最近的一个项目中要实现 AES，初始化代码在一些测试用例上运行 AES，用已知的正确结果检测它的输出，如果 AES 代码在应用以后的进一步开发过程中出现了不稳定，这个快速的测试很可能会发现这个问题。

8.5　侧信道攻击

有一类攻击我们称之为侧信道攻击 [72]。当攻击者有另外一个关于这个系统的信息通道时，就会发生这类攻击。例如，攻击者可以对系统加密一条消息所需的时间进行详细的测量。根据整个系统的实现方式，攻击者可以通过这样的时间信息来推断消息本身的隐私信息以及底层的密钥信息。对嵌入智能卡的密码系统，攻击者还可以测量智能卡需要的电流随时间的变化。磁场、RF 辐射、功耗与时间以及对其他数据信道上的干扰都可以用于侧信道攻击。

毫无疑问，对那些设计时没有考虑侧信道攻击的系统，侧信道攻击成功的可能性很大。对智能卡进行功率分析非常容易获得成功 [77]。

防御各种形式的侧信道攻击即使不是不可能，也是非常困难的，但可以采取一些简单的预防措施。多年以前，当 Niels 致力于在智能卡上实现密码系统时，设计规则之一就是让 CPU 执行的指令序列仅仅依赖于攻击者可能得到的消息。这可以防止时间攻击，并且由于正在执行的指令序列不再泄露任何信息，功率分析攻击也变得更加复杂。这种方法并不能彻底解决问题，现在的功率分析技术完全可以破解过去的智能卡，尽管如此，这样的修复是目前智能卡所能采取的最好手段。抵抗侧信道攻击的方法是各种应对措施的结合，这些应对措施有些在实现密码系统的软件系统中，有些在硬件系统中。

防止侧信道攻击是一场军备竞赛，当尽力去抵御已知的侧信道攻击时，一个聪明的人会在某个地方又发现了另外一个侧信道攻击，于是你就必须返回并将这个攻击也考虑在内。在现实生活中，情况并没有那么糟，因为大多数侧信道攻击都难以执行。侧信道攻击对智能卡构成了真正的威胁，因为智能卡完全在对手的控制下，但是仅有很少几种侧信道攻击对于大多数其他计算机是有效的。实际上，最重要的侧信道攻击是时间攻击和 RF 辐射攻击（智能卡也容易受到关于功耗测量的攻击）。

8.6   一些其他的话

我们希望通过本章的讨论能够清楚地表明这样的观点：安全性不只与密码系统的设计有关，而是和系统的各个方面都有相关，它们各尽其责以实现系统的安全性。

加密系统的实现本身是一门艺术，最关键的问题是代码质量问题。低质量的代码是现实中受到攻击的最常见的原因，但这也相当容易避免。根据我们的经验，如果考虑从开始开发到最终产品的时间，而不是开始开发到第一个有缺陷版本完成的时间，那么编写优质代码与编写劣质代码二者所用的时间大致相同。对保证代码的质量要有一种近乎狂热的态度！代码的质量可以很好，也必须很好。

有一些很好的书籍可以深入阅读。我们推荐 McGraw 的《 Software Security: Building Security In 》[88]，Howard 和 Lipne 编写的《 The Security Development Lifecycle 》[62]，以及 Dowd、McDonald 和 Schuh 的《 The Art of Software Security Assessment: Identifying and Preventing Software Vulnerabilities 》[37]。

8.7   习题

8.1   结合个人计算机的硬件和软件配置，分析 8.3 节中所提到的各类问题。

8.2   找到一个操纵瞬时秘密的产品或系统的例子，该例子可以和习题 1.8 中的产品或系统相同，请根据 1.12 节的描述对该产品和系统进行安全审查，试从如何存储这些秘密的角度来对该产品和系统进行分析（8.3 节）。

8.3   找到一个需要操纵秘密数据的产品或系统的例子，该例子可以和在习题 1.8 中所提到的产品或系统相同。请根据 1.12 节的描述对该产品和系统进行安全审查，试从如何保证代码质量的角度来对该产品和系统进行分析（8.4 节）。

8.4   监视一周的 butraq 邮件列表，试创建一个表格用于记录一周以来出现或修复的不同类型漏洞，也包括记录每种类型漏洞的数量。从这张表格中你能得到什么样的推论？更多关于 bugtraq 邮件列表的信息可以参阅 http://www.schneier.com/ce.html。

Cryptography Engineering: Design Principles and Practical Applications

密钥协商

生成随机性

为了生成密钥信息，我们需要随机数生成器 (RNG)。生成良好的随机性是许多密码操作中非常重要的一部分，同时也是一项具有挑战性的工作。

这里不会详细讨论随机性究竟是什么，非正式讨论就足以完成我们的目的。一个好的非正式定义是，随机数据是指即使攻击者采取主动攻击来破坏随机性，对于攻击者来说也是不可预测的。

好的随机数生成器对于许多密码学函数是非常必要的。第二部分讨论了安全信道及其组成部分。假设 Alice 和 Bob 共享一个密钥，这个密钥是通过某种途径生成的。密钥管理系统正是利用随机数生成器来生成密钥。如果采用了错误的随机数生成器，就会得到安全性很低的弱密钥，而这正是 Netscape 浏览器早期的一个版本中存在的问题 [54]。

衡量随机性的度量称为熵 [118]。以下是一个比较粗略的解释：如对一个完全随机的 32 位的字而言，它的熵是 32 位；如果这个 32 位的字只有 4 个可取值，并且每个值都是 25% 的概率被选中，那么它的熵是 2 位。熵度量的不是随机数的位数，而是随机数的不确定性。熵可以看成是在理想的压缩算法下，能够确定一个值平均所需要的位数。值得注意的是随机数的熵取决于已知条件有多少。一个 32 位随机数的熵也是 32 位。假设已知其中 18 位是 0，14 位是 1，那么可以计算出这个随机数大约有 $2^{28.8}$ 个取值，也就是说该随机数的熵只有 28.8 位。换言之，对一个随机数而言，知道的信息越多，它的熵越小。

计算一个具有非均匀概率分布的随机数的熵比较复杂。随机变量 X 的熵的常用定义如下：

$$H(X) := -\sum_x P(X = x) \log_2 P(X = x)$$

$P(X=x)$ 表示 X 取 x 的概率，我们不会使用这个公式，所以你不需要记住它。大部分数学家讨论熵的时候都参考这个定义，当然数学家们还使用其他一些定义，具体使用哪个定义取决于他们具体的研究工作。不要将这里的熵和物理学家研究的熵混淆起来，在物理学中，熵是热力学中的一个概念，和这里的熵几乎没有关系。

9.1 真实随机

在理想的世界中可以使用"真实随机"的数据，但是现实世界并不是理想的，真实随机的数据非常难以找到。

典型的计算机具有多个熵源，例如按键的精确时长和鼠标的精确移动轨迹，甚至已经有研究打算利用硬盘内部湍流引起的硬盘访问时间的随机波动来作为熵源 [29]。但是这些熵源在一定程度上都是值得怀疑的，因为在一些环境中，攻击者可以影响或者去测量这些随机熵源。

从各种各样的熵源中获取的熵的数量是可观的。比如一些软件能够利用一次按键时长提取出 1 或 2 个字节的假想随机数，然而密码专家对一次按键所能提供的熵表示怀疑。一个优秀的打字员能够保证他连续按键之间的时间间隔在十几毫秒之内，同时键盘扫描频率限制了度量键盘定时之间的可度量的分辨率。另外，即使用户被要求随机敲击键盘来生成随机数据，他敲入的数据也不是非常随机的。而且，攻击者总是有可能掌握"随机"事件的额外信息。比如一个简单的麦克风就能记录按键的声音，进而有助于测量按键时长。因此，必须非常仔细地估量某个特定的数据中所包含的熵，因为对手十分聪明。

138

有许多物理过程的行为都是随机的。比如说，在量子物理中，一些定律迫使某些行为是完全随机的。如果能够度量这个随机行为并使用它，是非常好的，并且这是在技术上行得通的。然而，攻击者对这种随机性有多个攻击方法。首先，攻击者可以尝试影响量子粒子的行为，使得它们的运动可以预测；另外，攻击者也可以尝试窃听我们所做的度量，一旦攻击者获得度量方法，尽管数据仍然是随机的，但是对攻击者而言，数据的熵值为零（如果攻击者知道该值，则该数据的熵为零）。攻击者还可以建立一个强 RF 场来试图影响我们的检测仪器，甚至还可以想出几种基于量子物理的攻击。Einstein-Pololsky-Rosen 悖论可以用来推翻所度量的数据的随机性[11,19]。类似的分析也同样适用于其他的熵源，比如电阻的热噪声和齐纳二极管的隧穿和击穿噪声。

一些现代计算机内置了真实随机数生成器[63]，这相比于单独的真实随机数生成器有了显著提高，也使得一些攻击更困难了。随机数生成器仍然只能被操作系统访问，所以每个应用必须信任操作系统处理随机数据的方法是安全的。

9.1.1　使用真实随机数的问题

真实的随机数除了难以获取之外，在实际应用中还存在其他问题。首先，随机数不是随时都可以获取的。比如说利用按键时长来获取随机数，那么只有用户按键时才能获得，这样在那些没有键盘的 Web 服务器上想这样获取随机数就是一个大问题了。另一个相关问题就是真实随机数的数量总是有限的，这对于许多需要大量随机数的应用来说是不可接受的。

第二个问题就是真实的随机源有可能失效，比如说物理随机数生成器。一种失效的情况就是生成器的输出结果可以通过某种方式来预测。此外真实随机数生成器在计算机的噪声环境中是一个非常复杂的部件，它们相比于传统的部件更容易失效。如果直接依赖真实随机生成器，那么当这个生成器失效时就倒霉了。更糟糕的是，你可能不知道它什么时候会失效。

第三个问题是如何判断从某一具体的物理事件中能够提取多少熵。除非你为随机数生成器设计了专门的硬件，否则就很难计算熵的值。我们稍后将详细讨论这个问题。

139

9.1.2　伪随机数

伪随机数作为使用真实随机数的一种替代品，实际上并不是真正随机的。伪随机数的生成一般都是通过确定性算法，从种子计算得到。如果种子泄露，那么伪随机数就可以预测了。对于聪明的对手来说，传统的伪随机数生成器（PRNG）是不安全的，这是因为设计伪随机数生成器的初衷是消除统计上的缺陷，而不是为了对抗攻击者。Knuth 在《计算机程序设计艺术》第 2 卷中对随机数生成器做了深入的讨论，但是在分析生成器时仅针对它们的统计随机性[75]进行了分析。如果对手掌握了生成随机数的算法并得到了一些伪随机数生成器的输出，那么他能否利用这些信息预测后面（或前面）输出的伪随机数？对于很多传统的伪随机数生成器来说这个答案可能是能，但是一个正确的密码学上的伪随机数生成器来说是不能的。

在密码系统的上下文中，我们对伪随机数生成器还有更严格的要求。对于一个伪随机数生成器，如果攻击者即使掌握了它输出的随机数，也无法预测该生成器的其他输出结果，那么我们就称这样的伪随机数生成器是健壮的。由于传统的伪随机数生成器没有太大的应用范围，我们下面只讨论健壮的伪随机数生成器。

忘记你的编程库中一些常见的随机函数，因为它们几乎肯定不是严格的密码学上的伪随机数生成器，除非给出了明确的密码强度，否则我们都不要使用库中提供的伪随机数生成器。

9.1.3　真实随机数和伪随机数生成器

实际上，我们只使用真实随机数做一件事情：作为伪随机数生成器的种子。这种做法解决了使用真实随机数的一些问题。一旦伪随机数生成器获得了种子，随机数可以随时获取。同时我们可以不断获得新的真实随机数作为新的种子，这样即使种子泄露，生成器的输出也不可能被完全预测。

理论上说，真实随机数比伪随机数生成器产生的伪随机数随机性更好。确实在一些密码协议中，如果使用真实的随机数，某些攻击是无法成功的，这些协议就是无条件安全的。但是如果使用伪随机数生成器，协议只有在攻击者无法攻破伪随机数生成器的前提下保证安全，这样的协议是计算上安全的。当然了，二者的区别只有理论研究意义，实际中的所有密码协议都只要保证计算上安全。针对一种特殊攻击，将一个协议从计算上安全提高到无条件安全没有意义，并且要实现无条件安全就需要生成真实的随机数，这是个非常困难的工作。另外，真实随机数生成器的弱点也会导致安全性下降。反过来说，如果只是利用真实随机数作为伪随机数生成器的种子，你可以对于熵源的假设更加保守，最终得到的系统也会更加安全。

9.2　伪随机数生成器的攻击模型

利用种子生成伪随机数非常容易，关键问题在于如何获取一个随机种子并保证它在实际环境中是保密的 [71]。到目前为止，我们所知道的最好的设计之一是 Yarrow[69]，Yarrow 是几年前我们和 John Kelsey 一起设计的，设计的目标是试图阻止所有已知的攻击。

伪随机数生成器在任何时候都有一个内部状态。对于每个生成随机数的请求，生成器调用一个密码算法来生成伪随机数，同时这个算法也会更新生成器的内部状态以保证下次请求不会得到相同的随机数。这个步骤很容易实现，我们可以利用任何散列函数和分组密码来做到这一点。

对伪随机数生成器的攻击有很多形式。一种直接的攻击方法就是攻击者尝试从生成器的输出重构内部状态，这是一种典型的密码学攻击方法，使用密码技术也相对来说比较容易应对。

如果攻击者在某一时间点能够获取内部状态，情况就变得更加困难了。为了本讨论的目的，不必过多关注为何攻击者能够获取内部状态，可能是实现有漏洞，也可能是计算机第一次启动还没有随机种子，或者攻击者设法获取了磁盘上的保存随机种子的文件。不管怎么样，必须要能够处理这种问题。在传统的伪随机数生成器中，如果攻击者获取了内部状态，那么他就可以计算出所有的输出和后续的所有内部状态，这就意味着传统的生成器一旦被攻击者成功攻破，它就不可能恢复到安全状态了。

如果同一个伪随机数生成器状态被多次使用也会有问题。比如说，如果两个或更多的虚拟机从同样的状态启动，并从磁盘上读取相同的种子文件时，这个伪随机生成器状态就被多次使用了。

避免从相同实例启动的虚拟机使用相同的状态，和恢复那些内部状态被窃取的伪随机数生成器到安全状态一样，都是非常困难的，因此我们需要一个真实的随机数生成器来作为熵源。为了让讨论更简单，我们假设存在一个或者多个熵源，它们在不可预测的时间内都能提供适量的熵（熵源产生事件来提供少量熵）。

但是即使把这些事件提供的适量熵和生成器的内部状态结合起来，攻击者还是有攻击的方法。攻击者只需频繁地向伪随机数生成器要求获取随机数，而由于两次请求之间所添加的熵总量是有限的，比如只有 30 位，攻击者只需要获得随机输入的所有可能值，那么就能恢复出适量熵和原内部状态结合之后的新状态。这种攻击只需要发送大约 2^{30} 次请求，因而是切实可行的$\ominus$，伪随机数生成器生成的随机数也足够让攻击者能够对获得的答案进行必要的验证。

对抗这种特定攻击最好的防御方法是使用一个熵池来存放包含熵的传入事件。我们可以收集足够多的熵混入内部状态，以保证攻击者无法猜测出熵池中存放的数据，问题是需要多大的熵池呢？我们希望攻击者至少需要花费 2^{128} 次请求才能完成一次攻击，所以熵池中的熵至少要 128 位。但是这里有个实际问题：以任何方式估测熵的大小都是困难的，其难易程度依赖攻击者掌握的信息，但是在设计阶段开发者并不知道攻击者能够掌握多少信息。这个问题也是 Yarrow 的主要问题，Yarrow 尝试设计出一个熵估值器来度量熵，但是这样的估值器无法在所有环境中都能准确工作。

9.3 Fortuna

在实际应用中，我们最好使用一些常用的密码库中提供的密码学伪随机数生成器。为了更好地说明，下面我们将着重分析一个称为 Fortuna 的伪随机数生成器。Fortuna 是 Yarrow 的一个改进版本，名字取自于罗马的命运女神$\ominus$。Fortuna 中无须使用熵估值器，从而解决了定义熵值计量的问题。本章中的后续内容将对 Fortuna 进行详细描述。

Fortuna 有三个组成部分：生成器负责采用一个固定长度的种子，生成任意数量的伪随机数；累加器负责从不同的熵源收集熵再放入熵池中，并间或地给生成器重新设定种子；最后，种子文件管理器负责保证即使在计算机刚刚启动时伪随机数生成器也能生成随机数。

9.4 生成器

生成器负责将固定长度的内部状态转换为任意长度的输出。我们使用类似 AES 的分组密码作为生成器，也可以使用 AES（Rijndael）、Serpent 或者 Twofish。生成器的内部状态包括一个 256 位的分组密码密钥和一个 128 位的计数器。

生成器基本上可以认为是一个计数器模式的分组密码，CTR 模式能够输出一串随机数据流。不过生成器还是有一些改进的细节。

$\ominus$ 这里我们不必对数学计算太过细致。在这个例子中我们应该计算猜测熵，而不是标准的 Shannon 熵。更多关于熵计算的细节请参考 [23]。

$\ominus$ 我们本来打算用希腊命运女神 Tyche 来命名，但是可惜没人知道这个名字该怎么读。

如果用户或者应用请求随机数，那么生成器就会执行算法生成伪随机数据。假设攻击者打算在请求完成之后设法破解生成器的内部状态，我们就需要做到即使攻击成功，也不能泄露生成器之前输出的结果。因此，在处理完每次请求后，我们会额外生成一个 256 位的伪随机数据并把它作为分组密码的新密钥，然后清除旧密钥，这样就消除了所有泄露之前请求信息的可能性。

为保证生成的随机数据满足统计上的随机性，我们不能同时生成太多的随机数据。这是因为真实的随机数据中可以存在重复的块值，但是计数器模式下输出的随机数中各块的值肯定不同（详细说明见 4.8.2 节）。有许多方法可以解决这个问题，比如说每个密文块我们只使用一半，这样就会消除大部分的统计误差。我们也可以不使用分组密码，而是利用伪随机函数，但是目前并没有一个安全高效、经过详尽分析的伪随机函数能满足我们的要求。最简单的解决方法限制单个请求中生成的随机数据的字节数，这样就能使统计偏差更难检测。

如果想从一个密钥生成 2^{64} 位的输出块，那么我们希望分组值中存在一个碰撞，但是生成器缺少这样的碰撞，所以进行多次请求就会发现我们输出并不是完全随机的。按照刚才的解决办法，将请求生成的随机数的最大长度设为 2^{16} 块（也就是 2^{20} 字节）。对一个理想的随机数生成器而言，如果输出 2^{16} 个块，那么发生分组值碰撞的概率是 2^{-97}，所以必须经过 2^{97} 次请求才能检测到碰撞是否存在，攻击者完成攻击就需要经过 2^{113} 步，虽然这与 2^{128} 步的目标还有点距离，但是已经很接近了。

这里之所以稍微降低了安全等级，是因为似乎并没有其他更好的方法，没有一个适合的密码学构建块方法能够使得伪随机数生成器完全达到 128 位安全等级。虽然可以使用 SHA-256，但是效率就会降低许多。有很多人一直会讨论说无须使用完美的密码学伪随机数生成器，效率正是其中的原因之一。为了提高安全性而使效率明显下降是不值得的，这是因为大部分用户会因为效率问题而使用安全性很低的伪随机数生成器，这样整个系统的安全性就会下降。

143

如果分组密码的分组长度为 256 位，上面所说的碰撞问题就更不必考虑了。这种攻击并不构成很大的威胁，这是因为不仅攻击者需要至少进行 2^{113} 步，被攻击的计算机也需要进行 2^{113} 次分组密码加密，所以攻击进展的快慢不是由攻击者的计算机决定的，而是由被攻击的计算机的性能决定的。然而大部分用户并不会为了帮助攻击者，而让计算机有过多的计算能力。我们不喜欢这类安全性上的观点。它们太复杂了，一旦伪随机数生成器用在一个非正常环境中，上面的讨论可能就不再适用。总而言之，在上文给定的环境下，我们的方案是可以找到的最佳折中方案。

如上所述，在每次请求结束后，分组密码的密钥会被重置，但是计数器不需要重置。这只是一个很小的细节，但是能够避免出现密钥周期过短的问题。假设计数器每次都被重置，如果密钥重复，由于所有请求总是固定长度的，那么下一个密钥也必然是重复的，这样就会导致密钥周期过短。虽然发生这种问题的可能性不大，但是不重置计数器就可以完全避免它。由于计数器是 128 位的，所以计数器值的重复问题就不需要考虑了（2^{128} 块已经超过了我们计算机的计算能力），这样也就不需要考虑密钥周期的问题了。而且，当计数器的值为 0 时就表示生成器没有密钥，因此不能产生任何输出。

注意，对每次请求只能获得 1MB 数据的限制并不是一个不灵活的限制，如果需要超过 1MB 的随机数据，可以重复发送请求。实际上，在实现中提供了自动执行这样的重复请求的接口。

生成器是一个非常有用的模块。它不仅是 Fortuna 的一个组成部分，而且也是实现接口的一部分。考虑一个进行 Monte Carlo 仿真⊖的程序，希望仿真是随机的，但是希望在调试和验证时能够重复同样的仿真，一种解决方案就是在程序开始的时候调用操作系统的随机数生成器并获取一个随机种子，这个种子可以看作仿真器的一个输出，生成器从这个种子可以生成仿真需要的所有随机数据。这样一来，有了生成器的初始种子，仿真程序就可以利用同样的输入数据和种子对所有计算进行验证，同时在调试时，由于初始的种子不变，所以相同的仿真过程可以多次进行，每次的表现都会是完全相同的。

下面我们将对生成器的操作进行详细描述。

9.4.1 初始化

这部分非常简单。将密钥和计数器设置为 0，以表示生成器还没有获取种子。

函数 InitializeGenerator
输出： $\mathcal{G}$　　生成器状态
　　将密钥 K 和计数器 C 设置为 0。
　　$(K,C) \leftarrow (0,0)$
　　获取状态。
　　$\mathcal{G} \leftarrow (K,C)$
　　return $\mathcal{G}$

9.4.2 更新种子

更新种子操作通过输入任意字符串更新生成器状态。这时我们不用关心输入字符串的具体内容。为了保证输入字符串和现有密钥完全混合，我们使用了散列函数。

函数 Reseed
输入： $\mathcal{G}$　　生成器状态，由函数修改
　　　s　　新的额外种子
　　使用散列函数计算新密钥。
　　$K \leftarrow \mathrm{SHA}_d\text{-}256(K\|s)$
　　计数器的值加 1，但要保证结果不为 0，同时标记生成器已经获取种子在生成器中，
　　　C 为 16 字节的整数并且最低有效字节在前。
　　$C \leftarrow C+1$

计数器 C 被用作整数，后面它会被用作一个明文分组，我们使用了最低有效字节在前的方式来实现二者之间的转换。如果明文分组的 16 个字节为 $p_0,\cdots, p_{15}$，那么它对应的整数值为

$$\sum_{i=0}^{15} p_i 2^{8i}$$

这样一来，C 既可以看成一个 16 字节的字符串，也可以看成一个整数。

⊖ Monte Carlo 仿真是一种随机仿真。

9.4.3   生成块

这个内部函数的作用就是生成多个随机块，但只能被生成器调用。伪随机数生成器之外的任何模块都不能调用该函数。

函数 GenerateBlocks

输入：G 生成器状态，由函数修改

　　　　k 生成的随机块的数量

输出：r $16k$ 字节的伪随机字符串

　assert $C \neq 0$

　以空字符串开始。

　$r \leftarrow \varepsilon$

　将 k 个块进行链接。

　for $i = 1, \cdots, k$ **do**

　　　$r \leftarrow r \| E(K, C)$

　　　$C \leftarrow C+1$

　od

　return r

上面的代码中，$E(K, C)$ 是一个分组密码加密函数，密钥为 K，明文为 C，ε 表示空字符串。GenerateBlocks 函数首先判断 C 是否为 0，当 C 等于 0 时就表示生成器还没有获得种子。接着以空字符串 r 开始一个循环，在循环中将每个新计算的随机块附加到 r 上以获得最终的输出。

9.4.4   生成随机数

当用户请求随机数时，生成器就会调用这个函数来产生随机数据，输出长度最多可达 2^{20} 字节。同时这个函数还会确保之前生成的结果信息都已经被清除。

函数 PesudoRandomData

输入：G 生成器状态，由函数修改

　　　　n 生成的随机数据的字节个数

输出：r 长度为 n 字节的伪随机字符串

　限制输出的长度是为了减少随机输出的统计误差，同时也需要保证 n 非负。

　assert $0 \leqslant n \leqslant 2^{20}$

　计算输出。

　$r \leftarrow \mathit{first\text{-}n\text{-}bytes}(\text{GenerateBlocks}(G, \lceil n/16 \rceil))$

　更新 K 以避免泄露输出。

　$K \leftarrow \text{GenerateBlocks}(G, 2)$

　return r

函数的输出是通过调用 GenerateBlocks 得到的，唯一的区别在于返回时只截取了前 n 个字节（$\lceil \cdot \rceil$ 表示向上取整操作符）。接着还需多生成两个随机块来生成新密钥，一旦更新了

旧密钥 K，r 就无法被重新计算出来了。另一方面，只要 PesudoRandomData 没有保留 r 的副本，或者没有忘记清除保存 r 的内存单元，生成器就无法泄露 r 的任何信息。也就是说，即使以后生成器被成功攻击了，也不会影响之前生成的随机数的保密性。不过生成器之后产生的随机数的保密性就得不到保障，而这正是累加器将解决的问题之一。

虽然 PesudoRandomData 函数的输出数据量被限制，但是可以通过多次调用来获得更长的随机字符串。值得注意的是，不能增加每次调用的最大输出长度，因为这样会增加统计偏差。重复调用 PesudoRandomData 函数实现起来还是比较高效的，唯一的额外开销就是每产生 1MB 的随机数据，都必须生成额外 32 字节的随机字节来更新密钥和计算分组密码的密钥表，不过这种开销相对于我们建议使用的分组密码是微不足道的。

9.4.5 生成器速度

上面介绍的 Fortuna 生成器是在密码学上健壮的伪随机数生成器，它能够利用随机种子获得任意长度的伪随机输出。Fortuna 生成器运行的速度主要依赖于使用的分组密码算法，如果使用个人计算机上的 CPU，那么处理大量随机数请求时，平均每产生 1 字节的输出需要花费的时间低于 20 个时钟周期。

9.5 累加器

累加器负责从不同的熵源中获取实随机数，并用来更新生成器的种子。

9.5.1 熵源

假设环境中有多个熵源，并且每个熵源在任何时候都能及时产生事件来提供熵。具体使用哪种熵源并不重要，只需要保证至少一个熵源提供的熵（用于生成数据）是攻击者无法预测的。因为不知道攻击者会如何攻击，所以最好的选择就是将所有看起来不可预测的数据都用作熵源。按键时长和鼠标的移动都是合适的熵源。此外，应该尽可能多地使用实际可行的其他时序上的熵源，比如说，可以同时将按键的精确时长、鼠标的移动和点击、硬盘和打印机的响应都用作熵源。再次强调，只要保证攻击者无法同时获取所有熵源的随机信息就可以，不必在意他能否从部分熵源获取或者预测数据。

熵源的实现是一个复杂的工作，一般来说，熵源都会被嵌入到操作系统的各种硬件驱动器中，用户几乎不可能完成这项工作。

为每个熵源指定唯一的熵源编号（熵源号），熵源号的取值范围从 0 到 255。熵源号有静态分配和动态分配两种分配方式。熵源产生事件所包含的数据就是一连串字节，并且每个事件中都包含了不可预测的数据。比如，我们可以用精确计时器的 2 或 4 个最低有效字节来表示某个时间信息，时间数据中没必要包含年、月、日，因为攻击者获取它们非常容易。

接下来，要将不同熵源产生的事件链接起来。为了保证链接后获得的字符串唯一标识这些事件，我们必须确保这个字符串是可解析的。每个事件都被编码为 3 个或更多的字节。第一个字节表示事件的随机熵源号，第二个字节表示数据的附加字节数。后续字节包括熵源提供的任何数据。

当然，攻击者可能获取部分熵源产生的事件。为了模拟这个，假设攻击者控制了一些熵源，并且攻击者能够决定这些熵源在何时产生何种事件，而且和其他用户一样，攻击者任何时候都能够向伪随机数生成器请求随机数据。

9.5.2　熵池

为了更新生成器的种子，需要将事件放入一个足够大的熵池中，"足够大"意味着攻击者无法穷举出熵池中事件的所有可能值。利用这样的熵池生成新的种子，可以破坏攻击者之前获得的关于生成器状态的信息。不幸的是，不知道在更新生成器的种子前应该在熵池中放入多少事件。Yarrow 尝试利用熵估值器和一些启发式规则来解决这个问题，不过，Fortuna 以一种更好的方式解决了这个问题。

一共设置 32 个熵池 P_0, P_1,…,P_{31}。理论上，每个熵池都包含一个无限长的字符串。但实际上，由于熵池中的字符串只能用作散列函数的输入，所以在实现中无须存储这个无限长的字符串，而可以在向熵池中添加事件的同时计算散列值。

每个熵源循环地向 32 个熵池中添加随机事件，这样就保证了每个熵源产生的熵被大致均匀地分发到各个熵池中。每个事件在被放入熵池时，就将事件包含的随机信息附加到熵池中原来的字符串后面。

当 P_0 池中字符串长度足够时，就更新生成器的种子，每个种子都标记了序号 1，2，3，…，根据种子的序号 r，一个或多个池中的字符串会被用来生成种子。生成第 r 个种子时，如果 2^i 是 r 的倍数，那么第 i 个熵池中的字符串就会被使用。因此，每次生成种子都会用到 P_0，每生成两个种子 P_1 会被用到一次，每生成四个种子 P_2 会被用到一次等。一旦某个熵池参与生成新的种子，熵池中的内容就会被重置为空字符串。

这个系统能够自动适应环境。如果攻击者了解的熵源信息非常少，那么在更新种子前他就无法预测 P_0 中熵的大小。但是攻击者可能掌握熵源的很多信息，或者他能够伪造出许多随机事件，那样的话，他就能掌握关于 P_0 中熵的足够多信息，进而可以从生成器的旧状态和输出计算出生成器的新状态。但是由于 P_1 中包含的熵是 P_0 中的两倍，P_2 中则为四倍等等，所以不论攻击者能够掌握或伪造多少随机事件，只要他无法预测某个熵源产生的事件，那么总会有一个熵池能够包含足够的熵来抵抗攻击。

如果生成器的某个状态被泄露了，那么它恢复到安全状态的速度取决于熵（攻击者无法预测的那部分）流入熵池速度。假设熵以固定的速率 ρ 流入熵池，那么经过时间 t 后共产生 ρt 位的熵，所以每个熵池中增加了大约 $\rho t/32$ 位的熵，如果在生成器更新种子时使用了一个存储了大于 128 位熵的熵池，则攻击者无法获得生成器的新状态。这里有两种情况，第一种情况，如果 P_0 在下一次更新种子前能够收集到 128 位的熵，那么生成器就能恢复到安全状态了，不过这取决于预先设定的 P_0 在更新种子前熵的增加量。第二种情况，由于随机事件对于攻击者来说是已知的（或者是由攻击者生成的，而 P_0 更新种子太快，在下一次更新种子前并不能收集到足够的熵。令 t 表示更新种子的时间间隔，那么每隔 $2^i t$ 时间 P_i 就会参与生成种子，这段时间内 P_i 能够收集 $2^i \rho t/32$ 位的熵，当 $128 \leqslant 2^i \rho t/32 < 256$（设定上限是为了保证 P_{i-1} 在这段时间内不能收集到 128 位的熵）时，一旦 P_i 参与新的种子，生成器就能恢复到安全状态了。从上面的不等式可以得到

$$\frac{2^i \rho t}{32} < 256$$

从而

$$2^i t < \frac{8192}{\rho}$$

换句话说，恢复到安全状态所需时间（$2^i t$）的上限就是获取 2^{13} 位熵所需时间（$8192/\rho$）。2^{13}

看上去比较大，但是可以做如下解释：恢复到安全状态至少需要 $128=2^7$ 位的熵，但是不幸的是，某个熵池收集到近 2^7 位熵之前我们需要更新种子，所以我们不得不使用下一个熵池，而此时这个新熵池收集的熵就接近 2^8 位了。最终由于熵分配到 $32=2^5$ 个熵池中，得到 2^{13}。 149

这个结论令人满意。为了使生成器恢复到安全状态，解决方案所需的时间最多是理想解决方案的 64 倍，这是一个常数，因此生成器即使在某个时间被攻破了，最终也必然能够恢复到安全状态。更重要的是，不必知道熵源产生的事件能够提供的熵大小，也不必知道攻击者掌握了多少关于熵源的信息，这就是 Fortuna 比 Yarrow 最大的改进之处，不必再花费心思构建熵估值器。生成器完全能够自动恢复到安全状态，如果熵源提供熵的速度快，那么恢复很快就能完成，如果熵源提供熵的速度比较慢，那么恢复就需要很长的时间。

到目前为止，一直忽略了一个事实，就是一共只有 32 个熵池，所以有可能 P_{31} 在两次更新种子之间无法收集到足够的随机性来使生成器恢复到安全状态。这种情况是完全可能发生的，只要攻击者能够伪造足够多的随机事件，使得在不被攻击者控制的熵源产生 2^{13} 位熵之前，生成器的种子已经被更新 2^{32} 次。虽然发生的可能性不大，但是为了阻止这样的攻击，我们限制种子更新的速度，一个种子只有存在超过 100 毫秒时才可以被更新，也就是说种子每秒最多进行 10 次更新，这就意味着，如果存在熵池 P_{32}，那么每 13 年它才可能被使用一次。从经济和技术上考虑，计算机设备使用寿命一般不超过 10 年，所以选择使用 32 个熵池是合理的。

9.5.3　实现注意事项

在设计累加器的时候有一些实现上的注意事项。

1. 基于熵池的事件分发

熵源产生的事件需要分发到各个熵池中，最简单的解决方案就是让累加器负责这项工作，但是这样会有风险。如果累加器负责分发事件，那么就会有一个函数实现把事件交给累加器的功能，很有可能攻击者也可以对这个函数进行任意调用。攻击者可以在每次生成"真实的"事件后，对该函数进行额外地重复调用来影响下一次"真实的"事件会被放入哪个熵池中。如果攻击者能够使累加器将所有"真实的"事件都放入 P_0 中，那么整个多熵池系统的效率就会下降，并且可以使用针对单熵池系统的攻击方法实施攻击。如果攻击者使得所有的"真实的"事件都被放入 P_{31} 中，那么这些事件基本上永远不会被采用。 150

我们的解决方案是让每个事件发生器在产生事件的同时就确定事件将要放入的熵池号。如果攻击者还想影响事件被放入的熵池的选择，那么他就必须要有对生成事件的程序内存的访问权限，但是如果攻击者拥有这么大的权限，这个熵源也很可能已经被攻破了。

累加器可以检查熵源是不是按正确的顺序将事件放入到熵池中。理论上说，这是一个很好的想法，可以写一个函数来进行验证。但是，不能通过验证时，累加器该如何应对呢？如果整个伪随机数生成器被用作用户进程，那么这个进程可能会抛出严重错误并退出程序，这样一来，如果某个熵源发生错误，整个系统的伪随机数生成器就会失效。如果伪随机数生成器被用作操作系统内核的一部分，处理就更加困难了。假设有一个驱动程序生成随机事件，但是这个驱动程序不能跟踪检测 5 位循环计数器的变化，因而发送的事件不能通过累加器的验证，那么累加器该如何处理呢？仅仅返回错误代码是不行的，因为驱动程序有可能不会对返回代码进行检查。那么累加器需要停止内核吗？这样就有点极端了，仅仅因为一个驱动程序发生了错误，整个机器就崩溃了。我们所能想到的最好的解决办法就是减少这个驱动程序所占用 CPU 时间，也就是说，如果一个驱动程序提交的事件没有通过验证，那么累加器就将该驱动程序延迟 1 秒左右，然后继续执行。

但是这个办法也不是十分有用，因为我们决定让调用者来确定事件要放入的熵池号时，就已经考虑到攻击者可能伪造事件来调用累加器，如此一来，累加器就能检查到事件将放入错误的熵池中，所以真正的事件生成器就会因为攻击者的不当行为受到惩罚。因此得出以下结论：累加器不应该负责检查事件是否以正确的顺序放入熵池中，因为即使累加器检测到错误它也无法处理。每个熵源应该负责将事件循环分发到熵池中，如果哪个熵源弄错了，那么这个熵源产生的熵可能会丢失（这也是我们所希望的结果），但是不会带来其他的负面影响。

2. 事件发送的运行时间

当一个事件被发送给累加器的时候，我们希望能够对需要进行的计算量进行限制。这是因为许多随机事件都是定时事件，而这些事件是由实时驱动程序产生的，如果累加器处理某些事件需要花费很长时间，对于调用累加器的驱动程序显然是不适用的。

但是，有少量计算是必须要完成的。必须将事件数据添加到指定的熵池中。当然我们不会将熵池中的整个字符串都存储在内存中，因为它们可能是无限长的。回想一下，常用的散列函数都是具有迭代性的。对于每个熵池，我们将分配一个缓冲区，当缓冲区满的时候，计算缓冲区包含内容的部分散列值。这是累加器处理每个事件时所需的最小计算量。

[151]

使用一个或多个熵池来更新种子，所需要的时间是添加事件到熵池所需要时间的一个数量级以上，因此更新种子并不会作为累加器处理事件的必需运算，而是等到下次用户请求获取随机数据时、在随机数据生成之前才会进行。这样一来，部分计算负担就从事件生成器转移给请求伪随机数据的用户，这是合理的，因为用户也是伪随机数生成器服务的受益者。毕竟大部分事件生成器都不会从伪随机数生成器上受益。

为了保证更新种子的操作在随机数据请求之前进行，必须对生成器进行封装。换句话说，要保证生成器不能被直接调用。因此累加器提供了和 PseudoRandomData 功能具有相同接口的 RandomData 函数，这样用户就不能绕过更新种子的步骤而直接调用生成器。不过，用户仍然可以根据自己的实际情况来创建自己的生成器实例。

经典的散列函数，如 SHA-256 及其变种 SHA_d-256，都是以固定长度的块为单位来处理消息输入。如果熵池中的字符串长度达到一个块的长度时就立即进行处理，那么每个事件最多会导致一次散列块运算。但是这样会有一个缺点，由于现有计算机使用层级缓存结构来提高 CPU 的运行效率，尤其是在一段时间内 CPU 执行同一段代码时效率会很高。因此，如果只处理一个散列块，CPU 也需要将散列函数的源代码读入到最快的高速缓冲存储器中才可进行运算。不过，如果连续处理几个块，那么处理第一块时散列函数的源代码就会被读入到高速缓冲存储器中，后继块的处理不需要再重复读入操作。总而言之，如果能够使 CPU 总是在执行一小段的循环程序并不让它在不同的代码段之间进行切换，那么 CPU 的性能就会显著提高。

经过以上分析，可以选择扩大熵池的缓冲区，使得在计算散列值之前缓冲区中能够收集到更多的数据，优点是能够减少 CPU 计算总时间，缺点是将事件添加到熵池中所需要的最长时间变长，这需要在实现时根据具体的环境进行权衡。

9.5.4　初始化

[152]

初始化是一个简单函数。到目前为止，我们只讨论了生成器和累加器，但是下面定义的函数实现了 Fortuna 的一些外部接口，它们是在整个伪随机数生成器上进行操作的。

函数 InitializePRNG

输出：$\mathcal{R}$　伪随机数生成器状态

将 32 个熵池中的内容都设为空字符串。

for P_i=0,$\cdots$,31 **do**

　　$P_i \leftarrow \varepsilon$

od

将种子更新计数器设为 0。

ReseedCnt $\leftarrow$ 0

初始化生成器。

$\mathcal{G} \leftarrow$ InitializeGenerator()

获取状态。

$\mathcal{R} \leftarrow (\mathcal{G}$, ReseedCnt, $P_0,\cdots,P_{31})$

return $\mathcal{R}$

9.5.5　获取随机数据

该函数不只简单地对伪随机数生成器的生成器组件进行封装，还要处理更新种子。

函数 RandomData

输入：$\mathcal{R}$　伪随机数生成器状态，由函数修改

　　　n　生成的随机数据的字节数

输出：r　n 字节的伪随机字符串

if $length(P_0) \geqslant$ MinPoolSize $\wedge$ last reseed > 100 ms ago **then**

　　需要更新种子。

　　ReseedCnt $\leftarrow$ ReseedCnt + 1

　　添加需要使用的所有熵池中字符串的散列值。

　　$s \leftarrow \varepsilon$

　　for $i \in 0,\cdots,31$ **do**

　　　　if $2^i \mid$ ReseedCnt **then**

　　　　　　$s \leftarrow s \| \text{SHA}_d\text{-}256(P_i)$

　　　　　　$P_i \leftarrow \varepsilon$

　　　　fi

　　od

　　取得随机数据之后需要更新种子。

　　Reseed($\mathcal{G}$, s)

fi

if ReseedCnt=0 **then**

　　报错，伪随机数生成器还没有获取种子。

else

153

种子已经更新（如果需要的话）。让 $\mathcal{R}$ 的生成器部分来生成随机数。
return PseudoRandomData($\mathcal{G}, n$)

fi

该函数首先将 P_0 的长度和 MinPoolSize 进行比较，以此来决定是否需要更新种子。我们可以大致地估计一下为了能够收集 128 位的熵，熵池至少得有多大。假设每个事件包含 8 位的熵，放在熵池中需要占用 4 个字节（事件数据占 2 个字节），那么 MinPoolSize 的一个合适的大小为 64 字节。这不是十分重要，不过不建议使用比 32 字节更小的值；选择过大的值也不好，因为如果那样，即使熵源能够高效稳定地提供熵，种子的更新速度也会很缓慢。

接下来的步骤是将种子更新计数器的值增加 1。由于计数器的初始值为 0，所以第一次更新种子计数器值为 1，这样就保证了只有 P_0 会参加种子的第一次更新。

循环代码段的作用是将各熵池中字符串的散列值进行连接，我们也可以先将熵池的内容进行连接再计算散列值，但是这样一来，每个熵池中的整个字符串都需要被存储，显然不如现在使用的对每个熵池计算散列值更方便。$2^i | \text{ReseedCnt}$ 用来检测 2^i 是不是 ReseedCnt 的因子，如果是，则值为真，不过因为一旦某个 i 值不能通过测试，那么后续循环中的测试也都不会通过，可以针对这一点进行优化。

9.5.6 添加事件

当熵源产生了新的随机事件时，就会调用该函数。每个熵源都有唯一的熵源编号，这里我们不详细描述如何分配熵源编号，因为这取决于具体的环境。

函数 AddRandomEvent
输入： $\mathcal{R}$ 伪随机数生成器状态，由函数修改
     s 熵源号，取值范围 $0, \cdots, 255$
     i 熵池号，取值范围 $0, \cdots, 31$。每个熵源必须循环地将它产生的事件分
       发到所有熵池中
     e 事件数据，$1 \sim 32$ 字节的字符串
首先检查参数。
assert $1 \leqslant length(e) \leqslant 32 \wedge 0 \leqslant s \leqslant 255 \wedge 0 \leqslant i \leqslant 31$
将事件数据添加到熵池中。
$P_i \leftarrow P_i \| s \| length(e) \| e$

154

事件 e 经过编码后长度为 $2+length(e)$ 个字节，其中熵源号 s 和 $length(e)$ 各占一个字节，接着将编码后的事件添加到熵池中。注意上面的代码只是将事件数据添加到熵池中，并没有涉及散列运算，因为这里假设只有熵池被使用时才会对其进行散列运算。在真正的实现中，我们应该一边向熵池中添加事件一边计算散列值，这在功能上是相同的，而且实现也更加容易，但是要进行详细描述就会十分复杂。

假设事件数据长度不超过 32 字节，更大的随机事件也几乎毫无用处，熵源不应该将包含大量随机信息的事件发送给累加器，而是应该发送那些简短而又不可预测的随机数据。如果一个熵源生成了一个随机信息很长的事件，而且事件包含的熵是均匀分布的，那么熵源先对随机信息进行散列。还有一点非常重要，就是要保证 AddRandomEvent 函数

总是能够快速返回。因为许多熵源，由于自身性质，提供实时服务，所以这些熵源在调用 AddRandomEvent 时都需要尽快返回。另一方面，即使一个熵源产生事件所包含的随机信息比较短，也不应该让它在产生较大事件的熵源之后调用 AddRandomEvent。大部分伪随机数生成器的实现都使用了互斥方法来序列化对 AddRandomEvent 函数的调用，以保证在同一时间只有一个事件被添加到熵池中$^{\ominus}$。

一些熵源可能没时间调用 AddRandomEvent，那么就需要使用缓冲区来存放事件，并且创建一个单独的进程，负责从缓冲区中获取事件并将事件添加到累加器中。

另一种实现添加事件的架构是让熵源仅仅把事件发送给累加器进程，再由累加器创建一个单独的线程负责所有的散列运算。这个设计更加复杂，不过能减轻熵源的运算负担。具体选择很大程度上取决于实际环境。

9.6　种子文件管理

到目前为止，伪随机数生成器能够成功地收集熵，并且获取第一个种子后能够生成随机数。然而，每次计算机重启后，我们必须等到熵源提供足够的事件后，才能获取第一个种子来生成随机数据；另外，我们也无法保证第一次种子后的状态是攻击者无法预测的。

解决方案就是使用种子文件。伪随机数生成器保存了一个熵文件，叫作种子文件，种子只有伪随机数生成器可以获取。每次重启之后，伪随机数生成器读取种子文件并使用文件内容作为熵源来获得一个未知状态。当然，种子文件在每次使用之后都需要重新写入内容。 |155|

下面首先描述在一个支持原子操作的文件系统中如何管理种子文件，接着讨论在实际的系统中实现种子文件管理时遇到的问题。

9.6.1　写种子文件

第一个问题就是如何生成种子文件，这可以通过一个简单的函数实现。

函数 WriteSeedFile

输入：$\mathcal{R}$　伪随机数生成器状态，由函数修改

　　　　f　需要写入的文件

$write(f, \mathrm{RandomData}(\mathcal{R}, 64))$

该函数生成 64 字节的随机数据，然后写入文件，64 字节比实际需要的稍微多一点，但是这么设定是有原因的。

9.6.2　更新种子文件

显然，种子文件能够被读取，不过通常将种子文件的读取和更新操作一起完成，具体原因稍后解释。

函数 UpdateSeedFile

输入：$\mathcal{R}$　伪随机数生成器状态，由函数修改

　　　　f　需要更新的文件

$s \leftarrow read(f)$

<hr>

$\ominus$　在多线程的环境中，必须保证不同的线程之间不会互相干扰。

```
assert length(s) = 64
Reseed(G, s)
write(f, RandomData(R, 64))
```

该函数的操作包括读取种子文件、检查种子长度和更新生成器的种子，接着用新数据更新种子文件。

该函数必须保证在更新种子和更新种子文件之间伪随机数生成器没有被调用过。因为那样会带来一个问题：在一次重启之后，该函数读取种子文件并用来更新种子，假设攻击者在种子文件更新之前向伪随机数生成器请求获取随机数据，并且在获取到随机数据时，且在更新种子文件之前立刻重启计算机。这样，在下次启动之后，相同的种子文件会被读取并被用来更新种子，如果在种子文件更新前一个用户请求随机数据，那么他获取的随机数据就和刚才攻击者获取的随机数据是相同的。这就违背了随机数据的保密性，而我们经常使用随机数据来生成密钥，所以这是个非常严重的问题。

在实现中必须保证种子文件是被秘密保存的，而且种子文件的所有更新都必须是原子操作（见 9.6.5 节）。

9.6.3　读写种子文件的时间

在计算机刚刚启动的时候，伪随机数生成器并没有熵来生成随机数据，这正是使用种子文件的原因，所以在每次启动后，都需要对种子文件进行读取和更新。

计算机在运行的时候能够从各种熵源收集熵，这些熵最终也能够影响种子文件的内容。一个简单的办法是在关闭计算机之前对种子文件进行更新，但是一些计算机在正常情况下不会关机，所以伪随机数生成器需要定时更新种子文件，但是实现起来比较无趣而且和具体的平台相关，这里就不详细描述了。我们只需要保证伪随机数生成器在收集到相当数量的熵后能够定时更新种子文件，一种合理的解决方案是在每次关机时以及每 10 分钟左右对种子文件进行一次更新。

9.6.4　备份和虚拟机

要保证能够正确地更新种子，还需要解决其他一些问题。因为不允许伪随机数生成器出现重复状态，所以使用种子文件。但是大部分存放种子文件的文件系统并不能保证避免出现重复状态，这就引出一些新的问题。

首先是备份。如果先对整个文件系统进行备份，接着再重新启动，伪随机数生成器就利用种子文件来设定第一个随机种子的值。如果以后将利用备份对文件系统进行还原，再重新启动的时候，伪随机数生成器就会使用相同的种子文件。换言之，在累加器收集到足够的熵之前，伪随机数生成器在两次重启之后生成的输出是相同的。这是一个严重的问题，因为攻击者也可以利用这种方法来获取用户从伪随机数生成器那里得到的随机数据。

对于这种攻击没有直接的防御方法。如果备份系统能够使整个计算机恢复到永久状态，那么我们无法阻止伪随机数生成器出现重复状态。最理想的是，我们修复备份系统使得它对伪随机数生成器敏感，但是这可能要求太多了。可以将种子文件的内容和当前时间进行散列之后再使用，前提是攻击者不会将时钟恢复到相同的时间。如果备份系统有一个计数器记录已经进行过多少次恢复，也可以将种子文件的内容和恢复计数器的值进行散列之后再使用。

虚拟机上也有相似的问题，如果一个虚拟机状态被保存了，然后重启了两次，那么从同一状态启动的两个实例，其伪随机数生成器的状态也是相同的。幸运的是，针对备份中遇到的问题的一些解决方案对从相同状态启动的多个虚拟机实例中的问题同样适用。

关于备份和虚拟机的问题值得深入研究，但是由于这些问题太过于依赖具体平台，这里就不给出通用的解决方案了。

9.6.5 文件系统更新的原子性

关于种子文件的另外一个重要问题就是文件系统更新的原子性。在大多数操作系统中，对种子文件的写操作仅仅是对一些内存缓冲区进行更新，很久之后才会将数据真正写到磁盘上。虽然一些文件系统提供了"flush"命令，声称能够将缓存上的所有数据都写到磁盘上，但是这个操作执行得非常缓慢，而且有时候硬件上并不会真正执行"flush"命令。

无论何时使用种子文件来更新种子，都要在用户请求随机数据之前更新种子文件，而且必须要保证磁盘上的数据也进行了更新。在一些文件系统中，对文件数据和文件管理信息的操作是分开进行的，所以更新种子文件时文件管理信息和实际的文件信息不符，如果此时机器断电了，种子文件就会损坏甚至丢失，这样的文件系统对安全系统来说是不适用的。

一些文件系统使用日志来解决部分问题。日志技术最初是在大型数据库系统中提出来的，而日志就是对文件系统的所有更新操作的列表。如果恰当地使用日志，能够保证在进行更新操作时，文件管理信息和文件信息也是一致的。从可靠性的角度看，使用了日志的文件系统更适用，遗憾的是常见的文件系统只是将日志用于文件管理信息，并不能完全达到我们的要求。

如果硬件和操作系统不能保证文件更新的原子性和永久性，就不能安全地使用种子文件。在实际应用中，可以根据具体的工作平台来尽量可靠地更新种子文件。

9.6.6 初次启动

第一次使用伪随机数生成器时，没有种子文件可以用来设定种子。比如说，一台新的个人计算机，在出厂前就安装了操作系统。安装操作系统的时候需要使用伪随机数生成器来生成一些用于管理的密钥，可是为了便于生产所有的计算机都是相同的而且加载了相同的数据，并且没有初始的种子文件，只有等待熵源产生足够的随机事件来更新种子，但是这需要很长的时间，我们无法确认是否已经收集到足够的熵来生成良好的密钥。

158

一个好的方法是，可以让安装过程在配置的过程中为伪随机数生成器生成一个随机种子文件。比如说，可以使用一台单独的计算机上的伪随机数生成器来给每台机器生成种子文件，或者让安装软件要求测试人员移动鼠标来收集初始的熵。可以根据具体的环境来选择解决方案，但是无论如何都要提供初始的熵。熵累加器可能需要一段时间才能给伪随机数生成器设定合适的种子，并且在计算机完成安装之后操作系统很可能需要伪随机数生成器生成一些非常重要的密钥。

请记住，Fortuna 累加器可能在收集到足够多的真正随机的熵之后，立即给生成器设定种子。但是 Fortuna 并不知道熵源实际能提供多少熵，所以可能需要一段时间才能收集到足够的熵来更新生成器的种子。最好的解决方案就是利用一个外部随机源来创建第一个种子文件。

9.7 选择随机元素

伪随机数生成器能够提供随机字节序列，在一些情况下这正是用户所需要的，有时用户只需要从其中选出一个随机元素，但需要小心操作。

无论何时要选择一个随机元素，都隐含地表示了这个元素是从一个指定的集合中均匀随机选出来的（除非我们指定使用另一种分布），也就意味着集合中的每个元素被选中的概率是相同的[⊖]。要实现这种随机性比想象中困难。

设集合中元素个数为 n，只需讨论如何从 $\{0,1,\cdots,n-1\}$ 中随机选择一个元素，在解决这个问题之后，就能从任何包含 n 个元素的集合中随机选择一个元素。

|159| 如果 $n=0$，没有可以选择的元素，报错；如果 $n=1$，只能选择唯一的一个元素，处理也比较简单；如果 $n=2^k$，那么可以向伪随机数生成器请求一个 k 位的随机数据并转化为 0 到 $n-1$ 中的一个整数，这个数是均匀随机的。（伪随机数生成器生成的是随机字节，所以可能需要去掉最后一个字节的一些位来获得 k 位的随机数，这步操作很容易实现。）

当 n 不为 2 的幂时如何处理呢？有些程序选择一个 32 位的随机整数再对 n 取模，但是这种算法结果的概率分布是有偏差的。如，令 $n=5$，定义 $m:=\lfloor 2^{32}/5 \rfloor$，取一个均匀随机的 32 位整数并对 n 取模，那么结果中 1、2、3、4 出现的概率分别为 $m/2^{32}$，而 0 出现的概率为 $(m+1)/2^{32}$。虽然偏差非常微小，但是也可能非常显著，因为攻击者可以在 2^{128} 次尝试内检测到它。

一种用来在任意范围中选择一个随机数的正确方法是使用试错法。比如为了选择 $0,\cdots,4$ 中的一个随机数，由于 8 是 2 的幂，所以可以先在 $0,\cdots,7$ 中选择一个随机数，如果结果是 5 或更大就重新选择，直到结果在 $0,\cdots,4$ 之间。换言之，可以生成一个位数正确的随机数并丢弃那些不合适的值。

下面是在 $0,\cdots,n-1$（$n\geq 2$）中选择一个随机数算法的正式描述：

1）令 k 为满足 $2^k \geq n$ 的最小整数。

2）利用伪随机数生成器生成一个 k 位的随机数 K，K 的范围为 $0,\cdots,2^k-1$。

伪随机数生成器生成的是一定数量的字节，所以可能需要丢弃最后一个字节的部分位。

3）如果 $K \geq n$，返回第 2 步。

4）K 就是结果。

这个过程可能有点浪费，在最坏的情况下，平均一半的中间值会被丢弃。下面是一个改进方案，举个例子，由于 $2^{32}-1$ 是 5 的倍数，所以我们可以在 $0,\cdots,2^{32}-2$ 中选择一个随机数并对 5 取模。而从 $0,\cdots,2^{32}-2$ 中选择一个值，我们使用尝试法时中间值被丢弃的概率就非常低了。

首先选择一个合适的 k 满足 $2^k \geq n$，定义 $q:=\lfloor 2^k/n \rfloor$，利用尝试法在 $0,\cdots,nq-1$ 中选择一个随机数 r，一旦生成一个合适的 r 那么最终的随机数就是 $(r \bmod n)$。

|160| 为了获取元素个数不是 2 的幂集合中的一个均匀随机数，算法或多或少都需要利用丢弃随机位方法。但是这不是问题，因为一个像样的伪随机数生成器并不缺少随机位。

9.8　习题

9.1　研究最喜欢的三种编程语言中自带的随机数生成器。你会把它们用于密码中吗？

9.2　利用现存密码库中的密码学伪随机数生成器，写一个生成 256 位 AES 密钥的短小程序。

9.3　根据实际工作平台、语言和所选择的密码库，归纳出所使用的密码学伪随机数生成器内部是如何

⊖　如果我们设定了 128 位的安全等级，那么可以允许各个元素被选中的概率有 2^{-128} 的偏差，但是均匀随机实现起来更加容易。

工作的。需要考虑的问题包括但不仅限于如下问题：如何收集熵，如何更新种子，重新启动时伪随机数生成器如何应对。

9.4 分析伪随机数生成器和随机数生成器各自的优缺点。

9.5 使用一个能够输出随机位流的密码学伪随机数生成器，来实现一个能够从 $\{0,1,\cdots,n-1\}$（$1 \leqslant n \leqslant 2^{32}$）中随机选择整数的随机数生成器。

9.6 从 $0,1,\cdots,191$ 中随机选择一个值，实现如下算法：生成一个 8 位的随机数，将值转换为整数，再对 192 取模。利用这种算法产生大量随机数，并计算结果的分布。

9.7 寻找一个使用（或应该使用）密码学伪随机数生成器的新产品或系统，它可能和习题 1.8 的产品或系统相同。参考 1.12 节对这个产品或系统进行的安全审查，不过，这次的重点是关于随机数的使用问题。

161
~
162

素　　数

接下来的两章解释公钥密码系统，这部分内容要求一定的数学基础。但是在我们看来，仅仅列举公式和方程而不去理解它们实在是很危险的。要使用一件工具，我们必须要了解那件工具的性质。理解某些工具非常容易，比如散列函数；我们有一个散列函数的"理想"模型，并且希望实际的散列函数能够达到理想模型中的效果。但是要理解一个公钥系统就不那么容易了，因为我们并没有公钥系统的"理想"模型。在实际中，我们必须要使用公钥系统的数学性质，而安全地使用那些性质的前提就是先理解它们。这里并没有捷径可走，我们必须要掌握相关的数学知识，幸运的是，学习这些知识只需要有中学数学的背景知识即可。

这一章讨论了素数的相关知识。素数是数学中非常重要的一部分内容，但是我们讨论素数更重要的原因在于一些非常重要的公钥密码系统都是基于素数来设计的。

10.1　整除性与素数

如果 b 除以 a 余数为 0，则称 a 是 b 的一个因子（记作 $a \mid b$，读作"a 整除 b"）。比如，7 是 35 的一个因子，记作 $7 \mid 35$。如果一个数只有 1 和它自身两个正因子，我们就称这个数是素数。比如，13 是素数，两个因子为 1 和 13。最初几个素数很容易找到：2、3、5、7、11、13……如果一个整数大于 1 且不为素数，我们就称为合数。1 既不是素数也不是合数。

在后续的章节中，我们将使用一些合适的数学表示法和术语，这样也能更方便地阅读关于这个主题的其他教材。数学表示法起初看起来可能比较困难、复杂，但是涉及的数学知识非常简单。

下面是关于整除性的一个简单的引理。

引理 1　如果 $a \mid b$ 且 $b \mid c$，那么 $a \mid c$。

证明：如果 $a \mid b$，那么存在整数 s 使得 $as = b$（由 b 能被 a 整除可知 b 是 a 的倍数）；如果 $b \mid c$，同样存在整数 t 使得 $bt = c$。综上可知，$c = bt = (as)t = a(st)$，所以 a 为 c 的一个因子。（为验证结论，只需验证每个等号都是正确的。得出结论为第一项 c 和最后一项 $a(st)$ 是相等的。）　　　　　□

这个引理陈述了一个事实，证明用于显示为何引理是正确的，小方框表示证明结束。数学家喜欢使用大量的符号⊖，在这个非常简单的引理中我们只需了解表示法 $a \mid b$ 的含义就能容易地理解证明。

数学家经年累月地研究素数，即使在今天，如果想获取所有小于 100 万的素数，我们使用的算法也是早在 2000 多年前由 Eratosthenes 提出的。（Eratosthenes 是阿基米德的朋友，同时也是第一个准确测量出地球直径的人，据说约 1700 年后哥伦布准备向西航行到印度时使用了一个小得多因而是错误的地球直径值。）另外一个著名的希腊数学家欧几里得，完美

⊖　使用符号既有优点，也有缺点。本书使用的符号在我们看来都是非常合适的。

地证明了素数有无穷多个。下面我们将介绍这个完美的证明，通过阅读这个证明我们能够重新认识数学。

在给出证明之前我们先引入一个简单的引理。

引理 2　如果 n 为大于 1 的正整数且 d 为 n 除 1 之外最小的因子，那么 d 是素数。

证明： 首先，我们必须保证 d 是被明确定义的。（如果对于某个 n，除 1 之外不存在一个最小的因子，那么 d 的定义就不恰当，引理 2 就毫无意义。）由于 n 也是 n 的一个因子，而 $n > 1$，所以 n 至少有一个大于 1 的因子，也必然有一个大于 1 的最小因子。

|164|

为证明 d 是素数，我们使用一种标准的数学技巧，称为归谬法，也称为反证法。为证明结论 X，反证法的一般思路是先假设 X 不成立，接着从这个假设推出矛盾；如果假设 X 不成立能够推出矛盾，那么 X 必然是正确的。

在这个例子中，我们假设 d 不是素数，那么 d 肯定存在满足 $1 < e < d$ 的因子 e。但是从引理 1 可知，如果 $e \mid d$ 且 $d \mid n$，那么 $e \mid n$，即 e 也是 n 的一个因子且 $e < d$。这样就产生了矛盾，因为 d 被定义为 n 除 1 之外最小的因子，因此我们的假设是错误的，从而 d 是素数。　　□

如果对这种证明有点困惑也不要急，一段时间后就能适应了。

现在我们可以证明素数有无穷多个了。

定理 3（欧几里得）　素数有无穷多个。

证明： 我们仍然使用反证法来证明。假设素数的个数是有限的，那么一个包含所有素数的列表也是有限的，记为 p_1, p_2, $p_3, \cdots, p_k$，这里 k 表示素数的个数。定义 $n := p_1 p_2 p_3 \cdots p_k + 1$，即 n 为所有素数的乘积加上 1。

考虑 n 除 1 之外的最小因子，我们仍用 d 来表示这个因子。由引理 2 可知，d 为素数且 $d \mid n$；但是在那个有限的素数列表中，没有一个素数是 n 的因子，因为它们都是 $n-1$ 的因子，n 除以列表中任何一个素数 p_i 都会有余数 1，所以 d 为素数且不在列表中。而列表在定义时就包含了所有的素数，这样就出现了矛盾，所以素数的个数是有限的这个假设是错误的，从而可知素数有无穷多个。　　□

这基本上就是欧几里得在 2000 多年前给出的证明。

实际上有很多关于素数分布的结论，但是很有趣的是，没有一个简单公式可以用来计算在一个特定区间中素数的个数。素数的分布似乎相当随机，甚至有些简单的猜想至今都无法证明，例如哥德巴赫猜想，即所有大于 2 的偶数都可以表示为两个素数之和。对相对比较小的偶数很容易用计算机进行验证，但是数学家们无法证明是否对所有的偶数都成立。

另一个有用的定理是算术基本定理：任何一个大于 1 的整数都可以唯一表示为有限个素数的乘积（不考虑素数的先后顺序）。比如，$15 = 3 \cdot 5$，$255 = 3 \cdot 5 \cdot 17$，$60 = 2 \cdot 2 \cdot 3 \cdot 5$。这里我们就不证明了，更多细节请查阅与数论相关的教材。

|165|

10.2　产生小素数

有时候拥有一张小素数的列表是非常有用的，这就要用到 Eratosthenes 的筛选法，筛选法至今仍然是生成小素数最好的算法。下面的伪代码中 2^{20} 可以用任何适当小的常数代替。

函数 SmallPrimeList

输入： n　　生成素数的上限，$2 \leqslant n \leqslant 2^{20}$

输出： P　　小于 n 的所有素数构成的列表

限制 n 的取值范围，如果 n 过大可能会导致内存不足。

assert $2 \leqslant n \leqslant 2^{20}$

将标记列表中所有标记的值初始化为 1。

$(b_2, b_3, \cdots, b_n) \leftarrow (1, 1, \cdots, 1)$

$i \leftarrow 2$

while $i^2 \leqslant n$ **do**

 对素数 i，将 i 的所有倍数标记为合数。

 for $j \in 2i, 3i, 4i, \cdots, \lfloor n / i \rfloor i$ **do**

  $b_j \leftarrow 0$

 od

 在列表中寻找下一个素数。这个循环中不可能出现 $i > n$ 的情况，因为如果那样的话就会访问一个不存在的 b_i 的值。

 repeat

  $i \leftarrow i + 1$

 until $b_i = 1$

od

所有的素数都被标记为 1，将它们收集到一个列表中。

$P \leftarrow [\ ]$

for $k \in 2, 3, 4, \cdots, n$ **do**

 if $b_k = 1$ **then**

  $P \leftarrow P \parallel k$

 fi

od

return P

这个算法基于一个很简单的想法，每一个合数 c 都有一个比 c 小的素因子。我们使用了一个标记列表，对于每个整数在列表中都有一个标记对应，表示相应整数是否为素数。初始化时将所有的标记都设为 1，表示每个整数都可能为素数，接着将 i 设为最小的素数 2，并开始循环。在循环中，首先由于 i 的所有倍数都不可能为素数，所以将 $2i$、$3i$、$4i$ 等等对应的标记赋为 0；接着增加 i 的值直到下一个标记为 1 的数，显然这个数不能被任何一个小于它的素数整除，否则肯定已经被标记为合数了，所以这个数必为素数。重复上面的步骤直到 $i^2 > n$。

由于我们标记一个数为合数的前提是找到了它的一个因子，所以没有一个素数会被标记为合数。（在循环过程中，我们将 $2i$、$3i$、$4i$…标记为合数，而这些数都有因子 i，所以不可能是素数。）

那么为什么在 $i^2 > n$ 的时候停止循环呢？假设整数 k 为合数，p 为 k 除 1 之外最小的因子，由引理 2 可知 p 为素数；记 $q := k / p$，那么必然有 $p \leqslant q$（若 $q < p$，则 q 为 k 的因子且比 p 小，这与 p 的定义矛盾）。如果 $p > \sqrt{k}$，那么 $k = p \cdot q > \sqrt{k} \cdot q \geqslant \sqrt{k} \cdot p > \sqrt{k} \cdot \sqrt{k} = k$，即 $k > k$，显然矛盾，因此有 $p \leqslant \sqrt{k}$。

也就是说，任一合数 k 都有一个不超过 $\sqrt{k}$ 的素因子，所以任一不超过 n 的合数都有一

个不超过 $\sqrt{n}$ 的素因子。当 $i^2 > n$ 时，$i > \sqrt{n}$，但是所有比 i 小的素数的倍数都已经被标记为合数，所以每个比 n 小的合数都已经被标记了，那些仍然标记为素数的整数确实都是素数。

算法中的最后一部分只是将素数收集到一个列表中并返回。

当然这个算法还有几处可以优化，这里就不介绍了。只要正确地实现，这个算法运行起来非常快。

读者现在可能会有一个疑问，为什么我们需要获取小素数呢？最主要的原因就是我们可以通过后面介绍的一些方法，利用小素数来获取大素数。

10.3　素数的模运算

在密码学中素数之所以非常有用，主要原因在于我们可以对素数进行模运算。

假设 p 为素数，那么进行模 p 运算时只会使用到 $0,1,\cdots,p-1$。素数模运算的基本规则是，把模运算当作普通的整数运算，但是每一次的结果 r 都要对 p 进行取模运算。取模运算非常容易：用 p 除 r，去掉商，将所得的余数作为结果。例如，对 25 取模 7 运算时用 7 除 25，得到商为 3 余数为 4，于是（25 mod 7）= 4。符号（a mod b）表示显式的模运算，但是由于模运算很常用，所以也有其他的表示方法。在写一个等式时也常常未写明任何模运算，只是把（mod p）添加在等式的后面，以表示所有的运算都是取模 p 运算。而且在上下文足够明确时，取模运算符号甚至可以省去，只要我们自己知道进行取模运算就可以了。

我们不需要在模运算的两边加上括号，直接写成 a mod b，但是这样一来，模运算符号看起来就很像一般的正文，那些不太习惯的人就可能觉得有点迷惑。为了避免混淆，我们倾向于使用带括号的记法（a mod b）或者 a(mod b)，到底选择哪种还要看具体的上下文。

有一点值得注意，任何整数（包括负数）取模 p 运算的结果都在 $0,\cdots,p-1$ 之中。而一些编程语言允许模运算的结果为负值，对此数学家们非常恼火。如果对 -1 取模 p 运算，其结果为 $p-1$。推广到更一般的情况，要计算（a mod p），就要先找到满足 $a = qp + r$ 且 $0 \leqslant r < p$ 的整数 q 和 r，那么（a mod p）的值就定义为 r。如果令 $a = -1$，那么 $q = -1$，而 $r = p-1$。

10.3.1　加法和减法

模 p 加法运算很简单，只需将两个数相加，如果结果大于或者等于 p，就减去 p。由于加法运算的两个参数都在 $0,\cdots,p-1$ 之中，它们的和不可能超过 $2p-1$，所以最多只要做一次减去 p 的运算，得到的结果就在正确的范围内了。

减法和加法类似，将两数相减，如果结果是负数就加上 p。

但是上面的规则只适用于两个参数都已经是模 p 的数的情况，如果它们不在 $0,\cdots,p-1$ 之中，就需要做一次完整的模 p 约化。

可能需要一些时间才能习惯模运算。比如说对于等式 5+3=1（mod 7），乍看之下非常奇怪，5 加 3 并不等于 1；但是，尽管在整数运算中有 5+3=8，取模 7 运算则为 8 mod 7=1，所以 5+3=1（mod 7）。

在实际生活中，尽管没意识到但模运算也被频繁使用。在计算一天中的时间时，我们对小时数取模 12 运算（或者模 24 运算）。一路公共汽车的时间表规定每个整点后过 55 分钟就会有一辆车出发，路上需要行驶 15 分钟，那么为了计算公共汽车的到达时间，我们计算 55+15=10（mod 60），可知每个整点过 10 分钟就会有一辆车到达。从现在开始，我们规定只对素数做模运算，但是读者可以对任何数做模运算。

在进行模加法和减法运算时，有一条重要的性质就是对于很长的式子，像 5+2+5+4+6（mod 7），可以在运算过程中的任何时候进行取模运算。比如，可以先计算 5+2+5+4+6=22，再计算 22（mod 7）得到结果为 1；也可以先计算 5+2（mod 7）=0，再计算 0+5（mod 7）=5，接着 5+4（mod 7）=2，最后 2+6（mod 7）=1。

10.3.2 乘法

乘法比加法复杂一点。为计算（$ab \bmod p$），首先按整数乘法的规则计算 ab 的值，然后对结果做取模 p 运算。由于 ab 的最大可能值为（$p-1$）$^2 = p^2-2p+1$，所以就需要执行一次长除法来找到满足 $ab=qp+r$ 且 $0 \leqslant r < p$ 的（q, r），去掉 q, r 就是结果。

举个例子，令 $p=5$，那么 $3 \cdot 4$（mod p）的计算结果就是 2，这是因为 $3 \cdot 4=12$，而（12 mod 5）=2，所以 $3 \cdot 4=2$（mod p）。

与模加法类似，在进行模乘法运算时，既可以直接对整数乘法的结果取模，也可以迭代地取模。比如，对于式子 $3 \cdot 4 \cdot 2 \cdot 3$（mod p），可以先计算 $3 \cdot 4 \cdot 2 \cdot 3=72$，再计算（72 mod 5）=2；也可以先计算（$3 \cdot 4$ mod 5）=2，接着（$2 \cdot 2$ mod 5）=4，最后（$4 \cdot 3$ mod 5）=2。

10.3.3 群和有限域

数学家称模素数 p 的数的集合为有限域，也经常称为"mod p"域，或者简称"mod p"。对于 mod p 域中的计算有如下一些性质：

- 对运算中的每个数，可以加上或减去 p 的任何倍数而不改变运算的结果。
- 所有运算的结果都在 $0, 1, \cdots, p-1$ 范围内。
- 可以在整数范围内做整个计算，只在最后一步做模运算。于是所有关于整数的代数规则（比如 $a(b+c) = ab + ac$）仍然适用。

在不同的书中，模 p 有限域的表示法可能不同，在本书中我们使用 $\mathbb{Z}_p$，其他书中也有 GF(p) 和 $\mathbb{Z}/p\mathbb{Z}$ 的表示方法。

我们还需要引入群的概念，这是一个简单的数学术语。群就是一个集合，并且在集合中的元素上定义了一种运算，比如加法或者乘法。$^\ominus$ $\mathbb{Z}_p$ 中的元素和加法一起就构成了一个加法群，群中任意两个数相加的结果也是群中的元素。如果在这个群中进行乘法运算就不能使用 0（这是因为乘以 0 没有什么意义，而且 0 不能做除数）。但是，$\{1, \cdots, p-1\}$ 和模 p 乘法一起也构成一个群，这个群称为模 p 乘法群并且有多种表示方法，我们使用的是 $\mathbb{Z}_p^*$。一个有限域包括两个群：加法群和乘法群。比如，有限域 $\mathbb{Z}_p$ 包括了由模 p 加法定义的加法群和乘法群 $\mathbb{Z}_p^*$。

群可以包含子群。一个子群由整个群中的一些元素组成，如果对子群中的两个元素进行群运算，得到的结果也要为子群中的元素。听起来有些复杂，不妨举个例子，模 8 的数和模 8 加法构成一个群，那么 $\{0, 2, 4, 6\}$ 就是它的一个子群，子群中任何两个数进行模 8 加法的结果也是子群中的元素。乘法群也一样，模 7 乘法群由 $\{1, \cdots, 6\}$ 和模 7 乘法运算组成，集合 $\{1, 6\}$ 就构成一个子群，$\{1, 2, 4\}$ 也是一个子群。可以验证同一个子群中的任何两个元素进行模 7 乘法的结果也是该子群中的元素。

$\ominus$ 此外还有两个要求，但是我们讨论的群都满足了这些条件。

我们使用子群来加快一些密码运算。同时子群也可以用来攻击一个系统，这也正是我们需要了解它的原因。

到目前为止，我们只讨论了模素数加法、减法和乘法，为了完整地定义乘法群，还需要定义乘法的逆运算：除法。而实际上，模 p 除法的定义也非常简单：满足 $c \cdot b = a \pmod p$ 的数 c 即为 $a/b \pmod p$。由于 0 不能做除数，但是只要 $b \neq 0$，$a/b \pmod p$ 总是有意义的。

那么，如何计算两个数模 p 除法后的商呢？这个问题非常复杂，需要几页篇幅才能解决。我们首先回顾一下 2000 多年前欧几里得计算 GCD 的算法。

10.3.4　GCD 算法

首先回顾一下 GCD 的概念：两个数 a 和 b 的最大公因子（或 GCD）就是满足 $k \mid a$ 和 $k \mid b$ 的最大整数 k。换句话说，$\gcd(a,b)$ 是能够同时整除 a 和 b 的最大的数。

欧几里得给出了一个计算两个数 GCD 的算法，这个算法在几千年后的今天仍然在使用。对于这个算法的详细讨论可以参考 Knuth[75]。

函数 GCD
输入： a　　正整数
　　　　 b　　正整数
输出： k　　a 和 b 的最大公因子
　assert $a \geqslant 0 \wedge b \geqslant 0$
　while $a \neq 0$ **do**
　　$(a, b) \leftarrow (b \bmod a, a)$
　od
　return b

170

这个算法为什么是正确的？首先注意，循环中对 a 和 b 的重新赋值不会改变 a 和 b 公因子的集合。实际上，$(b \bmod a)$ 就是 $b-sa$，这里 s 为一个整数。任何同时整除 a 和 b 的整数 k 也能够同时整除 a 和 $(b \bmod a)$，反之亦然。而当 $a = 0$ 时，b 就是 a 和 b 的公因子，并且 b 显然是最大的公因子。另外由于 a 和 b 都将越来越小直至为 0，所以循环一定会结束。

举个例子，我们使用欧几里得算法来计算 21 和 30 的 GCD。我们由 $(a, b) = (21, 30)$ 开始，第一轮迭代计算 $(30 \bmod 21) = 9$，得到 $(a, b) = (9, 21)$，接下来计算 $(21 \bmod 9)=3$，于是有 $(a, b)=(3, 9)$，最后一轮迭代计算 $(9 \bmod 3) = 0$，从而得到 $(a, b) = (0, 3)$。所以算法输出为 3，而 3 确实是 21 和 30 的最大公因子。

对应于 GCD，我们还有 LCM（最小公倍数）。a 和 b 的最小公倍数是同时为 a 和 b 倍数的最小的数。比如，$\mathrm{lcm}(6, 8) = 24$。GCD 和 LCM 是密切相关的，且满足如下等式：

$$\mathrm{lcm}(a,b) = \frac{ab}{\gcd(a,b)}$$

这个式子我们只是作为一个结论加以陈述，在这里不做证明。

10.3.5　扩展欧几里得算法

显然我们无法使用欧几里得算法来做模 p 除法，为此我们需要扩展欧几里得算法。扩展的欧几里得算法的主要思想是，在计算 gcd(a,b) 的同时找到满足 gcd(a,b) = ua + vb 的两个整数 u 和 v，找到这样的 u 和 v 我们就能够计算 a/b (mod p) 了。

函数 extendedGCD

输入：a　　　　正整数

　　　b　　　　正整数

输出：k　　　　a 和 b 的最大公因子

　　　(u, v)　　满足 $ua + vb = k$ 的整数

assert $a \geq 0 \wedge b \geq 0$

$(c, d) \leftarrow (a, b)$

$(u_c, v_c, u_d, v_d) \leftarrow (1, 0, 0, 1)$

while $c \neq 0$ **do**

　　不变式：$u_c a + v_c b = c \wedge u_d a + v_d b = d$

　　$q \leftarrow \lfloor d/c \rfloor$

　　$(c, d) \leftarrow (d - qc, c)$

　　$(u_c, v_c, u_d, v_d) \leftarrow (u_d - qu_c, v_d - qv_c, u_c, v_c)$

od

return $d, (u_d, v_d)$

这个算法非常类似于 GCD 算法。由于在不变式中涉及原始的 a 和 b，我们引进了新的变量 c 和 d 来代替 a 和 b。如果只看 c 和 d，这正是 GCD 算法（稍有不同的是我们重写了 d mod c 的公式，但结果是一样的）。我们增加了 4 个变量来保证给定的不变式始终成立，对每一个 c 值或 d 值，都明确给出了用 a 和 b 的线性组合来表示该值的方法。在初始化中这是容易做到的，因为 c 初始化为 a，d 初始化为 b；当在循环中修改 c 和 d 时，更新变量 u 和 v 也不十分困难。

为何要引入扩展欧几里得算法呢？假设要计算 $1/b \bmod p$，其中 $1 \leq b < p$。我们使用扩展欧几里得算法来计算 extendedGCD(b, p)，而由于 p 是素数，所以 b 和 p 的 GCD 是 1。但是 extendedGCD 函数也提供了满足 $ub + vp = \gcd(b,p) = 1$ 的两个数 u 和 v，换言之，$ub = 1-vp$ 或 $ub = 1 \pmod p$，这就是说 $u = 1/b \pmod p$，即 u 为 b 模 p 的逆。所以除法 a/b 可以通过 a 乘 u 计算，即 $a/b = au \pmod p$，而计算 $au \pmod p$ 是比较容易的。

扩展欧几里得算法使得我们可以计算模素数的逆，从而可以计算模 p 除法。结合模 p 的加法、减法以及乘法，我们可以实现有限域模 p 的 4 个基本运算。

需要注意的是，u 可能是负的，所以在把 u 用作 b 的逆之前可能需要对它进行模 p 约化。

如果仔细察看 extendedGCD 算法，会发现如果只需要输出 u，可以不管变量 v_c 和 v_d，因为它们不会影响 u 的计算，这样能稍微减少计算模 p 除法的工作量。

10.3.6　模 2 运算

在素数的模运算中，一个有趣的特例是模 2 计算（2 是素数，可以进行模运算）。如果有过编程的经历，就会对下面的内容觉得熟悉。模 2 加法和乘法表如图 10-1 所示。模 2 加法就是编程语言中的异或函数（XOR），乘法是简单的 AND 运算。在模 2 域中，只有一个可能的逆（1/1 = 1），所以除法运算与乘法运算是相同的。另外，$\mathbb{Z}_2$ 域也是分析某些计算机算

法的一个重要工具。

图 10-1　模 2 加法和乘法

10.4　大素数

一些密码原语使用非常大的素数，这里指的是那些几百位的素数。不过不用担心，我们无须手动处理这些素数的计算，计算机可以代替我们来完成。

要对这么大的数进行任何计算，我们需要一个多精度库。这里不能使用浮点数，因为它们没有几百位的精度，也不能使用正常的整数，因为在大多数编程语言中整数都只有数十位，很少有编程语言原生支持任意精度的整数。编写执行大整数计算的例程非常吸引人，更多概述可以参考 Knuth[75]（4.3 节）。然而，实现一个多精度库需要的工作量比想象的要多，这是因为不仅要保证实现的正确性，而且要使计算有较高的效率，另外在许多特殊环境中还需要细致处理。因此为了节省时间来解决更重要的问题，我们可以从因特网上很多的免费库中下载一个，或者使用像 Python 这样的内置大整数支持的语言。

在公钥密码中，我们想要产生 $2000 \sim 4000$ 位长度的素数。但是获取如此之大的素数的基本方法非常简单：选择一个随机数并检查它是否为素数。而且已经有非常好的算法来判断一个大整数是否为素数。素数的数量实际上很多，在整数 n 的附近，大约每 $\ln n$ 个数中有一个数为素数（n 的自然对数，或者简记为 $\ln n$，是任何科学计算器都支持的一个标准函数。为了表明大整数的对数值增长之慢，这里给出一个例子：2^k 的自然对数比 $0.7 \cdot k$ 稍微小一点）。一个 2000 位的数落在 2^{1999} 和 2^{2000} 之间，在这个范围内，每 1386 个数中就有一个素数，而且其中包括大量明显的合数，比如偶数。

产生一个大素数的过程如下：

函数 generateLargePrime

输入： l　素数所在范围的下界

　　　　u　素数所在范围的上界

输出： p　一个在 $l, \cdots, u$ 区间内的随机素数

范围检查。

assert $2 < l \leqslant u$

计算最大尝试次数。

$r \leftarrow 100(\lfloor \log_2 u \rfloor + 1)$

repeat

　$r \leftarrow r - 1$

　assert $r > 0$

　在正确的区间内随机选择 n。

　$n \in_R l, \cdots, u$

173

> 继续尝试直至找到一个素数。
> **until** isPrime(n)
> **return** n

我们使用符号 $\in_R$ 来表示从一个集合中随机地选取一个元素。当然，这种随机选取需要使用到伪随机数生成器（PRNG）的输出。

这个算法比较直观。首先检查我们得到的区间是否合理。$l \leqslant 2$ 和 $l \geqslant u$ 的情况是没有用的，而且会产生问题，注意边界条件 $l = 2$ 的情况是不允许的⊖。接下来确定在我们找到一个素数之前最多做多少次尝试。有一些区间是不包含素数的，比如，在区间 $90,\cdots,96$ 中就没有素数。但是无论输入什么，一个合适的程序都不该进入死循环，所以我们限制了尝试的次数，一旦超过这个限制就报错。那么该尝试多少次呢？正如前面所说，在整数 u 的附近，大约每 $0.7\log_2 u$ 个数中就有一个数是素数（函数 $\log_2$ 是以 2 为底的对数函数，最简单的定义就是 $\log_2(x) := \ln x/ \ln 2$）。$\log_2 u$ 这个数是难以计算的，但计算 $\lfloor \log_2 u \rfloor + 1$ 就容易多了，它是指用二进制来表示 u 所必需的位数，举个例子，如果 u 是 2017 位的整数，那么 $\lfloor \log_2 u \rfloor + 1 = 2017$。再乘以 100 就大大降低了找不到素数的概率，对于足够大的区间，因运气差而导致找不到素数的概率不会超过 2^{-128}，所以我们可以忽略这种风险。同时，对尝试次数加以限制也保证了函数 generateLargePrime 总会停止。在产生错误的断言上我们有一点草率，一个正确的实现在发生错误时会说明产生了什么错误。

主循环比较简单。在检查完尝试次数的限制之后，选择一个随机数并使用 isPrime 函数检查它是否为素数，我们稍后就定义这个函数。

要确保你所选择的数 n 在 $l,\cdots,u$ 范围上是均匀随机分布的。如果你希望保密所产生的素数，还要保证这个范围不能太小。如果攻击者知道你所使用的区间，并且该区间内的素数少于 2^{128} 个，那么攻击者就可以尝试所有可能的值。

如果愿意的话，我们可以在产生一个候选随机数 n 之后，将其最低有效位设置为 1 来保证随机数是奇数。由于 2 不在区间内，所以这样不会影响所选素数的概率分布，而且会将尝试的次数减半。然而，这只有在 u 是奇数时是安全的，否则设置最低有效位可能正好使 n 跳到允许的范围之外。另外，如果 l 是奇数，那么这样设置也会使获得 l 的概率产生很小的偏差。

函数 isPrime 是一个两步过滤器。第一步是简单的测试，用所有的小素数来除 n，这样能够很快地剔除掉那些能够被小素数整除的合数。如果找不到因子，第二步就进行一个重要的测试，称为 Rabin-Miller 测试。

> **函数 isPrime**
> **输入：** n 大于或等于 3 的整数
> **输出：** b 布尔值，表示 n 是否为素数
>   **assert** $n \geqslant 3$
>   **for** $p \in \{$ 所有小于 1000 的素数 $\}$ **do**
>   **if** p 是 n 的因子，**then**

⊖ 如果变量取 2，下面我们使用的 Rabin-Miller 算法就不会很好地工作。既然我们已经知道了 2 是素数，所以这里就不需要产生它了。

```
            return p = n
         fi
     od
     return Rabin-Miller(n)
```

如果不想生成小素数，也可以不尝试所有的素数，而依顺序尝试 2 和所有的奇数 3, 5, 7,…,999，这个序列包括了 1000 以下所有的素数，但也包括了许多无用的合数。尝试的先后顺序很重要，因为这样才能保证一些小合数（比如 9）正确地被检测为合数。1000 这个界限是任意的，可以按照最优的性能进行选取。

接下来介绍可以完成这项艰难工作的神奇的 Rabin-Miller 测试。

175

10.4.1 素性测试

事实上，检测一个数是否为素数是非常容易的，至少与分解一个数并找到其素因子比起来，它是非常容易的。但是这些测试是不完善的，都是概率算法，会有一定的可能性给出错误的答案。不过我们可以通过重复运行同一个测试，把错误的概率降低到一个可以接受的水平。

这里选择的素性测试是 Rabin-Miller 测试，这个测试虽然简单，但是其数学基础已经超出了本书的范围。该测试的目的是检测一个奇数 n 是否为素数，我们选择一个不超过 n 的随机值 a，称为基，并检验 a 模 n 的某个性质（当 n 是素数时该性质总是成立的）。然而，当 n 不是素数时，可以证明这个性质至多对 25% 的所有可能基值成立。通过对不同的随机值 a 重复进行这个测试，可以得到一个可信的最终结论。如果 n 是素数，它将始终被测试为素数；如果 n 不是素数，那么至少 75% 可能的 a 值会检测出来，而且可以通过多重测试将 n 通过这个测试的概率达到你想要的那样小。我们把错误结果的概率限定为 2^{-128} 以达到所需要的安全等级。

具体算法如下：

```
函数 Rabin-Miller
输入：n    大于或等于 3 的奇数
输出：b    布尔值，表示 n 是否为素数
     assert n ≥ 3 ∧ n mod 2 = 1
     首先计算 (s, t)，s 是奇数并且 2ᵗs = n - 1。
     (s, t) ← (n - 1, 0)
     while s mod 2 = 0 do
        (s, t) ← (s/2, t + 1)
     od
     我们通过 k 来控制得出错误结论的概率（这个概率至多为 2⁻ᵏ）。可以不停地循环直
        至得到错误结论的概率足够小为止。
     k ← 0
     while k < 128 do
        随机选择 a，满足 2 ≤ a ≤ n-1。
```

$a \in_R 2, \cdots, n-1$

有些耗时的模指数运算。

$v \leftarrow a^s \bmod n$

当 $v = 1$ 时，数 n 就通过了基 a 的测试。

if $v \neq 1$ **then**

序列 $v, v^2, \cdots, v^{2^t}$ 一定以 1 结束，并且如果 n 是素数，最后一个不等于 1 的值一定是 $n-1$。

$i \leftarrow 0$

while $v \neq n-1$ **do**

    if $i = t-1$ **then**

        return false

    else

        $(v, i) \leftarrow (v^2 \bmod n, i+1)$

    fi

od

fi

算法执行到这里时，n 已经通过了基 a 的素性测试，因此得到错误结论的概率降低为原来的 $1/2^2$，所以可以把 k 加上 2。

$k \leftarrow k+2$

od

return true

这个算法只对大于或等于 3 的奇数 n 有效，于是我们首先测试这一点。函数 isPrime 调用这个函数时应该提供合适的参数，但是每一个函数都应该要检查自己的输入和输出。我们永远不知道软件将会发生什么变化。

这个测试背后的基本思想就是 Fermat 小定理$^\ominus$：对任何素数 n 和所有 $1 \leq a < n$，等式 $a^{n-1} \bmod n = 1$ 始终成立。要完全理解这个式子成立的理由，需要更多的数学知识，这里就不介绍了。有一个简单的测试（又称为 Fermat 素性测试），随机选择一些 a 值来验证这一关系，不过遗憾的是，有一些令人讨厌的合数（称为 Carmichael 数），几乎对所有的基 a 都能通过 Fermat 测试。

Rabin-Miller 测试是 Fermat 测试的一种变形。首先我们将 $n-1$ 表示为 $2^t s$，其中 s 是奇数。如果要计算 a^{n-1}，可以先计算 a^s，再对结果做 t 次平方就得到了 $a^{s \cdot 2^t} = a^{n-1}$。这样一来，如果 $a^s = 1 \pmod n$，重复平方就不会改变结果，所以有 $a^{n-1} = 1 \pmod n$。如果 $a^s \neq 1 \pmod n$，观察序列 $a^s, a^{s \cdot 2}, a^{s \cdot 2^2}, a^{s \cdot 2^3}, \cdots, a^{s \cdot 2^t}$（当然都要模 n），注意到当 n 是素数时，最后一个数就一定是 1，而 n 为素数时，满足 $x^2 = 1 \pmod n$ 的数只有 1 和 $n-1$$^\ominus$，所以只要 n 是素数，那么该序列中必有一个数是 $n-1$，否则最后一个数就不可能为 1。这正是 Rabin-Miller 测试所检验的。假如选择的一个 a 值能够证明 n 是合数，算法就立即返回；如果 n 被测试为素

$\ominus$　有几个定理都以 Femat 的名字命名，Fermat 大定理是其中最有名的一个，它涉及方程 $a^n + b^n = c^n$ 的整数解问题，证明过程太长这里就不写了。

$\ominus$　容易验证 $(n-1)^2 = 1 \pmod n$。

数，我们就选择不同的 a 值继续测试，直至得出的结论是错误（一个合数被误认为素数）的 [177] 概率小于 2^{-128}。

如果对一个随机数使用这个测试，测试结论错误的概率要比我们使用的安全界限小很多 很多，这是因为对所有的合数 n，几乎所有的基值都将显示 n 是合数。而正由于这个原因， 很多程序库只对大约 5 个或 10 个基执行测试，虽然这种办法也有道理，但是只对那些随机 选取的数进行 isPrime 测试时才有效。我们仍然需要分析经过多少次尝试才能使错误概率低 于 2^{-128}，因为以后我们可能要对从其他人那里接收到的数进行素性测试，而这些数可能是恶 意选取的，所以 isPrime 函数本身出错的概率必须要低于 2^{-128}。

对于从其他人那里接收到的数，进行完整的 64 次 Rabin-Miller 测试是必需的。但是如 果为了获取一个随机素数时，这样做就可能有点过于严格了。不过获取素数时，大部分时间 都花在拒绝合数上了（几乎所有的合数都在第一次 Rabin-Miller 测试时被拒绝了），所以在找 到素数之前可能需要尝试几百个数，对最终的素数做 64 次测试也只是比 10 次测试慢一点儿 而已。

在本章内容的前一个版本中，Rabin-Miller 例程有第二个参数用于选择最大的错误概率， 但这个参数是完全不必要的，所以我们把它去掉了。一般情况下，实现一个错误概率低于固 定值 2^{-128} 的测试更为简单，而且不正确使用的可能性也更小。

isPrime 函数还是有 2^{-128} 的概率给出错误答案，不过这个概率比我们在看到这句话时被 陨石砸中的概率还小很多，所以不要担心。

10.4.2　计算模指数

Rabin-Miller 测试的大多数时间都花在计算 $a^s \bmod n$ 上。不过我们不可能先计算出 a^s 然 后再对 n 取模，这是因为 a 和 s 可能都有几千位，世界上甚至都没有计算机有足够的内存来 存储 a^s，更不用说有足够的计算能力来计算它了。但我们只需要 $a^s \bmod n$，我们可以对中间 结果使用 $\bmod n$ 来阻止它们变得过大。

有多种方法能够计算 $a^s \bmod n$，这里提供一个简单的方案。计算 $a^s \bmod n$ 时，使用下面 的规则：

- 如果 $s = 0$，那么结果为 1。
- 如果 $s > 0$ 并且 s 为偶数，那么先使用这些规则计算 $y := a^{s/2} \bmod n$，结果为 $a^s \bmod n = y^2 \bmod n$。 [178]
- 如果 $s > 0$ 并且 s 为奇数，那么先使用这些规则计算 $y := a^{(s-1)/2} \bmod n$。结果为 $a^s \bmod n = a \cdot y^2 \bmod n$。

上面使用的是二进制算法（binary algorithm）的一种递归描述。如果仔细观察所执行的 操作，就会发现我们从指数的最高有效位部分到最低有效位部分，逐位地计算出最终的指 数。另外，将递归算法转换成循环算法也是可行的。

那么计算 $a^s \bmod n$ 需要多少次乘法呢？设 s 有 k 位，即 $2^{k-1} \leqslant s < 2^k$，那么这个算法至 多需要进行 $2k$ 次模 n 乘法，这并不太糟糕。如果要对一个 2000 位的数进行素性测试，则 s 大约也是 2000 位，我们只需要 4000 次乘法，虽然工作量还是很大，不过却还在大多数桌面 计算机的计算能力之内。

很多公钥密码系统都使用了这类模指数。任何一个优秀的多精度库都应该提供一种优化 例程来执行模指数运算，一种称为 Montgomery 乘法的特殊方法就很适合这个任务，另外也有一些使用更少的乘法就能计算出 a^s 的方法 [18]，每一种方法都可以使模指数的计算时间减少 10% ～ 30%，所以将这些方法结合使用很重要。

直接实现模指数常常容易遭受时间攻击，详细情况以及可能的补救措施参见 15.3 节。

10.5 习题

10.1 实现 SmallPrimeList。在什么情况下，SmallPrimeList 的性能最差？对 $n = 2, 4, 8, 16, \cdots, 220$，获取程序运行的时间并绘成一张图。

10.2 用以下两种方法分别计算 13635 + 16060 + 8190 + 21363 (mod 29101) 并比较结果是否相同：每完成一次加法就对结果取模 29101；先计算最终的和再对结果取模 29101。

10.3 用以下两种方法分别计算 12358 · 1854 · 14303 (mod 29101) 并比较结果是否相同：每完成一次乘法就对结果取模 29101；先计算最终的积再对结果取模 29101。

10.4 {1, 3, 4} 是模 7 乘法群的一个子群吗？

10.5 使用 GCD 算法来计算 91261 和 117035 的 GCD。

10.6 使用 ExtendedGCD 算法来计算 74 模 167 的逆。

10.7 利用一个支持大整数的语言或库，实现 GenerateLargePrime 函数，并产生一个在范围 $l = 2^{255}$ 至 $u = 2^{256} - 1$ 内的素数。

10.8 用伪代码来实现 10.4.2 节中介绍的计算模指数的例程，注意在伪代码中不能使用递归而要使用循环。

10.9 利用 10.4.2 节中介绍的方法计算 27^{35} (mod 569)，总共需要多少次乘法？

Diffie-Hellman 协议

我们将遵循历史发展的轨迹来介绍公钥密码学。公钥密码学真正开始于 Whitfield Diffie 和 Martin Hellman 于 1976 年发表的 "New Directions in Cryptography" 一文 [33]。

到目前为止，我们只谈到了使用共享的密钥进行加密和认证。但是，我们如何获取这些共享的密钥呢？如果一个用户打算和 10 个朋友进行通信，那么他可以与每一个朋友会面并交换一个密钥以备将来使用。然而，同所有的密钥一样，这些密钥应该定期更新，于是更新密钥的时候他又必须与所有的朋友会面并交换密钥。10 个朋友之间互相通信一共需要 45 个密钥。随着通信人数变多，所需密钥的数量以二次方曲线的速率增长。100 个互相通信的用户就需要 4950 个密钥。一般地，对于 N 个互相通信的用户，一共需要 $N(N-1)/2$ 个密钥。这种数量上的快速增长使得密钥难以管理。

Diffie 和 Hellman 设想是否存在一种更有效的方式来进行密钥管理。假设有一个加密密钥和解密密钥不相同的加密算法，那么我们就可以公布加密密钥，而对解密密钥保密。现在任何人都可以给我们发送一个加密的消息，而只有我们自己能够解密它。这样就可以解决上述必须分发很多不同密钥的问题。

Diffie 和 Hellman 提出了这种设想，但是他们只给出了一个不完全的答案。他们的解决方案就是 Diffie-Hellman 密钥交换协议，通常简称 DH 协议 [33]。

181

DH 协议是一个很巧妙的解决办法。这个协议使得在不安全线路上通信的两个人能够以这样的方式协商得到密钥：两个人都能得到相同的密钥，并且这个密钥不会泄露给监听二人会话的其他人。

11.1 群

如果已经读过了上一章，读者就不会对所涉及的素数感到奇怪了。在本章的其余部分中，p 是一个大素数，可以认为 p 有 2000 位到 4000 位。本章中的大多数计算都是模 p 运算，在很多地方我们将不再明确说明这一点。DH 协议使用了模 p 乘法群 $\mathbb{Z}_p^*$，这种群我们在 10.3.3 节中讨论过。

在这个群中选择任何一个元素 g，考虑序列 $1, g, g^2, g^3, \cdots$，当然所有的数都要模 p。这是一个无限序列，但是 $\mathbb{Z}_p^*$ 中只有有限个数（我们注意到 $\mathbb{Z}_p^*$ 是由具有模 p 乘法运算的数 $1, \cdots, p-1$ 构成的集合），所以在这个无限序列中，从某一点起该序列必定会开始重复。我们假定从 $g^i = g^j$ 处开始重复，其中 $i < j$。利用模 p 除法，我们在两边除以 g^i 得到 $1 = g^{j-i}$。换句话说，存在一个数 $q := j-i$ 使得 $g^q = 1 \pmod{p}$。我们把满足 $g^q = 1 \pmod{p}$ 的最小正整数 q 称为 g 的阶。（这部分内容涉及很多术语，我们并没有发明新的名称，而是沿用了标准的术语，以避免读者在阅读其他书时产生困惑。）

如果对刚才的无限序列继续乘以 g，就得到序列 $1, g, g^2, \cdots, g^{q-1}$，之后，当 $g^q=1$ 成立，序列开始重复。所以我们把 g 称为生成元，它生成了集合 $1, g, g^2, \cdots, g^{q-1}$。能够写成 g 的幂的元素的个数恰好为 g 的阶 q。

模 p 乘法群具备一个性质，就是至少有一个元素 g 能够生成整个群，也就是说，至少存在一个 g 值，其阶 $q = p-1$。因此，可以把 $\mathbb{Z}_p^*$ 看作数列 $1, g, g^2, \cdots, g^{p-2}$，而不是数 $1, \cdots, p-1$。能够生成整个群的元素 g 称为这个群的本原元。

g 的其他值能够生成小一点的集合。容易发现，如果把由 g 生成的集合中任意两个元素相乘，可以得到 g 的另一个幂，这个结果也是该集合中的另一个元素。复习一下相关的数学知识，就可以发现 g 生成的集合也是一个群。也就是说，在这个群中也可以和模 p 乘法群中一样，进行乘法和除法运算。这些小群被称为子群（见 10.3.3 节），它们在各种攻击中是很重要的。

最后还有一点值得注意，任意元素 g 的阶都是 $p-1$ 的因子。这一点不难理解。选择本原元 g，设 h 为其他任意的元素，由于 g 生成整个群，那么必有一个 x 使得 $h = g^x$。现在考虑由 h 生成的元素 $1, h, h^2, h^3, \cdots$，也就是 $1, g^x, g^{2x}, g^{3x}, \cdots$（当然所有的计算仍然要模 p），另外 h 的阶是满足 $h^q = 1$ 的最小的 q，也就是说它是满足 $g^{xq} = 1$ 的最小的 q；而对于任何 t，$g^t = 1$ 相当于 $t = 0 \ (\mathrm{mod} \ p-1)$，于是 q 是满足 $xq = 0 \ (\mathrm{mod} \ p-1)$ 的最小的 q，从而 $q = (p-1)/\gcd(x, p-1)$，所以 q 显然是 $p-1$ 的因子。

举一个简单的例子。令 $p=7$，如果取 $g=3$，那么 g 就是一个生成元，因为 $1, g, g^2, \cdots, g^6 = 1, 3, 2, 6, 4, 5$（再次提醒，所有的计算都要模 p）；元素 $h = 2$ 生成一个子群 $1, h, h^2 = 1, 2, 4$，因为 $h^3 = 2^3 \ \mathrm{mod} \ 7 = 1$；元素 $h = 6$ 生成子群 $1, 6$。这两个子群的阶分别为 3 和 2，它们都是 $p-1$ 的因子。

这也解释了 10.4.1 节中介绍的 Fermat 测试的一部分。Fermat 测试的基本原理在于，对任意的 a 都有 $a^{p-1} = 1$。这很容易验证，假设 g 是 $\mathbb{Z}_p^*$ 的生成元，所以一定存在 x 满足 $g^x = a$，于是有 $a^{p-1} = g^{x(p-1)} = (g^{p-1})^x = 1^x = 1$。

11.2   基本的 DH

在基本的 DH 协议中，首先选取一个大素数 p 和群 $\mathbb{Z}_p^*$ 的本原元 g。在这个协议中，p 和 g 都是公开的常数，并且假定包括攻击者在内的所有参与方都知道它们。协议流程如图 11-1 所示，这是我们描述密码协议的一种常用方式。该协议涉及的两个参与方为 Alice 和 Bob，并且协议按照从上到下的顺序执行。首先 Alice 选择 $\mathbb{Z}_p^*$ 中的一个随机数 x，这就相当于在 $1, \cdots, p-1$ 中选择一个随机数，接着计算 $g^x \ \mathrm{mod} \ p$ 并把结果发送给 Bob。然后 Bob 在 $\mathbb{Z}_p^*$ 中也选择一个随机数 y，计算 $g^y \ \mathrm{mod} \ p$ 并把结果发送给 Alice。最终的结果 k 定义为 g^{xy}，Alice 可以通过计算她从 Bob 那里得到的 g^y 的 x 次幂而得到 k（中学数学：$(g^y)^x = g^{xy}$），同样，Bob 也可以通过 $(g^x)^y$ 来计算 k。于是两人都获得了相同的 k，k 可以被用作密钥。

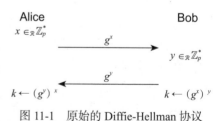

图 11-1   原始的 Diffie-Hellman 协议

那么攻击者如何攻击呢？攻击者能够获得 g^x 和 g^y，但是无法知道 x 或者 y。给定 g^x 和 g^y 来计算 g^{xy} 的问题就是 Diffie-Hellman 问题，或者简称为 DH 问题。只要正确地选取 p 和 q，就没有有效的算法能够求解 DH 问题。已知的最好的方法是先由 g^x 计算出 x，之后攻击者就可以像 Alice 那样计算 $k = (g^y)^x$。在实数中，由 g^x 计算 x 的函数称为对数函数，这个函数在任何科学计算器中找到。在有限域 $\mathbb{Z}_p^*$ 中，x 被称为 k 的离散对数，所以在有限群中，

由 g^x 计算 x 的问题通常称为离散对数问题，或者 DL 问题。

原始的 DH 协议有多种使用方式，我们使用的是双方交换消息的方式。另一种使用方式是让每个人选择一个随机数 x，并在一个数字电话本中公布 $g^x \pmod p$。如果 Alice 要与 Bob 安全通信，她首先从电话本上得到 g^y，然后使用自己的 x 计算 g^{xy}，同样，Bob 也可以在不与 Alice 交互的情况下计算出 g^{xy}。这样的系统适用于没有直接交互的场景，例如 Email 系统。

11.3 中间人攻击

DH 协议不能抵抗中间人攻击[⊖]。回顾整个协议可以发现，Alice 知道她在与某一个人进行通信，但是她不知道是在与谁通信。Eve 可以处于协议的中间，当与 Alice 通信时伪装成 Bob，而与 Bob 通信时伪装成 Alice，如图 11-2 所示。对于 Alice 来说，这个协议看起来就像原始的 DH 协议，她没有办法发现她是在与 Eve 而不是 Bob 通信。对于 Bob 来说也是一样的。只要 Eve 愿意，她可以一直这样伪装下去。如果 Alice 和 Bob 使用他们所认为的已经建立起来的密钥进行通信，Eve 需要做的就是转发 Alice 和 Bob 的所有通信，当然 Eve 必须解密从 Alice 那里得到的使用密钥 k 加密的所有数据，然后再使用密钥 k' 加密并发送给 Bob，对相反方向的通信她也需要做相同的事情，但这并没有多大的工作量。

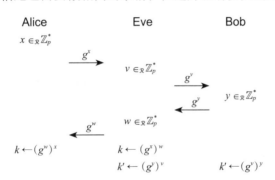

图 11-2 有中间人的 Diffie-Hellman 协议

如果使用数字电话本，这种攻击就困难多了。在每个人发送 g^x 时，只要电话本的发行者验证他们的身份，Alice 就知道她是在使用 Bob 的 g^x。本书后面讨论数字签名和 PKI 时，我们还会讨论其他的解决方案。

不过至少存在一种情况不需要更多的基础设施就可以解决中间人攻击的问题。如果密钥 k 用于加密电话交谈（或者视频链接），Alice 可以与 Bob 交谈，通过声音来进行辨别。假设 h 是某种散列函数，如果 Bob 将 $h(k)$ 的开始几位数读给 Alice 听，那么 Alice 可以验证 Bob 使用的密钥是否与自己使用的相同。Alice 也把 $h(k)$ 接下来的几位数读给 Bob 听，使 Bob 也能进行同样的验证。这种办法是有效的，但是只能用于密钥 k 的信息能够与通信另一方的真实身份绑定起来的情况。在大多数计算机通信中，这个解决方案是不可行的。而且，如果 Eve 能够使用一个语音合成器来模拟 Bob 的声音，那么这种验证方法也会失效。最后，这个解决方案最大的问题在于，用户需要按照一定的规则来进行验证，但是这些安全过程常常会被用户忽略。所以，最好是能够提供一些技术上的机制来阻止中间人攻击。

⊖ 中间人攻击（man-in-the-middle attack）看起来和 2.7.2 节中的中间相遇攻击（meet-in-the-middle attack）很相似，不过二者还是有区别的。

11.4   一些可能的问题

实现 DH 协议有几个问题需要注意。比如，假如 Eve 拦截了通信并把 g^x 和 g^y 都替换为数 1，那么 Alice 和 Bob 最终都将得到密钥 $k = 1$。对于这个结果，密钥协商协议看起来好像成功地完成了，但是 Eve 却知道了所产生的密钥。这是很糟糕的，我们必须采取某种方法来防止这种攻击。

[185]   第二个问题是，如果生成元 g 不是 $\mathbb{Z}_p^*$ 的本原元，而只能生成一个小的子群。比如 g 的阶为 100 万，此时集合 $\{1, g, g^2, \cdots, g^{q-1}\}$ 只包含 100 万个元素，由于 k 在这个集合中，Eve 可以容易地搜索到正确的密钥。所以为保证安全，一个很明显的必要条件就是 g 必须有很高的阶。但是，谁选择 p 和 q 呢？所有用户都在使用相同的值，大多数人都是从别人那里得到这些值的，那么为了安全起见，他们都必须验证 p 和 g 的选取是合适的。Alice 和 Bob 都应该检查以确保 p 是素数，g 是模 p 的本原元。

这些模 p 的子群形成了另外一个问题。如果 Eve 替换 g^x 为数 1，这种攻击是很容易被识破的，只需要让 Bob 检查一下就可以了。但是，Eve 也可以把 g^x 替换为阶比较小的数 h，那么 Bob 得到的密钥就来自于由 h 生成的小集合，Eve 可以尝试所有可能的值来找到 k（当然，Eve 也可以对 Alice 实施同样的攻击）。Alice 和 Bob 都必须做的就是验证他们收到的数不会生成小的子群。

再来看子群，通过进行模素数运算，所有的（乘法）子群都可以由一个元素生成。整个群 $\mathbb{Z}_p^*$ 由元素 $1, \cdots, p-1$ 组成，一共有 $p-1$ 个元素。每一个子群都具有 $1, h, h^2, h^3, \cdots, h^{q-1}$ 的形式，其中 h 是某一个元素，q 是 h 的阶。正如我们以前讨论过的，q 一定是 $p-1$ 的因子。换言之，任何子群的大小都是 $p-1$ 的因子。反之也成立，对任何 $p-1$ 的因子 d，都存在一个大小为 d 的子群。如果不想要小的子群，我们必须避免 $p-1$ 有小的因子。

我们只想要较大的子群，还有另外一点原因。如果已知 $p-1$ 的素数因子分解，那么计算 g^x 的离散对数可以分解为子群上的离散对数运算。

这样就产生了一个问题。如果 p 是大素数，那么 $p-1$ 总是偶数，从而能被 2 整除，所以存在一个只包含两个元素的子群，它由元素 1 和 $p-1$ 组成。但是除了这个总是存在的子群之外，只要 $p-1$ 没有其他的小因子，我们就能够避免其他的小子群。

11.5   安全的素数

为解决上述问题，我们的解决方案是使用安全素数 p。安全素数是一个（足够大的）形如 $2q + 1$ 的素数 p，其中 q 也是素数。这样一来，乘法群 $\mathbb{Z}_p^*$ 只有下面的子群：

- 只包含 1 的平凡子群。
- 包含 2 个元素的子群，即 1 和 $p-1$。
- 包含 q 个元素的子群。
[186]
- 包含 $2q$ 个元素的整个群。

前两个子群不安全，但是也容易避免，第三个是我们想要使用的子群，因为如果使用整个群的话就会带来另一个问题。在所有的模 p 数中，如果一个数能够写成另一个数的平方（当然要模 p），那么我们就称这个数为平方数。事实上，$1, \cdots, p-1$ 中恰好有一半的数是平方数，而另一半是非平方数。整个群的任何一个生成元都是非平方数（如果它是一个平方数，那么它的任何次幂都不可能产生一个非平方数，所以它不可能生成整个群）。

有一个数学函数称为 Legendre 符号函数，它能够用来检验一个模 p 数是否是平方数（不必找到这个数的根）。已经有一些有效的算法可以计算 Legendre 符号函数。所以，如果 g 是一个非平方数而且 g^x 被发送出去了，那么任何观察者，比如 Eve，马上就能够确定 x 是奇数还是偶数。如果 x 是偶数，那么 g^x 是平方数；如果 x 是奇数，那么 g^x 是非平方数。由于 Eve 可以使用 Legendre 符号函数来确定一个数的平方性，所以她能够确定 x 是奇数还是偶数。这样一来，虽然 Eve 不能知道 x 的值，但是却可以知道 x 最低位有效的值。避免这个问题的解决方案是只使用模 p 的平方数，而这些数恰好构成了阶为 q 的子群。这个子群还有一个很好的性质，由于 q 是素数，所以我们不用担心它有更深一层的子群。

下面说明如何使用安全素数。选择 (p, q) 使得 $p = 2q + 1$，并且 p 和 q 都是素数（可以在试错法基础上利用 isPrime 函数来选择）。在 $2, \cdots, p-2$ 中选择一个随机数 α，并计算 $g = \alpha^2 \pmod p$，检验 $g \neq 1$ 并且 $g \neq p-1$（如果 g 等于这两个值，选择另一个 α 并再次尝试），这样产生的参数集合 (p, q, g) 就适用于 Diffie-Hellman 协议了。

Alice（或 Bob）每次收到一个值时，如果该值应该为 g 的幂，那么就必须检查这个值是否是 g 生成的子群中的一个元素。在使用上面描述的安全素数时，可以使用 Legendre 符号函数来进行这项检查。另外也有一个简单但是慢一些的方法：当且仅当 $r^q = 1 \pmod p$ 时，r 是平方数。注意这里也要禁止使用数 1，因为使用它总会导致一些问题，所以完整的检验就是 $r \neq 1 \wedge r^q \bmod p = 1$。

11.6 使用较小的子群

使用安全素数方法的缺点在于效率不高。如果素数 p 有 n 位，那么 q 就有 $n-1$ 位，所有的指数都是 $n-1$ 位，那么平均求幂运算将大约需要 $3n/2$ 次模 p 数的乘法运算。对于大素数 p 来说，这是相当大的工作量。

标准的解决方案是使用较小的子群，下面是具体做法：选择一个 256 位的素数 q（即 $2^{255} < q < 2^{256}$），然后找一个更大的素数 p 满足 $p = Nq + 1$，其中 N 为任意值。要找到这样的 p，可以先在适当的范围内随机选择一个 N，计算 $p = Nq+1$，并检查 p 是否为素数。由于 p 一定是奇数，容易发现 N 必为偶数。素数 p 可以有几千位长。 187

然后需要找到一个阶为 q 的元素。我们使用类似于安全素数情况中的方法，在 $\mathbb{Z}_p^*$ 中选择一个随机数 α，令 $g := \alpha^N$，验证 $g \neq 1$ 并且 $g^p = 1$（由于 q 是奇数，第二个测试条件涵盖了 $g = p-1$）。如果 g 不满足这些条件，就选择另一个 α 并再次尝试。这样产生的参数集合 (p, q, g) 将适用于 Diffie-Hellman 协议。

当我们使用这个较小的子群时，Alice 和 Bob 通信中的所有数值都应该在 g 生成的子群中。但是 Eve 能够进行干扰并将正确的数替换为一个完全不同的值，因此，Alice 或者 Bob 每次收到一个应该属于 g 生成的子群中的值时，应该检查这个值是否确实在这个子群中。这个检查与使用安全素数的情况是一样的。如果 $r \neq 1 \wedge r^q \bmod p = 1$，那么 r 就在正确的子群中。当然，他们也必须检查 r 并不在模 p 数的集合之外，所以完整的检查变成了 $1 < r < p \wedge r^q = 1$。

由 g 生成的子群中的所有的数 r 都满足 $r^q = 1$，所以计算 r 的 e 次幂时只需要计算 $r^{e \bmod q}$，如果 e 比 q 大很多，那么比起直接计算 r^e，计算的工作量就会少很多。

那么，使用子群在效率上能够提高多少呢？大素数 p 至少为 2000 位长，所以在使用安全素数的情况中，计算一般的 g^x 需要大约 3000 次乘法；而在使用子群的情形中，计算 g^x 需要大约 384 次乘法，这是因为 x 经过模 p 约化只有 256 位长，节省了近 7/8 的工作量。当 p 变得更大时，还会节省更多。这就是子群被广泛使用的原因。

11.7　p 的长度

为 DH 系统的参数选择正确的长度比较困难。到目前为止，我们总是要求攻击者必须耗费 2^{128} 步才能成功攻击系统。对于所有的对称密钥原语来说，这是一个容易实现的目标。但是在像 DH 系统这样的公钥操作中，实现这一目标的代价就大多了，为达到想要的安全等级，所需计算代价的增长非常迅速。

如果为了保持我们的安全需求，要求攻击者进行 2^{128} 步才能攻击系统，素数 p 应该大约有 6800 位长。但是在目前的系统中，从性能的角度来看，这是不太可能让人接受的。

对称原语的密钥长度和 DH 这样的公钥原语的密钥长度之间有很大的差异。永远不要试图将对称密钥长度（例如 128 位或 256 位）与公钥长度（可能是几千位）进行比较，公钥长度总是比对称密钥长度大很多。[^⊖]

公钥操作比我们之前讨论的加密和认证函数都要慢很多。在大多数系统中，对称密钥操作是无关紧要的，然而公钥操作会对性能产生很大的影响。因此，我们必须仔细研究公钥操作的性能。

在一个系统中，对称密钥的长度通常是固定的。一旦使用了特定的分组密码和散列函数去设计这个系统，也就确定了密钥的长度，这就意味着在系统的生命周期中对称密钥的长度都是固定的。另一方面，公钥的长度几乎总是变化的，这使得变换密钥的长度相当容易。在本书中，我们的目的是设计一个能够使用 30 年的系统，而数据首次处理之后需要保证 20 年的保密性。对称密钥的长度必须选取得足够大，使得它能够保护数据达 50 年之久。但是，可变长度的公钥只需要能够在未来的 20 年内保护数据。由于所有的密钥都有有限的生命周期，一个公钥可能只会使用一年，但它也要能够在随后的 20 年内保护数据，也就是说，公钥只需要保护数据 21 年，而不是像对称密钥那样要 50 年。此外，由于每年都会产生一个新公钥，我们可以随着计算机技术的发展选择更大的公钥。

关于需要多大的素数 p，最好的估计方法可以在文献 [85] 中找到。一个 2048 位的素数能够保护数据到 2022 年左右，3072 位的素数在 2038 年之前是安全的，而 4096 位的素数可以使用到 2050 年。上面提到的 6800 位也是使用 [85] 中的公式推导出来的，如果想要求攻击者执行 2^{128} 步才能完成一次攻击，p 的长度就应该是 6800 位。

对待这种预测要非常小心，虽然得出这些数据是有一些道理的，但是预测未来总是危险的。我们也许能对未来 10 年的密钥长度给出一些合理的预测，但是预言未来 50 年的事情就实在有点可笑了，不妨将目前的计算机和密码学技术水平与 50 年前的水平比较一下。目前为止最好的估计是文献 [85] 中的预测值，但是也要谨慎对待。

那么我们该怎么做呢？作为密码设计者，我们必须选择一个至少在未来 20 年是安全的密钥长度。显然，2048 位是一个下界。虽然密码长度越大越好，但是大密钥会带来明显的额外开销。面对如此多的不确定性，我们更愿意保守一些，建议如下：就目前而言，使用 2048 位作为绝对最小值（这个最小值会随时间流逝而增长）。如果性能上可以接受，就使用

[^⊖]: 这句话对本书讨论的公钥方案都成立。对于其他的公钥方案，比如基于椭圆曲线的方案，可以有完全不同的密钥长度参数。

4096 位或者接近于 4096 位的密钥。另外，一定要保证系统能够支持长达 8192 位的密钥，如果将来对公钥系统的攻击出现了意外的突破，这种支持将会扭转败局。随着密码分析学的发展，对小密钥的攻击很可能会取得进展。只要系统在攻击范围之内，就使用更大的密钥长度，虽然这样会降低一些性能，但是系统的基本操作保留了下来，这比损失安全性和重新建造系统好多了（如果不能使用更大的密钥，我们就必须重建系统）。

一些应用要求数据的保密时间能够远远超过 20 年，在这种情况下，目前我们就需要使用大密钥。

11.8 实践准则

下面是我们的一些实践准则，用于建立 DH 协议使用的子群。

选择 256 位的素数 q（有一些针对 DH 指数的碰撞类型的攻击，因此所有的指数都应该有 256 位，以迫使攻击者至少要消耗 2^{128} 次操作），选择一个形如 $Nq+1$ 的大素数 p，其中 N 是整数（关于 p 的大小参见 11.7 节的讨论，很容易计算出对应的 N 的范围）。随机选择 g，使其满足 $g \neq 1$ 且 $g^q = 1$（一个容易的办法是选择一个随机的 α，令 $g = \alpha^N$，并检查 g 是否合适。如果 g 不满足我们的标准，就尝试另一个 α）。

接收到这个子群描述 (p, q, g) 的任何一个参与方都应该验证：

- p 和 q 都是素数，q 有 256 位，并且 p 足够大（不要信任太小的密钥）。
- q 是 $(p-1)$ 的因子。
- $g \neq 1$ 且 $g^q = 1$。

即使这些描述是由可信的来源提供的，也要进行这些验证。有些系统常常以某种不可思议的方式崩溃（尤其是当它们遭受攻击时）。检查集合 (p, q, g) 需要一点时间，但在大多数系统中，同一个子群要使用很长时间，所以这些检查只需要执行一次。

无论什么时候，当参与方收到一个应该属于子群的元素 r 时，都要验证 $1 < r < p$ 且 $r^q = 1$。注意 $r = 1$ 是不允许的。

使用这些准则，我们得到如图 11-3 所示的 Diffie-Hellman 协议。双方开始时都要检查群参数，不过每一方只需要在协议启动时做一次检查，而不是每一次运行 DH 协议时都要检查。（然而，在每一次重新启动或者重新初始化之后都应该再次进行检查，因为这些参数可能会改变。）

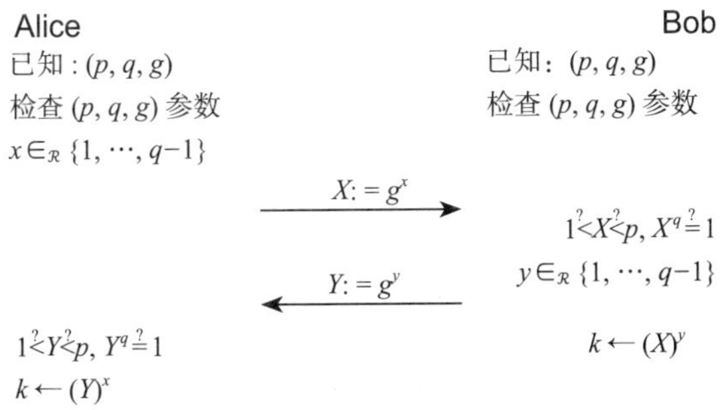

图 11-3 使用子群的 Diffie-Hellman 协议

协议的其他部分基本上与图 11-1 中的原始 DH 协议是一样的。只不过 Alice 和 Bob 都使用子群，两个指数 x 和 y 都在 $1, \cdots, q-1$ 之内。另外，Alice 和 Bob 都要检查他们所接收的数是否在正确的子群中，以避免 Eve 发动的小子群攻击。

我们在关系运算符（比如"="或"<"）上标记一个问号来体现检查的过程，以表示 Alice（或 Bob）应该检查该关系是否成立。如果成立，那么一切顺利；如果不成立，那么 Alice 就该认为她受到了攻击，此时正确的做法是终止协议的执行，不再发送任何其他消息，并销毁所有与协议相关的数据。例如，在这个协议中，如果最后一步检查没有通过，Alice 应该销毁 x 和 Y。关于如何处理这些失败，请参见 13.5.5 节中的详细讨论。

这个协议描述了一个安全的 DH 变种，但是不应该严格按照这种形式使用。在系统的其他部分使用 k 之前，需要先对 k 进行散列运算。更详细的讨论参见 14.6 节。

11.9 可能出错的地方

很少有书或文章会讨论关于检查接收到的数是否属于正确的子群这件事情的重要性。Niels 首先在 IPsec[60] 的互联网密钥交换（IKE）协议中发现了这一问题。一些 IKE 协议都使用了 DH 交换，而由于 IKE 协议需要在现实世界中操作，就必须处理丢失的消息，所以 IKE 规定如果 Bob 没有收到应答，他应该重发最后一条消息。不过 IKE 没有规定 Alice 该如何处理 Bob 重发的消息，这样 Alice 就很容易犯下严重的错误。

[191]

为简单起见，我们假定 Alice 和 Bob 使用图 11-3 所示的子群中的 DH 协议，不过不检查 X 和 Y 是否为正确的值。另外，经过这次交换之后 Alice 使用新密钥 k 来发送加密和认证消息给 Bob，消息中包含了更多的协议数据（这是很平常的情况，类似的情况在 IKE 中也会发生）。

这里有一个 Alice 发生错误的例子：当她接收到重发的包含 Y 的消息时，她只是重新计算密钥 k 并发送正确的应答给 Bob。虽然这样处理听起来完全没有问题，但是攻击者 Eve 现在就可以利用这一点来进行攻击。假设 d 是（$p-1$）的小因子。Eve 可以把 Y 替换为一个阶数为 d 的元素，那么现在 Alice 的密钥 k 就只限于 d 种可能的值，并且完全由 Y 和（$x \bmod d$）确定。Eve 尝试（$x \bmod d$）的所有可能性，计算 Alice 可能得到的密钥 k，接着试图解密 Alice 发送的下一条消息。如果 Eve 正确地猜到了（$x \bmod d$），那么这个消息将被正确地解密，Eve 就知道了（$x \bmod d$）。

然而，如果 $p-1$ 包含了多个小因子（$d_1, d_2, \cdots, d_k$）怎么办？那么 Eve 就对每一个因子重复运行这个攻击，得到（$x \bmod d_1$），$\cdots$，（$x \bmod d_k$），再使用通用形式的中国剩余定理（见 12.2 节），Eve 可以得到（$x \bmod d_1 d_2 d_3 \cdots d_k$）。所以，如果 $p-1$ 的所有小因子的乘积比较大，Eve 就能得到相当多的 x 的信息。由于 x 应该是保密的，这样就会产生不好的影响。在这种特殊的攻击中，Eve 最后可以把原始的 Y 转发给 Alice，使得 Alice 和 Bob 能够完成该协议，然而 Eve 已经收集到了足够的 x 的信息，从而可以马上计算出 Alice 和 Bob 使用的密钥 k。

不过有一点值得明确，这并不是对 IKE 的攻击，而是对标准 [60] 允许的一种 IKE 实现的攻击。尽管如此，在我们看来，每个协议应该包括足够的信息，使得一个优秀的程序员能够提供安全的实现。不考虑这种信息是危险的，因为有人会在有些地方以错误的方式实现它。（对于 IKE 最新的版本，我们并没有验证这种攻击是否还能成功。）

在这种攻击中，Eve 需要 $p-1$ 刚好有足够多的小因子。我们的设计要抵抗能够执行 2^{128} 步运算的对手，所以 Eve 可以利用 $p-1$ 的所有小于 2^{128} 的因子。关于 Eve 能以多大概率获得多少信息，我们还没有看到一个令人满意的分析，但是直接的估计表明，从小于 2^{128} 的因子中 Eve 平均能够得到 x 中大约 128 位的信息。然后她可以使用碰撞类型的攻击来攻击 x 的未知部分，并且由于 x 只有 256 位，这样就导致了一个真正的攻击。至少，当我们不去检查 X 和 Y 是否属于正确的子群时，会发生这样的攻击。

如果 Eve 是选择子群 (p, q, g) 的人，那么攻击就变得更容易了。可能在刚开始选择 p 的时候她自己已经把小因子放入 $p-1$ 了。或者，也许她担任了标准委员会的委员，能够推荐某些参数作为标准。这听起来有些不可思议，但是事实可能就是如此。美国政府以 NIST 的形式，提供可以用于 DSA（一种使用了子群的签名方案）的素数，但是政府的其他机构（如 NSA、CIA、FBI）拥有窃听私人通信的特权。我们当然没有暗示这些素数是不安全的，但是用户在使用它们之前最好进行检查。实际上，这项检查很容易做到。NIST 发布了一个可以选择不嵌入小因子参数的算法，我们可以检查推荐的素数是否是真的按照这个算法来找到的。但是很少有人这样做过。

最后，最简单的解决方案就是检查接收的每一个值都在正确的子群中。所有其他的防止小子群攻击的方法都要复杂很多。比如我们可以设法直接检测 $p-1$ 的小因子，但是那种方法太复杂了，也可以要求产生参数集合的人提供 $p-1$ 的因子分解，但那样会给整个系统增加大量复杂性。验证接收到的值属于正确的子群只需要很少的工作，也是到目前为止最简单、最健壮的解决方案。

11.10 习题

11.1 假设有 200 个人想要使用对称密钥来进行安全通信，每两个人之间都要有一个对称密钥，那么一共需要多少个对称密钥？

11.2 计算在模 $p = 11$ 乘法群中分别由 3、7、10 生成的子群。

11.3 证明当且仅当 $r^q = 1 \pmod{p}$ 时，r 为模 p 平方数。这里 $p = 2q + 1$，p 和 q 都是素数。

11.4 如果在 Alice 和 Bob 两人所有的通信中，Alice 使用相同的 x 和 g^x，Bob 使用了相同的 y 和 g^y，会不会产生什么问题？

11.5 Alice 和 Bob 打算利用 DH 协议来协商一个 256 位的 AES 密钥，不过他们现在不知道该使用多大的公钥 g^x 和 g^y，256 位、512 位还是其他值？你有什么建议？

RSA

RSA 系统大概是世界上最著名也最广泛使用的公钥密码系统了。RSA 能够同时提供数字签名方案和公钥加密方案，从而使其成为一个非常通用的工具。同时它是基于解决大整数分解问题的困难性而设计的，这个问题在过去的几千年里吸引了很多人并得到了广泛的研究。

12.1 引言

RSA 类似于 Diffie-Hellman（见第 11 章），但二者还是有很大的区别的。Diffie-Hellman（或者简称 DH）基于一个单向函数：假设 p 和 q 是公开已知的，那么可以由 x 计算（$g^x \bmod p$），但是给定 $g^x \bmod p$ 却不能计算出 x。RSA 则是基于一个陷门单向函数。给定公开已知的信息 n 和 e，容易由 m 计算 $m^e \bmod n$，但相反的方向却不行。不过如果知道 n 的因子分解，那么反向计算就变得容易了。n 的因子分解就是陷门信息，掌握了陷门信息就可以对函数求逆，否则就无法求逆。这种陷门功能使得 RSA 既可以用于加密，又可以用于数字签名。RSA 是由 Ronald Rivest、Adi Shamir 和 Leonard Adleman 发明的，1978 年首次发表[105]。

在本章中，我们使用 p、q 和 n，其中 p 和 q 是不同的大素数，每一个都有 1000 位或者更多，n 被定义为 $n := pq$（普通的乘法，即没有模运算）。

12.2 中国剩余定理

在 DH 系统中我们使用了模素数 p 运算，但是接下来我们将使用模合数 n 运算。为了方便理解，我们还需要一些关于模 n 运算的数论知识。一个非常有用的工具是中国剩余定理，或者简称为 CRT，之所以这样命名，是因为该定理的基本版本是在公元一世纪由中国数学家孙子给出的。（DH 和 RSA 需要的大部分数学原理都可以追溯到几千年前，所以它们不应该很难理解。）

模 n 运算的取值在 $0,1,\cdots, n-1$ 之间，但是由于 n 不是素数，所以这些数不能形成有限域，不过数学家仍然把这些数的集合记为 $\mathbb{Z}_n$ 并称之为环（我们并不需要这个术语）。对 $\mathbb{Z}_n$ 中的每一个 x，我们能够计算（$x \bmod p$，$x \bmod q$），而中国剩余定理则说明其逆函数是可计算的：如果已知（$x \bmod p$，$x \bmod q$），那么就能够求出 x。

为方便描述，我们定义 $(a, b) := (x \bmod p, x \bmod q)$。

我们首先说明求解的可行性，然后给出一个算法来计算原始的 x。给定 (a, b)，为了能够计算 x，我们必须保证 $\mathbb{Z}_n$ 中不存在第二个数 x' 满足 $x' \bmod p = a$ 且 $x' \bmod p = b$。如果不能保证这一点，那么由 x' 和 x 都将得出相同的 (a, b) 对，而且没有算法能够判断哪一个数才是原始的输入。

设 $d := x-x'$ 为产生相同的 (a, b) 对的两个数之差。于是可得 $(d \bmod p) = (x-x') \bmod p = (x \bmod p) - (x' \bmod p) = a - a = 0$，所以 d 是 p 的倍数，同理可知 d 也是 q 的倍数。由最小公倍数 lcm 的定义可知，d 为 $\mathrm{lcm}(p, q)$ 的倍数。同时，由于 p 和 q 是不相等的素数，lcm(p,

$q) = pq = n$，从而 $x-x'$ 是 n 的倍数。但是，x 和 x' 取值都在 $0,\cdots,n-1$ 之内，所以 $x-x'$ 一定是区间 $-n+1,\cdots,n-1$ 上的 n 的倍数，唯一的解就是 $x-x'=0$，即 $x=x'$。这就证明了对任意给定的 (a,b) 对，x 至多只有一个解，现在我们所要做的就是找到这个解。

12.2.1　Garner 公式

计算这个解的最有效的方法是 Garner 公式：

$$x = (((a-b)(q^{-1} \bmod p)) \bmod p) \cdot q + b$$

其中 $(q^{-1} \bmod p)$ 是一个由 p 和 q 唯一决定的常数。利用模 p 除法，我们可以计算 $(1/q \bmod p)$，而这正是 $(q-1 \bmod p)$ 的另一种写法。

我们不必完全理解 Garner 公式，只需要证明结果 x 是正确的。

首先，我们说明 x 在正确的区间 $0,\cdots,n-1$ 内。显然，$x \geqslant 0$；而 $t := (((a-b)(q^{-1} \bmod p)) \bmod p)$ 是模 p 运算，一定位于区间 $0,\cdots,p-1$ 之内，而由 $t \leqslant p-1$ 可知 $tq \leqslant (p-1)q$，从而 $x = tq + b \leqslant (p-1)q + (q-1) = pq-1 = n-1$。这就说明 x 在区间 $0,\cdots,n-1$ 内。 |196|

下面证明 Garner 公式的结果对模 p 和模 q 运算都是正确的。

$$
\begin{aligned}
x \bmod q &= ((((a-b)(q^{-1} \bmod p)) \bmod p) \cdot q + b) \bmod q \\
&= (K \cdot q + b) \bmod q \qquad \text{对某一个 } K \text{ 成立} \\
&= b \bmod q \\
&= b
\end{aligned}
$$

上述计算中 q 所乘的值必然是某一个整数 K，但是在进行模 q 计算时，q 的任何倍数都可以约化。模 p 运算有一点复杂：

$$
\begin{aligned}
x \bmod p &= ((((a-b)(q^{-1} \bmod p)) \bmod p) \cdot q + b) \bmod p \\
&= (((a-b)q^{-1}) \cdot q + b) \bmod p \\
&= ((a-b)(q^{-1}q) + b) \bmod p \\
&= ((a-b)+b) \bmod p \\
&= a \bmod p \\
&= a
\end{aligned}
$$

第一行只是将 x 的值代入 $(x \bmod p)$，第二行移除了两个多余的 $\bmod p$ 运算符，然后交换了乘法的顺序，这并不会改变结果（乘法是可结合的，即 $(ab)c = a(bc)$）。接下来，我们注意到 $q^{-1}q = 1 \pmod p$，于是可以把这一项完全去掉。后面的步骤就很简单了。

这个推导过程比我们之前看到的都要复杂一些，尤其是这里我们使用了更多的代数性质。不过如果不能理解也不用担心。

现在可以得出结论：Garner 公式给出了一个位于正确范围内的结果 x，且满足 $(a,b) = (x \bmod p, x \bmod q)$。鉴于我们已经知道这样的解只可能有一个，所以 Garner 公式完全解决了 CRT 问题。

在实际系统中，我们可以预计算 $q^{-1} \bmod p$ 的值，所以 Garner 公式只需要一次模 p 减法、一次模 p 乘法、一次普通乘法和一次加法。

12.2.2　推广

CRT 也适用于 n 为多个不同素数乘积的情形[⊖]，Garner 公式也可以推广到这些情况中去，

⊖ 有的版本适用于当 n 可以被一些素数的平方或者高次方整除的情况，但那样的话就更复杂了。

197 但在本书中不会用到。

12.2.3 应用

那么 CRT 有哪些好处呢？如果要做大量的模 n 计算，那么使用 CRT 就能够节省许多时间。对于一个数 $0 \leqslant x < n$，我们称 $(x \bmod p, x \bmod q)$ 对为 x 的 CRT 表示。如果有了 x 和 y 的 CRT 表示，那么 $x + y$ 的 CRT 表示就是 $((x + y) \bmod p, (x + y) \bmod q)$，这容易由 x 和 y 的 CRT 表示计算出来。第一个分量 $(x + y) \bmod p$ 可以通过 $((x \bmod p) + (y \bmod p) \bmod p)$ 来计算，这正是 x 和 y 的 CRT 表示的第一部分的模 p 和，第二个分量也可以通过类似的方式计算。

乘法也可以用同样的方法计算。xy 的 CRT 表示是 $(xy \bmod p, xy \bmod q)$，很容易由 x 和 y 的 CRT 表示计算得到。第一部分 $(xy \bmod p)$ 可以通过将 $(x \bmod p)$ 和 $(y \bmod p)$ 相乘并把所得结果再次模 p 而计算出来，第二部分可用同样的方式模 q 计算得出。

设 n 有 k 位，那么素数 p 和 q 大约都有 $k/2$ 位。一次模 n 加法需要一次 k 位的加法，如果结果超过 n，接着还需要一次 k 位的减法。采用 CRT 表示需要对一半长度的数做两次模加法，计算量几乎是一样的。

对于乘法运算，使用 CRT 就能够节省大量时间。两个 k 位的数相乘所需要的计算量远远超过两个 $k/2$ 位的数相乘计算量的两倍。在大多数实现中，CRT 乘法的执行速率是完整的乘法的两倍，计算量明显减少。

对于指数运算，CRT 能够节省更多的时间。假设要计算 $x^s \bmod n$，指数 s 有 k 位，那么大约就需要 $3k/2$ 次模 n 乘法。使用 CRT 表示，除了每一次乘法的计算量会少一些，还有额外的节省。在我们计算 $(x^s \bmod p, x^s \bmod q)$ 时，对于模 p 运算，可以把指数 s 模 $(p-1)$ 约化，对于模 q 运算也类似，所以只需要计算 $(x^{s \bmod (p-1)} \bmod p, x^{s \bmod (q-1)} \bmod q)$。这样，每一个指数只有 $k/2$ 位，只需要 $3k/4$ 次乘法，一共需要 $2 \times 3k/4 = 3k/2$ 次模素数 p 或 q 的乘法，而不是 $3k/2$ 次模 n 乘法。在具体实现中，执行速率可以是原来的 $3 \sim 4$ 倍。

使用 CRT 的唯一一代价就是额外的软件的复杂性和必要的转换。如果在一次计算中需要多次乘法，这种转换的开销就是值得的。大多数教科书只是将 CRT 作为 RSA 的一种实现技巧来进行介绍，而我们发现利用 CRT 表示可以使得 RSA 系统更易于理解，这也正是我们先
198 解释 CRT 的原因，稍后我们就要利用它来解释 RSA 系统的行为。

12.2.4 结论

当 $n = pq$ 时，x 模 n 可以表示为 $(x \bmod p, x \bmod q)$ 对，而且这两种表示之间的转换相当简单。如果要做很多次模一个合数的乘法，而且已知该合数的因子分解，那么就可以使用 CRT 表示来加快计算（如果不知道 n 的因子分解，就不能用它来加快计算）。

12.3 模 n 乘法

在深入研究 RSA 细节之前，我们必须考虑如何进行模 n 乘法运算。这与之前讨论的模 p 乘法情形有一些不同。

对任何素数 p，我们知道等式 $x^{p-1} = 1 \pmod{p}$ 对所有的 $0 < x < p$ 都成立。但如果模合数 n，这就不正确了。在 RSA 中，我们需要找到一个指数 t 使得 $x^t = 1 \bmod n$ 对（几乎）所有的 x 都成立。很多教科书中都仅仅给出了答案，而没有帮助读者理解为什么这个答案是正

确。实际上，使用 CRT 就可以很容易地找到正确的答案。

我们想要找到一个 t，使得 $x^t = 1 \pmod{n}$ 对几乎所有的 x 都成立，那么有 $x^t = 1 \pmod{p}$ 和 $x^t = 1 \pmod{q}$。由于 p 和 q 都是素数，只有当 $p-1$ 是 t 的因子且 $q-1$ 是 t 的因子时上面的等式才成立，而具有这个性质的最小的 t 就是 $\mathrm{lcm}(p-1, q-1) = (p-1)(q-1)/\gcd(p-1, q-1)$。在本章的其余部分，我们约定 $t = \mathrm{lcm}(p-1, q-1)$。

几乎所有的教科书中都使用了字母 p、q 和 n（其中有些使用的是大写字母），但是大多数书中都没有使用 t，而是使用 Euler 函数 $\phi(n)$。对形如 $n = pq$ 的数 n，其 Euler 函数可以计算为 $\phi(n) = (p-1)(q-1)$，是 t 的倍数。$x^{\phi(n)} = 1$ 当然是正确的，并且使用 $\phi(n)$ 替代 t 也可以得到正确的结果，但是使用 t 更准确。

在我们的讨论中跳过了一个小问题：如果 $x \bmod p = 0$，那么 $x^t \bmod p$ 不可能等于 1。所以方程 $x^t \bmod n = 1$ 不可能对所有的 x 都成立。但是这样的数并不多，有 q 个数满足 $x \bmod p = 0$，p 个数满足 $x \bmod q = 0$，所有存在这种问题的数有 $p+q$ 个，或者更确切地说是 $p+q-1$ 个，因为我们把 0 计算了两次。对于 $n = pq$ 个数来说，这一部分是可忽略的。更好的是，实际上 RSA 使用的性质是 $x^{t+1} = x \pmod{n}$，即使对这些特殊的数，该性质也成立。使用 CRT 表示就很容易给出证明，如果 $x = 0 \pmod{p}$，那么 $x^{t+1} = 0 = x \pmod{p}$，对于模 q 运算也可以得出类似的结论，所以基本性质 $x^{t+1} = x \pmod{n}$ 仍然成立，并且对于 $\mathbb{Z}_n$ 中所有的数都成立。

12.4 RSA

下面将对 RSA 系统进行详细说明。首先随机选择两个不同的大素数 p 和 q，计算 $n = pq$。素数 p 和 q 应该是（几乎）同样的长度，得到 n 的长度是 p 和 q 的两倍。

我们使用两个不同的指数，通常称为 e 和 d 并且满足 $ed = 1 \pmod{t}$，其中 $t := \mathrm{lcm}(p-1, q-1)$，在许多教科书中也写成 $ed = 1 \pmod{\phi(n)}$。公开的指数 e 应该选取为某一小奇数值，接着使用 10.3.5 节中的 extendedGCD 函数来计算 e 模 t 的逆 d，这就保证了 $ed = 1 \pmod{t}$。

要加密消息 m，发送者计算密文 $c := m^e \pmod{n}$。为了解密密文 c，接收者计算 $c^d \pmod{n}$。这就等于 $(m^e)^d = m^{ed} = m^{kt+1} = (m^t)^k \cdot m = (1)^k \cdot m = m \pmod{n}$，其中 k 是某个存在的值，所以接收者能够解密密文 m^e 而得到明文 m。

(n, e) 对构成了公钥，这些公钥被分发给很多不同的参与方。(p, q, t, d) 构成了私钥，由生成 RSA 密钥的人秘密保存。

为了方便起见，我们常常将 $c^d \bmod n$ 写为 $c^{1/e} \bmod n$。模 n 计算中的指数都要取模 t，因为 $x^t = 1 \pmod{n}$，所以指数中 t 的倍数部分不会影响结果，而且 d 是 e 模 t 的逆，所以可以很自然地将 d 记为 $1/e$。符号 $c^{1/e}$ 常常更容易理解，尤其是使用多个 RSA 密钥的时候。这也正是我们说取一个数的 e 次方根的原因，我们只要记住，计算模 n 的任何次方根都需要私钥。

12.4.1 RSA 数字签名

到目前为止，我们只讨论了使用 RSA 来加密消息。不过 RSA 的一个巨大优势在于既可以用于加密消息，又能够对消息签名。这两种操作的计算方式是相同的，为了签署一个消息 m，私钥的拥有者计算 $s := m^{1/e} \bmod n$。现在 (m, s) 就是一个经过签名的消息，要验证签名，任何知道公钥的人都可以验证 $s^e = m \pmod{n}$ 是否成立。

和加密一样，签名的安全性基于同样的事实：只有掌握了私钥，才可以计算 m 的 e 次方根。

12.4.2 公开指数

到目前为止，我们描述的过程有一个问题：如果公开的指数 e 与 $t = \text{lcm} (p-1, q-1)$ 有公因子，那么 d 就没有解。所以必须选取 p、q 和 e 使得这种情形不会发生，这个问题虽然有些麻烦，但是必须要处理。

选取一个小的公开指数能够使 RSA 更高效，因为计算一个数的 e 次幂所需要的计算量更小了，所以要尽量为 e 选择一个比较小的值。本书中我们为 e 选择一个固定值，并且选择满足上述条件的 p 和 q。

我们必须很小心，来保证加密函数和数字签名函数不会以不希望的方式互相影响。我们不希望一个攻击者可能通过说服私钥的拥有者签署消息 c 来解密 c，毕竟签署"消息" c 与解密密文 c 是相同的操作。本书后面给出的具体的实现函数能够防止出现这种情况，在实现中采取了类似于分组密码的操作模式，这样就不能直接使用基本的 RSA 操作。但尽管如此，我们仍然不希望两个函数都使用相同的操作。一种解决办法是对加密和认证使用不同的 RSA 密钥，但是这会增加复杂性，而且密钥的数量也会加倍。

本书采取了另一种解决办法，对同一个 n 使用两个不同的公开指数。签名函数使用 $e = 3$，加密函数使用 $e = 5$，这样就消除了系统之间的相互影响。因为一个数模 n 的立方根和五次方根是互相独立的，即使攻击者知道了其中一个他也不能由此计算出另一个 [46]。

选择固定的 e 值不仅能够简化系统，也带来了可预见的性能提升。但是这样对使用的素数增加了限制，因为 $p-1$ 和 $q-1$ 都不能是 3 或者 5 的倍数，不过这一点在生成素数的第一步中就很容易检验。

使用 3 和 5 的根本原因很简单，它们是最小的合适的值⊖。我们选取较小的公开指数用于签名，因为签名通常要多次验证，而任意一块数据都只需要加密一次，所以让签名的验证操作更高效更有意义。

其他常用的 e 值有 17 和 65537，不过我们更喜欢小的数值，因为它们更高效。使用小的公开指数存在一些潜在的小问题，但是我们将在具体的实现函数中进一步消除这些问题。

使用小的 d 值也不错，但是这里我们就不得不让你失望了，这是因为尽管找到一对具有小 d 值的 (e, d) 是可能的，但是使用小 d 值是不安全的 [127]，所以不要为了方便而给 d 选择一个小值。

201

12.4.3 私钥

如果攻击者只知道公钥 (n, e)，那么计算私钥 (p, q, t, d) 中的任何一个值都是极其困难的。只要 n 足够大，就没有算法能够在可以接受的时间内做到这一点。我们知道的最好的解决方案是把 n 分解为 p 和 q，然后再计算 t 和 d。这也正是因子分解在密码学中如此重要的原因。

前面已经谈到，私钥由 (p, q, t, d) 组成，而事实上，知道其中的任何一个值都可以计算出其他 3 个值。发现这一点，是非常有意义的。

我们假设攻击者知道公钥 (n, e)，因为这是公开的信息。如果他知道 p 或者 q，攻击就简单了，给定 p 就可以计算 $q = n/q$，接着像我们前面介绍的那样计算出 t 和 d。

如果攻击者知道 (n, e, t)，又会怎样呢？首先 $t = (p-1)(q-1)/\gcd(p-1, q-1)$，但是由

⊖ 理论上也可以使用 $e=2$，但是那样会带来许多额外的复杂性。

于 $(p-1)(q-1)$ 很接近于 n，所以 $\gcd(p-1, q-1)$ 是最接近 n/t 的整数，确定它的值比较容易（$\gcd(p-1, q-1)$ 的值不会很大，因为两个随机数不大可能共享一个大的因子），这样攻击者就能够计算 $(p-1)(q-1)$。另外，他又能够计算 $n-(p-1)(q-1)+1=pq-(pq-p-q+1)+1=p+q$，所以现在他有 $n = pq$ 和 $s := p + q$，因此可以推导出下面的方程：

$$s = p + q$$
$$s = p + n/p$$
$$ps = p^2 + n$$
$$0 = p^2 - ps + n$$

最后一个方程只是一个关于 p 的二次方程，攻击者能够利用中学数学进行求解。当然，一旦攻击者得到了 p，他就可以计算出私钥中其他所有的值。

如果攻击者知道 d，他可以进行类似的攻击。在我们的系统中，e 是非常小的，而又由于 $d < t$，所以 $ed-1$ 的值只是 t 乘以一个小因子的结果。攻击者只需猜测这个因子，计算 t，然后按照上面的方法尝试找到 p 和 q；如果失败，他就尝试其他可能的因子。（有一些更快的技巧，但这种方法容易理解。）

简而言之，知道 p、q、t 和 d 中的任何一个值，攻击者都能够计算出其他所有的值，所以假定私钥的拥有者掌握这四个值是合理的。在实现中只需要存储其中的一个，但是常常也存储执行 RSA 解密操作时所需的几个值。具体如何存储依赖于具体实现，而从密码学的角度来看是无关紧要的。

如果 Alice 想要解密或者签署一个消息，显然她必须知道 d。同时由于知道 d 等价于知道 p 和 q，那么可以安全地假设她知道 n 的因子，从而可以使用 CRT 表示来进行计算。这样就会带来效率上的提升，因为计算一个数的 d 次幂是 RSA 中最耗时的运算，而使用 CRT 表示就能够节省 $\frac{1}{3} \sim \frac{1}{4}$ 的计算量。

12.4.4　n 的长度

模 n 应该与 DH 中的模 p 具有相同的长度，详细讨论见 11.7 节。需要重申的是：如果要保护数据 20 年，n 的绝对最小长度是 2048 位。这个最小值会随着计算机速度的增长而缓慢增长。如果可能的话，在实际应用中就取 n 为 4096 位长，或者尽量接近于这个长度。此外，要保证软件能够支持最大 8192 位长的 n 值，毕竟我们不知道将来会怎样，如果能够使用更长的密钥而不必更换软件或者硬件，这种支持将会发挥作用。

两个素数 p 和 q 应该具有相同的长度，要得到一个 k 位的模 n，可以生成两个随机的 $k/2$ 位的素数并把它们相乘。不过这样可能得到的是一个 $k-1$ 位的模 n，但是影响不大。

12.4.5　生成 RSA 密钥

作为总结，我们给出两个例程来生成具备所需性质的 RSA 密钥。第一种方法是 10.4 节中 generateLargePrime 函数的修改版本，唯一的区别就是素数 p 要满足 $p \bmod 3 \neq 1$ 和 $p \bmod 5 \neq 1$，以保证能够使用公开指数 3 和 5。当然，如果要使用一个不同的固定 e 值，就要相应地修改这个例程。

函数 generateRSAPrime

输入：k　　所需素数的长度，以位为单位

输出: p 位于 $2^{k-1}, \cdots, 2^k - 1$ 之间的素数，满足 $p \bmod 3 \neq 1 \wedge p \bmod 5 \neq 1$

范围检查。

assert $1024 \leqslant k \leqslant 4096$

计算最大的尝试次数。

$r \leftarrow 100k$

repeat

   $r \leftarrow r - 1$

   assert $r > 0$

   选择一个随机的 k 位数 n。

   $n \in_R 2^{k-1}, \cdots, 2^k - 1$

   继续尝试直至找到一个合适的素数。

until $n \bmod 3 \neq 1 \wedge n \bmod 5 \neq 1 \wedge \text{isPrime}(n)$

return n

我们仅仅指定了素数的长度，并没有指定素数应该落入的具体区间，这样的定义虽然缺乏灵活性，但是更简单，而且对 RSA 来说已经足够了。对素数的额外的要求包含在循环条件中。如果在 n 模 3 或 5 时就已经不满足条件，一种更加聪明的实现将不会调用 isPrime(n)，因为 isPrime 可能需要大量的计算资源。

那么，既然有了循环的终止条件，为什么还要使用循环计数器？的确，既然范围足够大，我们总会找到一个合适的素数，但是会出现一些奇怪的问题。我们不担心输入的范围中没有素数，而担心的是一个糟糕的 PRNG 总是返回同一个的合数。遗憾的是，这是随机数生成器的一种常见的错误模式，所以加上循环计数器能够避免 generateRSAPrime 由于 PRNG 的错误而进入死循环。还有另外一种可能的错误模式，就是一个错误的 isPrime 函数无论输入什么数总是判断它为合数。当然，如果这些函数实现得都有问题，问题就会更加严重。

下一个函数将生成所有的密钥参数。

函数 generateRSAKey

输入: k 模数的位数

输出: p, q 模数的因子

     n k 位的模数

     d_3 用于签名的指数

     d_5 用于解密的指数

范围检查。

assert $2048 \leqslant k \leqslant 8192$

生成素数。

$p \leftarrow \text{generateRSAPrime}(\lfloor k/2 \rfloor)$

$q \leftarrow \text{generateRSAPrime}(\lfloor k/2 \rfloor)$

一个小测试，以免 PRNG 发生错误。

assert $p \neq q$

计算 $t = \text{lcm}(p-1, q-1)$。
$t \leftarrow (p-1)(q-1)/\text{GCD}(p-1, q-1)$
利用扩展 GCD 算法的模逆特性计算私钥指数。
$g, (u, v) \leftarrow \text{extendedGCD}(3, t)$
检查 GCD 是否正确，或者根本就没有得到逆元。
assert $g = 1$
对 u 进行模 t 约化，因为 u 可能为负，而 d_3 不应该为负。
$d_3 \leftarrow u \bmod t$
计算 d_5。
$g, (u,v) \leftarrow \text{extendedGCD}(5, t)$
assert $g = 1$
$d_5 \leftarrow u \bmod t$
return p, q, pq, d_3, d_5

204

注意到我们已经选取了固定的公开指数，并且现在又生成了一个既能够用于签名（$e = 3$）又能够用于加密（$e = 5$）的密钥。

12.5　使用 RSA 的缺陷

使用目前给出的 RSA 是很危险的，问题就在于其数学结构。比如，如果 Alice 对两个消息 m_1 和 m_2 进行了数字签名，那么 Bob 就能够计算出 Alice 对消息 $m_3 := m_1 m_2 \bmod n$ 的签名。这是因为 Alice 计算了 $m_1^{1/e}$ 和 $m_2^{1/e}$，Bob 可以把二者相乘从而得到 $(m_1 m_2)^{1/e}$。

如果 Bob 使用 Alice 的公钥加密了一个很短的消息 m，就会产生另一个问题。具体地说，如果 $e = 5$ 并且 $m < \sqrt[5]{n}$，那么 $m^e = m^5 < n$，所以不会进行模约化运算，攻击者 Eve 只要计算 m^5 的五次方根就可以恢复出 m，而由于没有模约化，这步运算就很容易完成。产生这种问题的一个典型例子就 Bob 在发送 AES 密钥给 Alice 时只是把 256 位的密钥看作一个整数，那么密钥经过加密后不会超过 $2^{256 \cdot 5} = 2^{1280}$，这个值比 n 小很多，所以不会有模约化运算，Eve 只需要计算加密后的密钥值的五次方根就得到了密钥。

我们之所以如此详细解释 RSA 理论基础，原因之一在于要突出我们所使用的一些数学结构，而正是这些数学结构能够引起多种攻击。一些最简单的攻击已经在前面几段中提到了，还有一些更高级的攻击是基于求解模 n 的多项式方程技巧的。所有这些攻击都传递了一个信息：如果 RSA 可以操作任何类型结构的数，情况会非常糟糕。

解决方案是利用一个函数来破坏所有的可用结构。有时这个函数被称为填充函数，但是不太合适，填充一词通常表示增加字节以得到具有正确长度的结果。对于 RSA 加密和签名，有人提出了多种形式的填充方案，不过很多方案仍然可以引起攻击。我们所需要的是一个能够尽可能消除结构的函数，不妨称之为编码函数。

205

关于编码函数，已经提出了一些标准，其中最著名的是 PKCS#1 v2.1[110]。和以前一样，这也不仅仅是一个单独的标准，它还包括了两个 RSA 加密方案和两个 RSA 签名方案，每一个方案都可以使用不同的散列函数。这一标准未必是坏事，不过从教学的角度讲，我们不想增加额外的复杂性，所以给出一些更简单的方法，即使这些方法可能不具备一些 PKCS 方法的所有特性。不过，正如我们之前在讨论 AES 时所说，在实际中使用标准化的算法是有许多优势的，例如，我们可以使用 RSA-OAEP[9] 来进行加密，使用 RSA-PSS[8] 来进行签名。

PKCS#1 v2.1 标准也存在技术文档中的一个普遍问题：规范与实现的混淆。RSA 解密函数被制定了两次，一次使用了等式 $m=c^d \bmod n$，一次使用了 CRT 表示，不过这两种计算的结果是一样的，一个仅仅是另一个的优化实现。对实现的这种描述不应该成为标准的一部分，因为它们没有产生不同的行为。规范和实现应该分别进行讨论。不过我们的本意不是批评这个 PKCS 标准，其实这个问题在计算机行业中非常普遍。

12.6 加密

加密是 RSA 的典型应用，但在实际中几乎从不使用，原因很简单：使用 RSA 所能够加密的消息的长度受限于 n 的长度。在实际系统中，我们甚至都不能加密和 n 一样长的消息，因为编码函数需要一定的开销。有限的消息长度对大多数应用来说太不实际了，而且在计算量方面，RSA 操作相当耗时，因此我们不希望把一个消息分成小块而对每个小块进行单独的 RSA 加密。

目前通用的解决方案都是选择一个随机的密钥 K，利用 RSA 密钥加密 K，然后使用密钥 K 通过分组密码或者流密码来加密实际的消息 m，所以最终发送的不是 $E_{RSA}(m)$，而是 $E_{RSA}(K)$、$E_K(m)$。这样，消息的长度不再有限制，而且即使对于很长的消息也只需要一次 RSA 操作。当然，我们需要额外传送少量的数据，但是与获得的好处相比，这个代价是很小的。

我们使用的是一个更简单的加密方法。我们并没有选择一个 K 并加密 K，而是选择一个随机数 $r \in \mathbb{Z}_n$ 并定义加密消息的密钥为 $K := h(r)$，其中 h 是一个散列函数，而加密 r 只是计算它模 n 的五次幂（加密时我们使用 $e=5$）。这个方法简单而安全，首先由于 r 是随机选择的，所以不可以利用 r 的结构来攻击加密方案中 RSA 这部分；其次散列函数保证了不同结构的 r 不会得到相同结构的 K（除了相同输入必须产生相同的输出这一明显的必要条件）。

为了简化实现，我们在区间 $0, \cdots, 2^k-1$ 内选择 r，其中 k 是满足 $2^k < n$ 的最大整数。产生一个随机的 k 位数要比产生 $\mathbb{Z}_n$ 中的一个随机数容易一些，而且 r 的分布与均匀分布之间的微小偏差在这种情况下是没有影响的。

下面是更正式的定义：

函数 encryptRandomKeyWithRSA

输入： (n, e) RSA 公钥，在这里 $e=5$

输出： K 被加密的对称密钥

       c RSA 密文

计算 k。

$k \leftarrow \lfloor \log_2 n \rfloor$

选择随机数 r，满足 $0 \leqslant r < 2^k - 1$。

$r \in_R \{0, \cdots, 2^k - 1\}$

$K \leftarrow \text{SHA}_d\text{-}256(r)$

$c \leftarrow r^e \bmod n$

return (K, c)

接收者计算 $K=h(c^{1/e} \bmod n)$，得到同一个密钥 K。

函数 decryptRandomKeyWithRSA
输入：(n, d) RSA 私钥，对应 $e=5$
      c 密文
输出：K 被加密的对称密钥
  assert $0 \leqslant c < n$
  计算 K。
  $K \leftarrow \text{SHA}_d\text{-}256(c^{1/e} \bmod n)$
  return K

我们已经详细讨论了在给定私钥的情况下如何计算 $c^{1/e}$，所以这里就不再讨论了。不要忘了使用 CRT 可使计算速度提高 3 ～ 4 倍。

下面分析安全性。假设 Bob 为 Alice 加密了密钥 K，而 Eve 想掌握关于 K 的更多信息。由于 Bob 的消息只依赖于一个随机数据和 Alice 的公钥，所以在最坏的情况下这个消息可能向 Eve 泄露有关 K 的信息，但是不会泄露任何其他的秘密数据，比如 Alice 的私钥。密钥 K 是通过一个散列函数计算得到的，并且我们认为散列函数是一个随机的映射（如果不能把这个散列函数看成一个随机映射，那么它就不满足我们对于散列函数的安全需求），所以要获得散列函数输出的唯一办法是知道函数的输入，这就意味着要掌握 r 的信息。但是，如果 RSA 是安全的（我们必须这样假定，因为已经选择使用它了），那么，只给定 $(r^e \bmod n)$ 就不可能得到关于随机选取的 r 的大量信息，这样攻击者对 r 就有大量的不确定性，从而他也得不到 K 的信息。

207

假设以后密钥 K 暴露给了 Eve（可能是因为系统其他部分出了故障），那么这样是否会暴露 Alice 私钥的一些信息呢？答案是否定的。K 是散列函数的输出，而且 Eve 不可能推导出有关散列函数的输入的任何信息，所以即使 Eve 以某种特殊的方式来选择 c，她掌握的 K 也不会暴露任何有关 r 的信息。而 Alice 的私钥只被用来计算 r，所以 Eve 也不会获得关于 Alice 私钥的任何信息。

这正是在 decryptRandomKeyWithRSA 函数中使用散列函数的好处之一。假如这个函数仅仅输出 $c^{1/e} \bmod n$，那么就可以利用它来进行多种攻击。比如假设系统的其他某一部分有缺陷从而 Eve 可以获得输出的最低有效位，那么 Eve 就可以发送特别的值 $c_1, c_2, c_3, \cdots$ 给 Alice 以得到 $c_1^{1/e}$，$c_2^{1/e}$，$c_3^{1/e}$，$\cdots$ 的最低有效位。但是这些值有很多代数性质，Eve 很可能利用它们获得一些有用的信息。decryptRandomKeyWithRSA 中的散列函数 h 能够破坏所有的数学结构，所以即使 Eve 掌握了 K 的一个位，她也几乎得不到任何有关 $c^{1/e}$ 的信息。另外由于散列函数是不可逆的，所以甚至整个 K 也只会泄露极少的有用信息。这里使用了散列函数，使得 RSA 例程在整个系统的其他部分发生故障时更加安全。

这也是 decryptRandomKeyWithRSA 不检查由 c 计算出的 r 是否位于区间 $0, \cdots, 2^k-1$ 内的原因。如果我们进行检查，就必须处理可能产生的错误，而错误处理总是会导致不同的行为，所以 Eve 很可能会检测到是否发生了错误，这将向 Eve 提供一个泄露信息的机会：Eve 可以选择任何值 c 并知道 $c^{1/e} \bmod n < 2^k$ 是否成立。没有 Alice 的帮助，Eve 就不可能计算出这个性质，而且我们并不希望帮助 Eve。另外即使不对 r 进行范围检查，至多只会产生一个无用的输出，而且由于 c 可能被破坏而产生一个无效 r 值的情况是有可能经常

发生的。$^{\ominus}$

补充说明一点，泄露一个随机（c, $c^{1/e}$）对和根据他人选择的 c 计算 $c^{1/e}$ 之间是有很大差别的。任何人都能够产生形如（c, $c^{1/e}$）的数对，我们只需要随机选择 r，计算（r^e, r），然后令 $c := r^e$。这样的数对本身没有什么秘密，然而如果 Alice 从 Eve 那里接收 c 并计算 $c^{1/e}$，那么 Eve 可以选择具有某些特殊性质的 c 值（Eve 自己不能计算这个（c, $c^{1/e}$）数对），所以不要为攻击者提供这种额外的服务。

12.7 签名

在签名方案中，我们需要多做一部分工作。问题就在于要签名的消息 m 可能有许多结构，而我们不希望进行 RSA 操作的那些数具有任何结构，所以必须要破坏它们的结构。

第一步对消息进行散列运算。所以，我们处理的不是可变长度的消息 m，而是固定长度的值 $h(m)$，这里 h 是一个散列函数。如果使用 SHA_d-256，我们得到的结果有 256 位，但是 n 的值要大得多，所以不能直接使用 $h(m)$。

一个简单的解决方案是就使用一个伪随机映射把 $h(m)$ 扩展到 $0, \cdots, n-1$ 区间内的一个随机数 s，然后计算 $s^{1/e} \pmod n$ 作为 m 的签名。把 $h(m)$ 映射为一个模 n 的值需要一些计算量（参见 9.7 节的讨论）。在这里由于情况特殊，我们可以安全地把这个问题简化为把 $h(m)$ 映射到区间 $0, \cdots, 2^k - 1$ 内的一个随机数，其中 k 是满足 $2^k < n$ 的最大整数。而获得区间 $0, \cdots, 2^k - 1$ 内的一个随机数很容易完成，因为我们只需要生成一个 k 位的随机数。在这里特定的情况下，这个解决方案是安全的，但是千万不要在其他系统中随便使用，因为在密码学中，在很多情况下这样做会破坏整个系统。

我们将使用第 9 章介绍的 Fortuna 伪随机数生成器，也有很多系统使用散列函数 h 来建立一个特殊的小型随机数生成器，但是我们既然已经定义了一个好的生成器，就没必要再建立新的了。此外，在生成 RSA 密钥时就已经需要 PRNG 来选择素数，所以软件中已经有 PRNG 了。

所以，签名方案中一共有 3 个函数：第一个把消息映射为 s，第二个给消息进行签名，而第三个用于验证签名。

函数 MsgToRSANumber

输入：　n　　RSA 公钥，模数

　　　　　m　　消息，将转换为一个模 n 的值

输出：　s　　一个模 n 的值

　　创建一个新的 PRNG 生成器。

　　$\mathcal{G} \leftarrow$ InitialiseGenerator()

　　使用消息的散列值作为种子。

　　ReSeed($\mathcal{G}$, SHA_d-256(m))

　　计算 k。

　　$k \leftarrow \lfloor \log_2 n \rfloor$

$^{\ominus}$ 对 r 增加更多的限制也不会解决无意义输出的问题。Eve 总是可以利用 Alice 的公钥以及 encryptRandomKeyWithRSA 函数将一些无意义密钥进行加密再发送给 Alice。

$x \leftarrow \text{PseudoRandomData}(\mathcal{G}, \lceil k/8 \rceil)$

把字节串 x 看作一个整数，并使用最低有效字节在前的存储方式。模约化可以通过对 x 的最后一个字节进行简单的 AND 操作来实现。

$s \leftarrow x \bmod 2^k$

return s

函数 SignWithRSA

输入：(n, d) RSA 私钥，对应 $e=3$

   m 需要签名的消息

输出：σ m 的签名

  $s \leftarrow \text{MsgToRSANumber}(n, m)$

  $\sigma \leftarrow s^{1/e} \bmod n$

  return σ

字母 σ（读作 sigma）经常用于表示签名，因为它在希腊语中等价于字母 s。到如今你该知道在给定私钥的情况下该如何计算 $s^{1/e} \bmod n$ 了。

函数 VerifyRSASignature

输入：(n, e) RSA 公钥，其中 $e=3$

   m 消息

   σ 消息的签名

  $s \leftarrow \text{MsgToRSANumber}(n, m)$

  assert $s = \sigma^e \bmod n$

当然，在实际应用中，如果签名验证失败则还要采取一定的措施，我们这里只是写下了一个断言以表明正常的操作该终止了。签名失败和密码协议中产生的其他错误一样，都明确地表示出我们正在受到攻击。遇到这种情况，除非不得已，千万不要发送任何应答，而且要销毁所有参与计算的数据。发送出去的信息越多，攻击者能够获得的信息也越多。

对 RSA 签名的安全性讨论与 RSA 加密很类似。如果要求 Alice 给一串消息 $m_1, m_2, \cdots, m_i$ 签名，那么得到的是形如 $(s, s^{1/e})$ 的数对，但是 s 的值实际上也是随机的，只要散列函数是安全的，就只能通过试错法来获取 $h(m)$ 的值。此外，随机数生成器也是随机映射，任何人都可以产生形如 $(s, s^{1/e})$ 的数对，其中 s 的值是随机的，并不会提供任何新的信息来帮助攻击者伪造签名。另外一方面，对任何特定的消息 m，只有知道私钥的人才能够计算相应的 $(s, s^{1/e})$ 对，这是因为 s 必须由 $h(m)$ 计算出来，然后 $s^{1/e}$ 必须由 s 计算得到，这就需要使用私钥。所以，任何验证签名的人都知道 Alice 一定给该消息进行过签名。

到这里，我们终于结束了对 RSA 的讨论，这一部分内容使用了较多的数学知识。接下来，我们将把 DH 和 RSA 应用于密钥协商协议和 PKI，但只会用到我们介绍过的数学知识，而不会使用到新的数学知识了。

12.8 习题

12.1 设 $p = 89$，$q = 107$，$n = pq$，$a = 3$，$b = 5$，在 $\mathbb{Z}_n$ 上找到满足 $a = x \pmod{p}$ 且 $b = x \pmod{q}$ 的 x。

12.2 设 $p = 89$，$q = 107$，$n = pq$，$x = 1796$，$y = 8931$，计算 $x + y \pmod{n}$。要求先直接计算，再使用 CRT 表示计算。

12.3 设 $p = 89$，$q = 107$，$n = pq$，$x = 1796$，$y = 8931$，计算 $xy \pmod{n}$。要求先直接计算，再使用 CRT 表示计算。

12.4 设 $p = 89$，$q = 101$，$n = pq$，$e = 3$，那么 (n, e) 是一个有效的 RSA 公钥吗？如果是，就计算相应的 RSA 私钥 d；如果不是，请说明理由。

12.5 设 $p = 79$，$q = 89$，$n = pq$，$e = 3$，那么 (n, e) 是一个有效的 RSA 公钥吗？如果是，就计算相应的 RSA 私钥 d；如果不是，请说明理由。

12.6 为了提高解密的速度，Alice 令私钥 $d = 3$，再计算 d 模 t 的逆来作为 e，这种设计决策好吗？

12.7 一个 256 位的 RSA 密钥（模数为 256 位的密钥）和一个 256 位的 AES 密钥提供了相似的安全强度吗？

12.8 设 $p = 71$，$q = 89$，$n = pq$，$e = 3$。首先计算 d，接着利用 RSA 基本操作计算消息 $m_1 = 5416$、$m_2 = 2397$、$m_3 = m_1 m_2 \pmod{n}$ 的签名，并验证 m_3 的签名等于 m_1 和 m_2 的签名的乘积。

密码协议导论

密码协议是由协议的各个参与者之间进行一系列的消息交换组成的。我们已经在第 11 章介绍了一个简单的密码协议。

建立安全的密码协议是很有挑战性的。最主要的挑战是作为这个协议的设计者或者实现者，你并不能控制协议的过程。到现在为止，我们设计过一个加密系统，并且可以控制系统中几个组成部分的行为。然而当你和协议中其他各方进行交流时，你无法控制协议其他各方的行为。协议的其他各方可以和你有不同的利益，他们也可以通过偏离协议规则尝试去获得一些利益。所以当设计一个密码协议时，你必须做这样的假设：你是在和攻击者打交道。

13.1 角色

关于协议的交互双方，一般的描述是 Alice 和 Bob，或者说是在客户（customer）和商家（merchant）之间进行。"Alice""Bob"或者"客户""商家"都不是特指某个个体或者组织，它们只是用来表示协议中的某个角色。如果 Smith 先生想和 Jones 先生进行联系，他可能会先运行一个密钥协商协议，Smith 先生充当协议中"Alice"的角色，而 Jones 先生充当协议中"Bob"的角色。第二天他们在协议中的角色就可能会互换。单个实体可以充当协议中的任意一方角色[⊖]，这一点非常重要，尤其是在分析协议的安全性时。我们已经介绍过 DH 协议的中间人攻击，在这个攻击中，攻击者"Eve"同时充当了协议中"Alice"和"Bob"原本的角色。（当然，"Eve"也是协议中的另外一个角色）。

213

13.2 信任

信任是我们与他人进行所有往来的基础，如果你根本不相信任何人，那为什么还要与他们进行联系呢？比如说，买一根糖果条就需要基本级别的信任，客户需要相信商家能够提供需要的糖果条并且能够找对应的零钱，商家需要相信客户会付钱。如果另外一方行为不恰当，客户和商家两者都对对方有追索权，要求对方进行合适的行为。商店里的窃贼是会被起诉的，而作弊的商家则可能承担不良名声、诉讼，或者被当面揍一顿。

信任有以下几个来源：

- **伦理道德** 伦理道德对社会有很大的影响。尽管能够一直遵守伦理道德，从不违反的人很少（如果有的话），大多数人还是会在大多数的时候让自己的行为符合社会伦理道德。违反者一直是少数。大多数人都会为他们所购买的东西付账，即使是在偷取这些东西很轻松的情况下。
- **名誉** 在我们的社会中，有一个好的"名声"很重要。人们和公司都会想办法保护他们的名誉。坏名声带来的威胁是人们检点自己举止行为的动机。

⊖ 在一个有三方或者三方以上的协议中，甚至有可能出现一个人同时充当协议中的多方角色的情况。

- **法律**   在文明社会中，总是存在法律作为基础去支持对于那些举止不当的人进行检举和起诉。这同样给了人们检点自己举止行为的动机。
- **人身威胁**   另外一个让人们检点自己举止行为的动机是害怕自己的欺骗行为被发现导致自己人身安全受到伤害。这是在例如毒品交易或者其他非法交易的场合中信任的一种来源。
- **MAD**   MAD 是一个冷战时期产生的词汇，英文全称为 Mutual Assured Destruction，亦称共同毁灭原则。温和地说，MAD 指的是一种对于你自身和其他各方都会造成伤害的威胁。如果你欺骗你的盟友，他有可能会打破你们的同盟关系从而对双方都造成一定的伤害。有时你会看到两个公司处于 MAD 状态，尤其是两方均对对方发起专利侵权诉讼的时候。

以上所说的这些信任的来源均是使得某一方不去进行欺骗行为的动机，而其他方知道这个动机存在，从而觉得可以在一定程度上相信与他交互的另外一方。但是当你和完全不讲道理的人打交道时，这些动机都没有效果，因为你不能相信这些没有道理的人行动时会考虑自己能获取的最佳利益，这破坏了之前所有机制的根基。

在网络上建立信任是很难的。假设 Alice 住在国外，她连接上了 ACME 网站。ACME 网站几乎没有理由信任 Alice，因为在我们之前列出的信任机制中，只剩下伦理道德在这里有作用。针对国外的私人个体来说进行法律追诉几乎不可能，大多数情况下使用法律武器的费用会非常昂贵。你也无法有效地损害到他们的名声或者对他们进行人身威胁，MAD 机制在这里也无效。

虽然如此，此时 Alice 和 ACME 之间仍然还是有建立信任的基础的，因为 ACME 需要保护它的声誉。当你为电子商务设计协议时，这一点非常重要。如果协议中有故障模式（协议中一般都有的）时，故障处理首先应当考虑 ACME 的利益，因为 ACME 网站有动机去进行手动的干预，将事情处理好[⊖]。如果这个故障对于 Alice 有益，那么这个问题被手动干预，合理解决的可能性更小了。再者，可能有攻击者尝试引起同样的故障模式并且从中获益，ACME 将很容易受到损失。

信任并不是一个非黑即白的问题。并不是只有你信任某人或者不信任某人两个选项。你对于不同的人会有不同的信任等级。你可能会相信一个熟人的 100 元但不会相信你的彩票刚刚赢得了五百万元的大奖。我们相信银行会安全地保管我们的金钱，但我们会索取收据或者某张被取消的支票的复印件，因为我们并不完全信任他们的管理。"你信任他吗？"这个问题是不完整的，完整的问题应当是："你有多么信任他？"

风险

信任是商业交易的基础，但它通常会被表示为风险而不是信任。风险可以看作是信任的对立，风险通常会被评估、比较或者被以各种形式进行交易。

我们在讨论密码协议时，讨论信任的次数通常比讨论风险更多，但是缺少信任本身就是一个风险，有时可以通过专门的风险管理技巧来解决，例如保险。我们在讨论协议时，均讨论信任而不是风险。请记住商务人士通常考虑和讨论的是风险，你在和他们交流时需要在这两个方面之间互相转换。

⊖ 几乎所有的电话、邮件和面向个体的电子商务都遵守这个规则：在发货之前先让客户付款。

13.3　动机

动机机制是协议分析的另外一个基础部分。不同参与者的目标是什么？他们希望达到什么目的？即使在现实生活中，分析动机机制也能得到富有深刻见解的结论。

每周都有那么几次我们会看到新闻报道宣布说："最新研究结果表明……"我们的第一反应总是会问：谁来为这个研究买单？有些研究的研究结果总是对于这个研究的赞助者们有利，这样的研究成果总是值得怀疑的，原因有几个。第一，这些研究者知道他们的客户想听到些什么，也知道自己如果总是能够得出"好的"研究成果，那么就能够得到更多的合约。这导致了一个偏向。第二，这个研究的赞助商不会发布负面的结果，只发布积极结果会导致另外一个偏向。比如烟草公司发布了"科学的"研究结果表示尼古丁不会令人上瘾，微软赞助的研究"证明"说开源软件在一些方面会导致不好的结果。对于那些能够帮助其赞助公司的研究，根本不能相信。

本书作者就很了解这种压力。在我们当顾问的那些年中，我们为付了钱的客户做了很多安全性评估，我们的评估过程通常比较苛刻，因为我们做的评估平均结果都比较差，并且我们的评估通常会有明显负面的部分，所以这使得我们在客户中并不是非常的受欢迎。其中有一个客户甚至直接打电话给 Bruce 说，"放下你们的工作然后把账单寄给我吧，我找到了另外一个报价更低的顾问，他们的报告看起来也更好。"猜猜这里的"更好"指的是什么意思呢？

我们在其他领域也会看到同样的问题。当我们在写这本书的第一个版本时，出版社里面全是关于会计或者银行业的书。分析师和会计师都在写那些他们客户喜欢看的报告，而不是公正的评判。我们会责怪这里的动机机制，给了这些人理由去写不公正的报告。调查这些动机是一件非常有教育意义的事情，也是我们这些年在做的事情，令人感到有些惊讶的是这事非常简单，却又包含了很有价值的内涵。

如果你付给你的管理层一些股票期权作为报酬，你就给了他们这样的一个动机机制：让期权的价格在接下来的三年内增长从而赚到一笔钱，或者让期权价格下降，然后拿一笔退职金走人。这是一个"硬币向上我能发财，硬币向下我赚不到什么"的动机机制，那么猜猜一些经理会怎么做呢？他们会选择所谓高风险的短期策略。如果他们能够有机会去放大两倍他们赌博的金额，他们都会选择要这个机会，因为他们只考虑赢得的利润，而不考虑损失。如果他们能够通过一些招数在几年内吹捧股价，他们也会做的，因为他们可以在被发现之前就兑换现金溜之大吉。这样的赌博有些失败了，但是其他人会为这些失败来买单。

在 20 世纪 80 年代的美国，储贷会（savings and loan industry）发生了一件类似的事情。联邦政府放宽了政策，允许储贷会更加自由地去投资他们的钱，但是与此同时政府又保证了存款安全。现在看看这个政策改变引起的动机机制，如果这些投资成功了，储贷会得到了一笔利润，当然管理层也会得到一笔分红，然而如果投资失败了，却是联邦政府为这些亏损的存款出钱付清。不出所料，很多储贷会把钱都投向了所谓高风险的投资项目并且失败了，然后是联邦政府出钱去给他们买单。

修复这些不正确的动机机制也不是件难事。比如说，与其让公司去为审计付工资，不如让证券交易所来安排报告的审计并且付报酬。每当审计员发现一处错误就给他们一笔奖金，这样你就会得到一份准确得多的报告。

不良的动机机制的例子比比皆是。离婚律师有动机让离婚变得尖酸难受，因为他们为了争夺房产所花的每一个小时都是有工资的，这样做会让他们获得更多的收入。可以打赌，当律师费超过了房产价值之后，律师会建议你尽快地解决。

在美国，诉讼非常普遍。所以当一起事故发生时，每一个参与者都有很大的动机去隐瞒、否认或者逃脱责罚。严格的法律责任和巨大的伤害赔偿，第一眼看上去似乎对社会有利，但实际上它极大地阻碍了我们去发现事故为何发生，并且思考如何在将来避免这类事故发生的能力。原本是用来保护客户的法律责任却使得类似 Firestone 这样的公司不可能去承认他们的产品有问题，从而让我们都能去研究如何制造更好的轮胎。

密码协议在两个方面与动机机制有关。一方面，密码协议依赖于动机机制。一些电子商务支付协议无法阻止商家去欺骗客户，但是可以让客户掌握商户欺骗的证据。这样的机制是有作用的，因为它提供了一个经过加密的法庭上有效的证据。这样商家就有动机去让人们无法找到其欺骗的证据了，因为这些证据不仅可以在法庭上使用，也可以用来损害这个商家的名誉。

另一方面，密码协议改变了动机机制。协议使得一些事情不再可能发生，从而从需要考虑的动机机制里面消失了。密码协议也可以创造一些新的可能的动机，当你有网银账户时，你给窃贼提供了新的动机去闯进你的电脑并且偷取你的钱财。

起初，看起来大多数的动机是唯物主义的，然而实际上只是部分动机是唯物的。许多人都会有非唯物的动机。在个人关系中，最基本的动机通常都和钱没有什么关系。保持开放的心态，并且试图去理解什么在驱使人们的行为。之后再对应地调整你的协议。

13.4　密码协议中的信任

密码协议的作用是最小化所需的信任的量。这句话很重要值得重复一次，密码协议的作用是最小化所需的信任的量。这指的是最小化彼此信任的人数，以及最小化人们需要信任其他人的程度。

一个设计密码协议的有力工具称为偏执狂模型。当 Alice 参加到一个协议中时，她假设协议中其他所有参与者都是合谋在一起欺骗她的。这就是终极阴谋论。当然，协议中的其他参与者也在做同样的假设。这是所有密码协议在设计时的默认模型。

任何在这个默认模型的基础上所做的修改都必须被文档记录下来。令人惊讶的是，这个步骤却通常被忽略。我们有时候会看到一些协议在一些缺乏信任的情况下被使用。举个例子，大多数的安全网站会使用 SSL 协议，SSL 协议需要这个网站有一个被信任的证书，但是一个证书是很容易得到的。这样导致的结果就是这个用户在和一个网站进行安全的通信，但是用户并不知道与自己通信的是否确实是想连接的那个网站。无数的针对 PayPal 用户进行的网络钓鱼诈骗就利用了这个漏洞。

设计者们有时候的确会很轻易地不去将所需的信任写入文档内，因为它们似乎通常是"显而易见的"。对于设计者来说可能的确如此，但是就像这个系统里面的任何模块一样，这个协议对于所有常见的原因都应当有一个清晰明确的接口。

从商业的角度来说，在文档中列出所需的信任也就等于列出了所带的风险。协议中每一点需要的信任都对应着一个需要解决的风险。

13.5　消息和步骤

一个典型的协议描述包括在协议参与者之间发送的消息数量以及每个参与者需要做的计算。

几乎所有的协议描述都是在很高的层次进行的，大多数的细节都没有描述。这样可以允许你把注意力放在协议的核心功能上，但同时它也产生了很大的危险性。如果不对每个参与者应当进行的行为进行小心的规范说明，那么这会使得协议的安全实现变得非常难。

有时候你会看到协议描述里规范了所有的细枝末节和检查方法，这样复杂的规范说明通常会使得人们难以完全理解。这可能会帮助协议的实现，但是任何太复杂的东西也不会安全。

和之前一样，解决方案是进行模块化（modularization）。对于密码协议或者通信协议，我们可以把所需的功能分为数个协议层（layer），每一层都位于它之前那一层的顶部。所有的层都很重要，但是多数的协议层对于所有协议来说其实是一样的，只有最顶部的协议层是高度差异化的，那一层则是你找到的协议文档通常所在的部分。

218

13.5.1　传输层

网络专家们，请原谅我们在这里借用了你们的一个专业名词。对于密码学家来说，传输层指的是让人们能够互相通信的底层通信系统。这个系统负责将一系列的字符串从一个参与者发送到另外一个参与者。这个过程如何实现与我们的目标没有关系，作为密码学家，我们需要关心的是能够在参与者之间发送字符串。你可以使用 UDP 包、TCP 数据流、电子邮件或者其他方法。在很多情况下，传输层需要一些额外的编码工作。比如说，如果一个程序在同时执行多个协议，那么传输层就必须把每个消息都发送给正确的协议执行程序。这可能需要某种额外的目标字段。当使用 TCP 协议时，消息的长度需要被包括在消息内，从而能够在提供在面向流的 TCP 协议之上的面向消息的服务。

明确地说，我们期望传输层能够传输任意的字符串。在消息中有可能出现任意一个字节值。字符串的长度是可变化的。发送方发出去的字符串显然应当和接收方收到的字符串完全相同，删除结尾所有的零或者其他任何对字符串的修改都是不允许的。

一些传输层会包括类似于魔数（magic constant）的东西，从而能提前检测出错误或者能够检查 TCP 流的同步是否正确。如果收到的一个消息中魔数不对，那么这个消息接下来的部分应该被丢弃。

还有一种很重要的特殊情况。有时候我们会在一个类似于第 7 章中已经经过加密的信道上运行一个密码协议。在这种情况下，传输层还提供了消息保密性、认证以及重放保护（replay protection）。这使得密码协议更加容易实现，因为需要担心的攻击类型会少很多。

13.5.2　协议标识符和消息标识符

下一个层级提供的是协议标识符和消息标识符。当你收到一条消息时，你会想知道这个消息属于哪个协议，以及这个协议都包含哪些消息。

协议标识符一般包括两个部分。第一个部分是版本信息，为未来的升级提供空间。第二个部分指定了这个消息属于哪个密码协议。在一个电子支付系统中，可能会有关于取款、付款、存款、退款等等各种行为的协议，协议标识符能够避免不同协议的消息发生混淆。

消息标识符则是指出该标识符对应着协议的哪个消息。如果在一个协议中有四个消息，你不会希望对具体的消息产生混淆。

219

为什么我们要引入这么多来识别的信息？难道一个攻击者无法伪造这些信息吗？当然是可以的。在这个层级并没有提供任何针对主动伪造的防护机制，只是说识别信息会帮助检测出意外错误。注意检测意外错误的产生是很重要的。假设你正在负责维护一个系统，你突然收到了很多很多的错误信息，这时候能够区分主动攻击和配置、版本问题导致的意外错误，这样的服务就很有用。

协议和消息标识符同样使得消息能够更加独立，从而使得大多数的维护和调试工作变得简单。车子和飞机都是设计得易于维护，软件则是更加复杂，这也说明了为什么软件应该被设计得易于维护。

也许将消息标识符包括进来最重要的是因为霍顿原则（Horton Principle），当我们在一个协议中使用认证（或者数字签名）时，我们一般是针对数条消息和数据字段进行认证。通过引入消息标识符，我们可以避免一个消息认证时被解读到错误的上下文里。

13.5.3　消息编码和解析

接下来的一个层级是编码层（encoding layer）。一条消息中每一个数据元素都需要被转化成一个字节序列。这是一个标准的编程问题，我们在这里不讲述其细节。

一个非常重要的点是消息解析，接收者必须要能够解析看起来像一个字节序列的消息，将这个序列解析成其组成字段。这个解析不能被上下文信息影响。

一个在所有协议版本中都是固定长度的字段是容易解析的，因为你知道它有多长。但是当字段长度或者字段含义取决于一些上下文信息，例如协议中较早发送的消息时，难题就来了。

密码协议中的许多消息最后都会被签名或者认证。认证函数认证了一个字节串，并且通常在传输层对消息进行认证是最简单的。如果一个消息的解释取决于一些上下文信息，那么这个签名或者认证就是含糊不清的。我们已经根据这个问题发现了几个协议的漏洞。

一个给字段编码的好方法是使用 TLV（Tag-Length-Value）编码。每个字段被编码成了标签（tag）、长度（length）和值（Value）三个数据元素，标签用来识别字段，长度表示这个字段的值经过编码之后的长度，值则是被编码的实际数据内容。最著名的 TLV 编码是 ASN.1[64]，但是它实在是太复杂了，我们不使用它，ASN.1 的一个子集就够用了。

另外一个可选的编码方法是 XML，忘记那些对 XML 过分的宣传吧，我们只是使用它作为一个数据编码系统。只要使用一个固定的文档类型定义（Document Type Definition，DTD）时，这个解析就不依赖于上下文，你也就不会有问题了。

13.5.4　协议执行状态

在许多协议实现中，单个计算机有可能同时参加到几个协议执行中。为了记录所有这些协议的动向，需要某个形式来记录协议执行的状态。这个状态包括完成协议所必需的所有信息。

实现协议需要某种类型的事件驱动编程，因为协议执行需要等待外部消息到达才能执行。这个目的可以通过多种方法来实现，比如说每个协议执行用单独的一个线程或进程，或者使用某种事件调度系统来实现。

在给了一个事件驱动编程的基础设施之后，实现一个协议是相对简单的。协议状态包含了一个状态机，用于说明下一个消息的预期类型。作为一个通用的规则，其他类型的信息是不可接受的。如果符合期待类型的消息到达了，会根据对应的规则对它进行解析和处理。

13.5.5　错误

协议通常包含了多种检查，这些检查包括验证协议类型和消息类型，检查这个消息是否是协议执行状态期待的类型，解析消息是否正确，以及执行协议指定的认证。如果里面任意一个检查失败了，我们就碰到了错误。

错误需要很小心地处理，因为它们都是攻击潜在的来源。最安全的处理过程是不给这个错误发送任何回复，并且马上删除协议状态。这样攻击者能够得到的协议信息最少。然而不幸的是，这样处理会导致一个不友好的系统，因为这个系统没有任何错误提示。

要让系统易于使用，你通常需要添加一些错误信息。如果你能够摆脱它，就不要给协议中的其他方发送错误消息。在系统的安全日志里添加一个错误消息，这样系统管理员就能够诊断问题所在了。如果你必须发送一个错误消息，就让这个消息里包含的信息量尽可能少。一个简单的"出现错误"消息通常就足够了。

然而错误可能和时间攻击（timing attack）联系起来，这是很危险的。Eve 可以发送一个虚假的消息给 Alice，然后等待她回复错误信息。Alice 检测错误和发送回复消息的时间通常提供了关于具体错误是什么，在哪里出错了的详细信息。 |221|

这里有一个例子说明这种联系的危险性。几年前，Niels 公司使用了一个市售的智能卡系统。里面的一个功能是需要一张卡片的 PIN 码才能启用这张卡片。输入的四位的 PIN 码会被发送给这张卡片，然后卡片回复一个消息表示这个卡片现在是否可用了。如果这个系统被正确实现了，那么要尝试所有 PIN 码的可能性需要 10 000 次尝试。如果尝试 PIN 码错误了五次，这个智能卡片就会锁起来，然后需要用其他方法再把它解锁。这个想法是根据攻击者在不知道 PIN 码的情况下最多只能猜五次，这样他能猜到 PIN 码的概率就只有 1/2000 了。

这个设计很好，并且类似的设计在今天已经被广泛使用了，1/2000 的概率对于许多应用来说都足够使用了。但是很不幸的是，这个智能卡系统在实现的时候出现一个设计决策错误。为了验证这个四位 PIN 码，程序首先会检查第一位，然后第二位，这样一位一位地检查。当发现某一位不对时，智能卡会马上返回这个 PIN 码错误。这样做的缺点在于智能卡返回 PIN 码错误的时间取决于有多少位的 PIN 码是正确的，那么一个聪明的攻击者就可以通过测量这个时间得到很多信息，也就是说攻击者可以发现具体是第几位的数字错了。如果可以这样做的话，那么总共只需要 40 次尝试就可以遍历完这个 PIN 码的搜索空间了（猜出第一位最多需要 10 次尝试，第二位最多 10 次，以此类推）。在 5 次尝试之后，攻击者成功猜出 PIN 码的概率变大到了 1/143，这比原先的 1/2000 大多了，如果她能够尝试 20 次，猜中的概率变成了 60%，比原先应该有的 0.2% 也大了很多。

更糟的是，会有一些特定情况允许 20 次或者 40 次尝试。在 5 次错误尝试之后会自己锁住的 PIN 卡一般会在输入正确的 PIN 码之后重置这个尝试错误的计数器，那么用户下次又可以有 5 次尝试的机会。假设你的室友有一个这样的智能卡，你可以拿到这张卡，尝试一到两次都没通过，然后把卡放回去，等你室友正确输入一次 PIN 码之后计数器会被重置，然后你又可以再试一到两次了。因为最多只需要 40 次尝试，你不久之后就能猜出他的 PIN 码。

错误处理这个问题很难给出一个简单的规则集合，这方面我们了解的还不够多。此时我们能够给的最佳建议是足够小心，尽可能少地泄露信息。 |222|

13.5.6　重放和重试

重放攻击（replay attack）指的是攻击者录下来一段消息，然后将这段消息重新发送出去。这种攻击必须要防御，它很难检测，因为这个消息和一个合法的消息很像，实际上它就是一条合法消息。

和重放攻击关系密切的攻击是重试攻击（retry attack）。假设 Alice 正在和 Bob 进行一个协议的交互，但是她没有收到响应。这可能会有很多原因，但是一个普遍原因是 Bob 没有收到 Alice 的最后一条消息，并且仍然在保持等待。现实生活中这种事情经常发生，我们的解决办法是发另外一封信件或者邮件，或者重复发送上一次的消息。自动系统中这种做法称为重试。Alice 重发了她的最后一个消息给 Bob 然后再次等待回复。

所以 Bob 可以收到由攻击者发送的重放消息和 Alice 发送的重试消息。由于某种原因，Bob 需要合理地处理这些消息，保证在不引起安全缺陷的情况下进行正确的行为。

发送重试消息相对来说比较简单。每个参与者都有一个某种形式的协议执行状态。所有你需要做的是使用一个计时器，如果在合理的时间内没有收到回复就把最后一条消息再发一次。这个精确的时间限制取决于底层的通信基础设施。如果你是用 UDP 包（一个直接使用 IP 包发送消息的协议），消息很有可能会丢失，所以你希望重试的时间比较短，例如几秒钟。如果你是在 TCP 协议上发送消息，那么 TCP 协议会在自己规定的时间限制过去之后自己重新尝试发送数据。在密码协议层没有什么理由去做重试，并且多数使用 TCP 的系统也不做重试。所以，在接下来的讨论中我们将假设已经发送了重试消息，以及处理收到的重试信息的技术也同样可用，即使你从来没有发送过重试消息。

当你收到一条消息时，你会想弄清楚要对它做什么事情。我们假设每一条消息都是可以识别的，你可以知道这个消息应该属于哪个协议。如果这是你期待收到的消息，并且没什么异常情况，那么只需要遵守协议的规则就可以了。假设这个消息来自于协议的“未来”，也就是说，是本应在晚些时候才收到的消息。那很容易，忽略它就可以了，不要改变你的状态，不要回复任何消息，只要丢弃它什么事情都不做就可以了。这可能只是攻击的一部分。即便在一些奇怪的协议里这些消息可能是消息丢失引起的错误信息序列的一部分，也同样忽略它，因为消息已经丢失了，忽略之后的效果也一样。协议是应当从丢失消息的错误中恢复的，忽略一个消息通常是安全的解决方案。

223

这就导致了可能有“旧”消息的情况，也就是那些你已经在正在运行的协议中处理过的消息。有这样三种情况可能是收到旧消息了，第一种情况是你收到的消息和之前你已经响应过的消息有一样的消息标识符，并且内容也相同。在这个情况下，这个消息可能是一个重试消息，所以回复和之前完全一样的内容就可以了。注意这个回复应该是一样的，所以不要重新用另外一个随机数重新进行计算，也不要假设你收到的消息和你之前回复过的消息完全相同。你需要仔细检查一下。

第二个情况是当你收到一个和你最后响应过的消息有相同消息标识符，但是消息的内容不一样。比如说，假如在 DH 协议中 Bob 收到了来自 Alice 的第一条消息，然后又收到了另外一条声称是协议中第一条的消息，但是在通过了相关的完整性检查之后消息内容又和前面那条消息不一样。这种情况就指示了一次攻击。正常的重试不会造成这种情况的，因为重发的消息不可能和第一次尝试发送的消息不一样。要么你刚刚收到的消息是伪造的，要么你之前回复过的那条消息是伪造的，考虑所有我们讨论过的后果，安全的选择是将这种情况视作一次协议错误。（忽略这个你刚收到的消息是安全的，但这也意味着能够被检测到的主动攻击的形式更少。这对于整个安全系统的检测和响应来说是不利的）

第三种情况是当你收到一条甚至比你之前回复过的消息更“老”的消息。对于这种情况，你能做的事情不多。如果你仍然有之前收到的原始消息的拷贝，你可以检查两条消息是否相同，如果是的话就忽略它，如果不是，你就检测到了一次攻击，并且应当将它作为一次协议错误来处理。许多协议实现不会保存执行过程中收到的所有信息，会导致你无法知道你现在收到的消息是否与之前已经处理过的消息相同。最安全的措施是忽略这些消息。你可能会惊讶于这种情况发生的频率很高。有时消息会被延迟很长一段时间。假设 Alice 发送了一个被延迟的消息。在几秒之后，她发送了一个重试消息并且成功到达，然后双方继续执行协议。半分钟后，Bob 收到了最初发送的消息，这时 Bob 就是收到了协议执行过程中的"老"的消息。

如果协议中有多于两个参与者，情况就更复杂了。这些情况不在本书的讨论范围内。如果你需要考虑多方的协议，就需要仔细考虑重放和重试攻击的情况。

最后再说几句：没有办法能够判断一个协议的最后一条消息是否已经到达。如果 Alice 发送了最后一条消息给 Bob，那么她就不会得到这个消息到达的确认信息。如果通信链路中断了，Bob 没有收到最后一条消息，那么 Bob 就会重试之前的消息，而这条消息也不会到达 Alice 那里。这对于 Alice 来说和正常的协议结束没有什么分别。你可以在协议末尾增加一条从 Bob 到 Alice 的确认消息，但是这个确认消息又变成了新的最后一条消息，同样的问题又产生了。所以密码协议在设计时需要注意不要让这种不确定性引起安全隐患。

13.6　习题

13.1　描述一个你会定期参与其中的协议。这可能是在当地的咖啡店点一杯饮料，或者飞机着陆。谁是这个协议明显的直接参与者？有哪些参与者是外围地参与了这个协议，例如在协议的设置阶段？为了简单起见，列举最多五个参与者。

设置一个矩阵，每一行和每一列都标注一个参与者。然后在每个单元格中描述这个行对应的参与者是如何信任这个列对应的参与者的？

13.2　考虑你的个人计算机的安全性如何。列举所有可能闯入你计算机的攻击者、他们的动机，以及对于攻击者来说相关的代价和风险。

13.3　和习题 13.2 一样，但是把个人计算机换成银行。

13.4　和习题 13.2 一样，但是把个人计算机换成五角大楼的一台计算机。

13.5　和习题 13.2 一样，但是把个人计算机换成属于一个犯罪组织的一台计算机。

Cryptography Engineering: Design Principles and Practical Applications

密钥协商

终于，我们准备好讨论密钥协商协议了。这个协议的目的是得到一个可以在第 7 章定义的安全信道里使用的共享密钥。

完整的协议很复杂，如果一口气全部呈现出来可能会让人觉得迷惑。所以我们会呈现一系列的协议，协议与协议之间逐渐增加一点功能。请记住那些中间的协议功能并不完整，并且会有各种弱点。

设计密钥协商协议有几种不同的方法，一些是有安全性证明作为支持的，另外一些没有。我们从零开始设计协议，不仅是因为这样解释起来更清楚，而且这使得我们可以注意整个协议设计过程中，每一步所做的细微变化和面临的挑战。

14.1 初始设置

在协议中有两个参与方：Alice 和 Bob。Alice 和 Bob 希望能够安全地通信。他们首先通过密钥协商协议设置一个秘密的会话密钥（secret session key）k，然后将 k 用于一个安全的信道来传输实际的数据。

在一个安全的密钥协商中，Alice 和 Bob 必须能够识别对方。这个基本的认证能力是本书第三部分的主题。现在我们只假设 Alice 和 Bob 能够认证发送给对方的消息。基本的认证可以通过 RSA 签名完成（如果 Alice 和 Bob 知道对方的密钥或者正在使用公钥基础设施 PKI），或者通过一个共享密钥和一个 MAC 函数。

但是等等！为什么在你已经有了一个共享密钥的情况下还要做密钥协商呢？有很多可能的原因。第一，密钥协商可以将会话密钥和已经存在的（长期的）共享密钥分离开来。如果会话密钥泄露了（可能由于安全信道的实现有漏洞），这个共享的密钥仍然是安全的。以及如果共享密钥在密钥协商协议已经运行了之后被泄露，拿到了共享密钥的攻击者仍然无法直到知道所协商的会话密钥。所以如果你今天的密钥泄露了，昨天的信息还是被保护的。这样便有一个重要的性质：你的整个系统更加健壮了。

同样也存在一些情况，共享密钥相对来说安全性比较弱，例如口令。用户不喜欢记住一个 30 个字符长的口令，而是更喜欢选择简单很多的口令。一个标准的攻击是字典攻击，即让计算机搜索一个很大的简单密码集合。在这里我们不考虑它们，一些密码协商协议可以让一个很弱的密码变成一个很强的密钥。

14.2 初次尝试

你可能希望用一些已有的标准协议来做密钥协商。一个广为人知的例子是基于 DH 协议建立的站到站协议（Station-to-Station protocol）[34]。这里我们将带领你看一个不同的协议的设计过程。我们将从能想到的最简单的实现开始，如图 14-1 所示。这只是在 DH 协议的基础上添加了一些认证。Alice 和 Bob 通过最初的两个消息来执行 DH 协议。（我们为了简化省去了一些必要的检查。) Alice 随后对会话密钥 k 计算认证并发送给 Bob，Bob 检查了认证信息。同样的，Bob 也发送了关于 k 的认证信息并发送给 Alice。

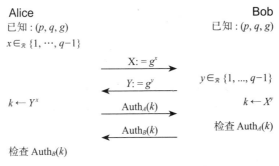

图 14-1 密钥协商的第一次尝试

我们此时并不知道这个认证的具体形式。回忆一下，我们说过我们假设 Alice 和 Bob 能够互相认证对方的信息。所以 Bob 是能够检查 $\mathrm{Auth}_A(k)$，并且 Alice 能够检查 $\mathrm{Auth}_B(k)$。这一步使用数字签名还是用 MAC 函数不在我们的考虑范围之类。这个协议仅仅是将一个认证的能力放在了会话密钥之上。

关于这个协议有以下这些问题：

1）协议是建立在 Alice 和 Bob 双方都知道 DH 协议中的（p，q，g）的假设之上的。然而将这些值设置为常数不是个好主意。

2）它总共使用了四条消息，然而如果要达到目的可以只需要三条消息。

3）这个会话密钥被当作认证函数的输入。当这个认证函数很强时这不是一个问题，但是假设这个认证函数会泄露关于会话密钥的几位，那就不好了。这样整个协议肯定需要重新分析安全性。好协议的一个标准是一个密钥只使用在一个对象上。在这里 k 被当作会话密钥使用，所以我们不想使用它作为认证函数的一个参数。

4）这两个认证消息太相似了。例如，如果这个认证函数是一个利用对于 Alice 和 Bob 都知道的密钥设置的一个简单的 MAC 函数，那么 Bob 只需要将他从 Alice 那里收到的认证消息原路返回即可，并不需要拿密钥再重新计算一遍。这样最后一条认证信息对 Alice 来说就不是完全可信的。

5）实现时要注意在认证消息交换之前不能使用 k。这不是一个主要问题，是一个相对简单的要求，但当人们试图这样优化程序时可能会获得意想不到的效果。

本章之后的内容这些问题都能修复。

14.3 协议会一直存在下去

我们已经强调过设计系统时要考虑未来所要经受的考验，这一点很重要。对于设计协议来说这更为重要。如果你将数据库的域大小限制在 2000 个字节，这可能对一些用户来说是一个问题，但你可以在下一版本就将这个限制删除，解决问题。对于协议来说不是如此。协议是在不同的参与者之间运行的，并且每一个新的版本需要能够互相操作。修改一个协议并且需要能够和之前版本保持兼容是相对复杂的。在你知道这一点之前，你需要实现这个协议的若干版本和一个决定使用哪个版本的系统。

显然，协议版本转换是一个可能被攻击的点。如果一个老版本的协议是比较不安全的，一个攻击者就有动机去强迫你使用那个更老版本的协议。你会惊讶于我们已经见到了有多少个系统受到了这样的版本回滚攻击（version-rollback attack）。

当然，想知道所有未来的需求是不可能的，所以有可能在某个时候需要定义一个协议的第二个版本。但是，一个协议要包含若干版本的成本是比较高的，尤其是在总体复杂性上面。

成功的协议几乎会一直存在下去（我们不关心那些不成功的协议）。完全从世界上删除一个协议是非常困难的，所以设计协议时考虑未来可能的考验更加重要。这就是为什么我们不能给密钥协商协议指定一个固定的 DH 参数集合。即使我们选择了很大的一个集合，未来可能会出现密码学方面的改进强迫我们去改变它。

14.4 一个认证的惯例

在我们继续之前，先介绍一个认证的惯例（authentication convention）。协议通常有很多不同的数据元素，要找到具体哪个元素需要认证可能会很难。一些协议会中断是因为它们忽略了特定数据字段的认证。我们使用一个简单的惯例来解决这些问题。

在我们的协议中，每次某一方发送一个认证，这个认证数据里包括了所有之前已经交换过的数据：所有之前的消息和所有已经认证的消息中包括的数据字段。认证器（authenticator）同样会考虑（计算）所有通信各方的身份识别符。在图 14-1 描述的协议中，Alice 的认证器不会在 k 上，而是会在 Alice 的识别符、Bob 的识别符、X 和 Y 上。Bob 的认证器则会覆盖 Alice 的认证器、Bob 的识别符、X 和 Y，以及 Auth_A。

这个惯例所需代价很小，却去除了很多可能攻击的空间。密码协议通常不交换那么多的数据，并且认证计算通常都从计算输入字节串的散列值开始。散列函数速度很快，使得额外的代价都不重要了。

这个惯例同样让我们可以缩短符号表示（notation）。原来的 $\text{Auth}_A(X,Y)$ 现在可以缩短为简单的 Auth_A。因为要认证的数据是被这个惯例指定的，我们就不再需要显式地将它表示出来。本书之后的所有协议都遵守这个惯例。

在这里提个醒：认证函数只会认证一个字节串。每个要认证的字节串必须从一个独特的识别符开始，这个识别符能够识别协议中这个认证器被使用的具体位置。并且，将之前消息和数据字段编码进这个字节串所使用的编码方法必须能够让这个字节串在没有其他上下文信息的情况下把消息和数据字段恢复出来。我们已经详细描述过这个概念了，但是它是一个很容易被忽略的重点。

14.5 第二次尝试

我们如何修复之前那个协议的问题呢？我们不想使用一个固定的 DH 参数集合，所以我们要让 Alice 选择这个集合并发送给 Bob。我们也会将原来的四个消息减少到两条，如图 14-2 所示。Alice 首先选择了 DH 参数和她的 DH 分布，经过认证发送给 Bob。Bob 必须检查这些 DH 参数是否合适，以及 X 是否有效（检查的细节请查看第 11 章）。协议剩下的内容和之前的版本相似，Alice 收到 Y 和 Auth_B，进行检查，然后计算 DH 的结果。

我们不再有固定的 DH 参数了，我们只使用两条消息，不在任何地方直接使用认证密钥，并且认证惯例确保了被认证的字节串不是相同的。

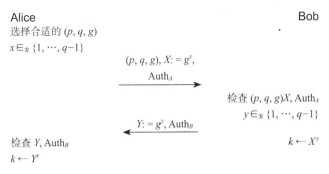

图 14-2　密钥协商的第二次尝试

但现在又有了一些新的问题：

1）如果 Bob 想要一个比 Alice 更大的 DH 素数该怎么办？也许 Bob 有更加严格的安全策略，并且认为 Alice 选择的素数不够安全。那么 Bob 就必须终止协议。也许他可以发送一个类似于 "要求素数至少有 k 个字节长度" 的错误信息，但这样就会变得复杂了。Alice 必须用新的参数重新开始协议。

2）关于认证有一个问题。Bob 并不确定和他对话的就是 Alice。任何人都可以录下或者截下 Alice 发送的第一条消息，然后发送给 Bob。Bob 如果认为消息来自于 Alice（毕竟认证是通过的），完成了协议，认为他和 Alice 共享密钥 k。攻击者不知道 k，因为他不知道 x，如果没有 k 攻击者也无法进入使用了 k 的系统的其他部分。但是 Bob 的日志会显示和 Alice 完成了一次完整的认证协议，那么这是由自身产生的一个问题，因为对于系统管理员来说这次协议执行的记录信息是错误的。

Bob 的问题是缺少了 "活跃度"（liveness）。他不确定 Alice 是 "活的"（alive），不确定他不是在和一个重放者对话。解决这个问题的传统方法是让 Bob 随机选择一个元素并让 Alice 的认证器进行计算。

14.6　第三次尝试

为了修复这些问题我们再做几处修改。与其让 Alice 选择 DH 协议的参数，不如让她简单地发送她的最低要求给 Bob，然后让 Bob 来选择这些参数。这样消息的数量就增加到三条了。（有趣的是多数密码协议至少要求三条消息，我们也不知道为什么，就是这样。）Bob 只发送了一条消息：第二条消息。这条消息包括了他的认证器，所以 Alice 应当在第一条消息中发送一个随机选择的元素。我们在这里使用一个随机数。

这样我们就得到了图 14-3 的协议。Alice 首先选择一个 s，这是她想要选择的素数 p 的最小长度。她同样选择了一个随机的 256 位字符串作为随机数 N_a 并将两个参数发送给 Bob。Bob 选择一个合适的 DH 参数集合和他的随机指数，然后将这些参数、他的 DH 分布和他的认证器发送给 Alice。Alice 和之前一样利用添加的认证器来完成 DH 协议。

这里只有一个问题仍需解决。最终结果 k 是一个可变长度的数。系统的其他部分可能会觉得这个难以处理。并且 k 是使用代数关系计算出来的，在密码系统里面保留一个代数结构通常都令我们觉得害怕。有些地方绝对是需要这样的结构的，但我们尽可能地避免使用。代数结构的危险性在于攻击者可能会找到某些办法来利用这个结构。数学可以是一个非常有力的工具。在过去的几个世纪里，我们看到了很多公钥系统的提案，几乎都被攻破了，多数是由于这些系统中包含的代数结构。所以尽可能地删除所有可以删掉的代数结构。

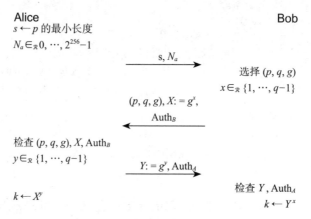

图 14-3 密钥协商的第三次尝试

一个明显的解决方案是将最终的密钥进行散列，这样可以将它归约到一个固定的长度，并且也销毁了所有剩下的代数结构。

14.7 最终的协议

协议的最终简略版本展示在了图 14-4 中。这是最容易读懂和理解的形式。不过，我们去掉了很多协议之外的验证步骤从而增加可读性，可以让我们只注意关键的性质。在原本有几个验证步骤的地方我们只写了"检查 (p, q, g)。为了给你看所有所要求的密码学检查，这个协议的长版本见图 14-5。

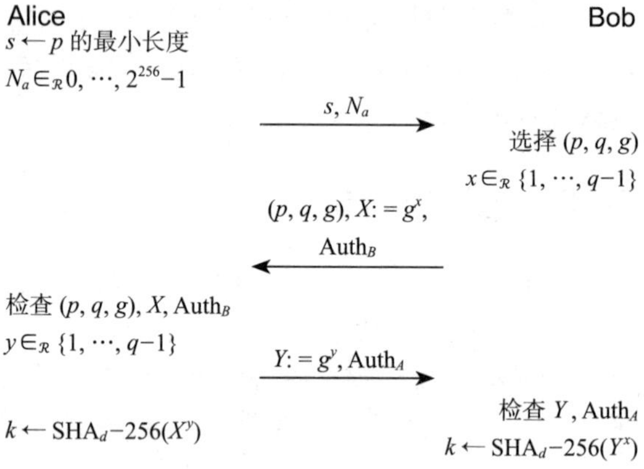

Bob 需要为 p 选择一个合适的长度。这取决于 Alice 所要求的最小长度和他自己要求的最小长度。当然，Bob 需要确保 s 的值是合理的。我们不希望 Bob 仅仅因为他收到了一个未经认证的消息，里面有一个很大的 s，就要求产生一个 100 000 位长度的素数。同理，Alice 不应当仅仅因为是 Bob 发送的消息就开始检查一个很大的素数。所以，Alice 和 Bob 双方应当限制 p 的长度。但是，使用一个固定的最大值会限制灵活性，如果密码学的发展突然迫使你使用一个更大的素数，那么这个固定的最大值就会成为问题。一个可以配置的最大值会带来一个问题，即那个额外的配置变量没有人看得懂。所以我们选择使用一个动态的最大值。Alice 和 Bob 双方都拒绝使用一个比他们理想的素数长度大两倍以上的素数。一个动态的最大值提供了一个不错的升级空间，又避免了没必要的大素数。你可以质疑这个两倍是否合理，你当然可以使用三倍作为限制，这并不是很关键。

协议的剩下部分就是扩展协议的简短版本。如果 Bob 和 Alice 足够聪明，他们双方都会使用合适的 DH 参数的缓存。这给 Bob 节约了每次都要生成新的 DH 参数的时间，也给 Alice 节约了每次检查的时间。应用甚至可以使用一个固定的 DH 集合，或者将它们编码为

图 14-4 协议的最终简略形式

默认的配置文件，这样就不用显式地发送它们了。单个 DH 参数集合识别符就足够了，但是优化的时候要足够小心。优化过多有可能会损坏原本的协议。我们没有什么简单的规则告诉你一个优化措施是否损坏了原来的协议。协议设计与其说是科学，其实更像艺术，并且没有什么硬性的规则去判断。

234

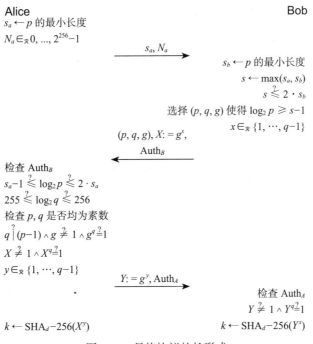

图 14-5　最终协议的长形式

14.8　关于协议的一些不同观点

看待一个协议有若干种像这样的启发方式。有一些性质是这个协议应当具有的，我们可以看看这个协议为什么要提供所有这些性质。

14.8.1　Alice 的观点

让我们从 Alice 的角度去看看这个协议。她收到了来自 Bob 的一条消息，她确认这条消息来自于 Bob 因为它是认证过的，并且这个认证包括了她设置的随机数 N_a。这样的话其他人就没有办法伪造这条消息或者去重放一条旧消息。

235

Alice 检查了这些 DH 参数是合理的，表明这个 DH 协议满足所有期望具有的性质。所以当 Alice 保留 y，发送 Y 时，她清楚知道只有使得 $g^x = X$ 成立的 x 的人能够计算出最后的结果，密钥 k。这是 DH 协议的基本性质。Bob 认证了 X，并且 Alice 相信 Bob 只会在他执行协议的时候去认证 X。所以，Bob 知道这个合适的 x，并且一直保密。那么，Alice 就可以肯定只有 Bob 能够得到这个最终的密钥 k。

所以 Alice 相信她的确在和 Bob 对话，并且这个她产生的密钥只有她和 Bob 知道。

14.8.2　Bob 的观点

现在我们从 Bob 的角度看看。他收到的第一条消息对他来说几乎没有什么有价值的信息，只是包含了一个被选定的值 s_a 和一些随机位 N_a。

第三条消息（Bob 收到的第二条）则不一样。这是一条一定来自于 Alice 的消息，因为 Alice 认证了这条消息，并且我们开头就假设了 Bob 能够验证 Alice 发送的认证器。这个认证器包括了 Bob 选择的一个随机值 X，所以这个第三条消息不是重放消息，而是 Alice 为该运行协议认证的消息。并且，Alice 也认证了 Bob 收到的第一条消息，所以现在 Bob 也可以知道第一条消息是合理的。

Bob 知道这些 DH 参数是安全的，毕竟是他选择的这些参数。所以和 Alice 一样，他清楚只有知道满足 $g^y = Y$ 的 y 值的人能够计算出最终的密钥 k。这使 Bob 确信 Alice 是唯一能够计算出 k 的人。

14.8.3 攻击者的观点

最后，我们从攻击者的角度来看这个协议。如果我们刚窃听了所有通信，看到了 Alice 和 Bob 交换的所有消息。但是这个密钥 k 是根据 DH 协议计算的，所以只要 DH 协议的参数是安全的，像这样的被动攻击不会得到关于 k 的任何信息，换句话说：我们会尝试进行主动攻击。

一个有意思的尝试是查看每个数据元素并且尝试改变它。但因为有认证所以在这里行不通。Alice 最后的认证覆盖了 Alice 和 Bob 之前交换的所有数据，也就意味着我们不能够修改任何的数据元素，只能尝试是否能够重放之前的协议通信内容，进行重放攻击。但是随机数 X 的存在也使得重放攻击不可行。

这并不意味着我们无法试一试其他方法。比如说，我们可以把 s_a 改成更大的值。只要这个更大的值对于 Bob 来说是可以接受的，协议剩下部分几乎可以正常地结束。这样就只有三个问题，第一，增加 s_a 并不能算是攻击，因为这只会使得 DH 所用的素数更大，从而使得协议参数更强。另外两个问题问题是两个认证的检查都会失败。

有一些其他的情况，起初看上去很像攻击。比如说，假设 Alice 将 s_a 和 N_a 发送给 Bob。Bob 将 s_a 和 N_a 发送给 Charlie。Charlie 将 (p, q, g)，X 和 $Auth_C$ 回复给 Bob，Bob 则将 (p, q, g) 和 X 发送给 Alice，同时发送了自己计算的新的认证器 $Auth_B$。Alice 回复 Bob 一个 Y 和 $Auth_A$。然后 Bob 将 Y 和新计算的 $Auth_B$ 发送给 Charlie。这样做导致的结果是什么呢？Alice 认为她在和 Bob 共享密钥 k，实际上却是在和 Charlie 共享。而 Charlie 认为他是在和 Bob 共享密钥，然而实际上是和 Alice 在共享。这是一次攻击吗？并不是。注意到 Bob 可以跟 Alice 和 Charlie 进行正常的密钥协商，然后再转发安全信道内的所有消息（解密从 Alice 收到的消息，再加密发给 Charlie，反之同理）。这样的操作也有同样的结果，Alice 认为她在和 Bob 进行通信，Charlie 认为他在和 Bob 进行通信，实际上是 Alice 和 Charlie 在互相发送消息。并且在这种场景下，相比于进行"攻击"，Bob 能够知道得更多（或者能做得更多）。的确 Alice 可能会发送一条消息给 Charlie 使得 Charlie 相信 Bob 同意了某件事情，但那样只会对 Bob 有害。我们不考虑那些会对攻击者有害的攻击。

在现实社会中，你会发现很多存在未认证的数据元素的协议。多数设计者可能认为我们协议中的 s_a 可以不用认证，改变它也不会造成安全威胁。（Alice 和 Bob 都各自独立地验证了 p 的长度对于他们来说是足够的。）允许攻击者做这些尝试总不是一个好主意，我们不想给他们除了必要信息以外的内容。然而，我们肯定是能够想出一种情况，证明不认证 s_a 可能导致攻击。例如，假设 Bob 偏向于从程序中内置的一个数组中选择 DH 协议的参数，并且只会在必要的时候才重新生成新的参数。只要 Alice 和 Bob 都仍然从那个数组中选择 DH

素数长度这个参数的话，Bob 就永远不会去生成新的参数集合。但是这也意味着 Bob 的生成参数的代码和 Alice 的参数验证代码都不会被使用，也就不太可能会被合理地测试过。一个参数生成和测试代码中的错误（bug）可能会被一直隐藏，直到攻击者增加了 s_a 的值。的确，这是一个不太可能发生的场景，但是很多这样不太可能发生的场景对于安全性是有害的。上千个这样的低可能性的风险会变成一个很可能发生的风险。这就是为什么我们会如此多疑，去考虑阻止任何时候任何类型的攻击。这样能给予我们有深度的防御能力。

237

14.8.4　密钥泄露

如果系统的其他部分泄露（compromise）了，会发生什么呢？我们来看看。

如果 Alice 仅仅丢失了她的认证密钥，但是密钥还没有被攻击者知道，那么她只是失去了继续运行协议的能力。她仍然可以使用已经确定了的会话密钥。这是你希望协议具有的行为。对于 Bob 来说，如果丢失了密钥也是一样。

如果 Alice 失去了会话密钥但是还没有被攻击者得到，她就需要和 Bob 再运行一次密钥协商协议，再确定一个新的会话密钥。

当攻击者设法得到了一个密钥时，情况变得更糟了。如果 Alice 的认证密钥泄露了，攻击者就可以从那个时间开始，到 Bob 被通知并停止接受 Alice 的认证为止，一直模仿 Alice 的身份。这是一个无法避免的结果。如果你丢失了车钥匙，任何能拿到钥匙的人都能够使用那辆车。这是密钥的主要功能：控制特定功能的访问权限。协议当然具有这种期望的性质，即 Alice 和 Bob 过去的通信能够仍然保密。即使攻击者知道 Alice 的认证密钥，即使攻击者将所有消息都录下来，他也无法找到已经完成的协议里的会话密钥 k。这个属性称为前向安全性[⊖]（forward secrecy）。同样对于 Bob 的认证密钥而言同样的性质也成立。

最后，我们考虑会话密钥泄露的情况。密钥 k 是 g^{xy} 的散列值，这里的 x 和 y 都是随机选择的。这个密钥没有提供任何关于其他密钥的信息。当然也没有提供关于 Alice 和 Bob 的认证密钥的信息。在协议的一次运行中的 k 和另外一次运行中的 k 是完全独立的（至少在我们假设 Alice 和 Bob 使用了好的伪随机数生成器的时候是这样的）。

我们的协议总是能够针对密钥泄露的情况提供可能的最好的保护措施。

14.9　协议的计算复杂性

我们来看看这个协议的计算复杂性。假设 DH 参数的选择和验证都是事先缓存过的，所以我们就不用在单个协议运行的消耗中计算它们了。那么就剩下了以下几个 Alice 和 Bob 都必须进行的计算：

1）DH 协议子集里的三个指数运算。

2）生成一个认证器。

238

3）对一个认证器的验证。

4）若干个相对有效的操作，例如随机数生成、比较、散列函数等。

如果使用了对称密钥认证，协议的运行时间主要由 DH 协议参数的指数所决定。我们来看看这是如何决定的，Bob 和 Alice 都需要对一个 256 位的指数做三个模指数运算（modular

---

⊖　有时你会看到术语完美前向安全性（perfect forward secrecy），或者 PFS，但是我们并不喜欢使用类似"完美"这样的词，因为它从来不是完美的。

exponentiation）。这需要大约 1150 次模乘法运算⊖（modular multiplication）。为了了解这是什么概念，我们将这个计算量和一个 RSA 签名（RSA 模数与 DH 素数长度相同）的计算成本来做比较。对于一个长度为 s 位的模数（modulus），如果不使用中国剩余定理（Chinese Remainder Theorem，CRT），这个签名算法需要进行 $3s/2$ 次乘法运算。使用了 CRT 表示会将成本节省到四分之一，所以 s 位数的 RSA 签名算法的成本类似于进行 $3s/8$ 次乘法运算。这让我们得到了一个有趣的结论：在模数比较大的时候，RSA 签名比 DH 计算慢一些，在模数比较小的时候 RSA 签名又相对快一些。这个平衡点（break-even point）在 3000 位左右。这是因为 DH 通常使用 256 位的指数，而对于 RSA 来说这个指数取决于模数的长度。

总结下来，对于我们使用的公钥长度来说，DH 协议的计算成本几乎和一个 RSA 签名的计算成本相同。DH 运算仍然是协议计算里的主体部分，但是这个计算成本是合理的。

如果 RSA 签名被用做认证，这个计算负载量或多或少会扩大到两倍。（我们可以忽略 RSA 的验证运算，因为它们很快。）这还没有高估。CPU 的计算速度在飞快地增加，在大多数的实际实现中你会看到存在通信延迟和一些比运算要消耗更多时间的开销。

优化技巧

针对 DH 协议的运算有一些优化可以使用。使用加法链启发式算法（addition chain heuristics），指数运算可以使用更少的乘法计算来完成。此外，Alice 计算了 X^a 和 X^y，使用加法序列启发式算法（addition sequence heuristics）来同时计算这两个结果，可以节约大约 250 次乘法计算。详细的讨论请查看文献 [18]。

同样还有一些技巧可以使得生成随机数 y 和计算 g^y 更快，但这些技巧需要增加太多额外的系统复杂性，我们更愿意不使用它们。

14.10   协议复杂性

这个协议同样还是一个很好的例子说明为什么协议设计是如此可怕地复杂。即使一个像这样的简单协议也可以很快地扩充到一整页，而且我们还没有包括生成 DH 参数的所有规则，或者那些在抽象层未知的认证方案的检查方法。的确，想记录所有发生的事情是很难的。更加复杂的协议记录的篇幅会大很多。一个 Niels 之前参与设计过的智能卡支付系统包括了一打左右的协议，每个协议都有 50 页的符号和协议规范，何况那还是在使用了专有的，高度紧凑的表示法的情况下！此外还有 50 页以上的密密麻麻的页面描述那些针对安全关键实现问题要注意的事项。

一系列完整的密码协议文档可以写上动辄几百页。这些协议太过复杂，很难记住，这是危险的。一旦你没有完全理解这些协议，那就几乎不可避免地会导致安全缺陷出现。即便对于设计者来说，上面描述的这个项目也太过复杂以至于无法完全理解。

几年后 Niels 参与了另外一个商业化的智能卡系统的设计工作。这是一个著名系统，已经在很多不同的智能卡应用上被使用。有一天一个同事 Marius Schilder，提出了一个问题，或者说是一个大的漏洞更为合适。事实证明有两个协议有一个破坏性的接口。一个协议从一个卡内的长期密钥计算了一个会话密钥，有一点像本章密钥协商协议描述的那样。另一个协议从这个长期的卡内密钥计算了一个认证值。经过一点调整，你可以使用第二个协议让智能

⊖ 这是针对简单的二进制指数运算得到的结果。一个经过优化的算法可以将乘法次数减少到少于 1000 次。

卡计算出会话密钥，然后把结果的一半发给你。如果有这一半的已知信息，破解系统的剩余部分就很简单了。新的版本赶紧修复了这个错误，但这是一个大的协议规范里出现问题的很好的例子。

现实世界的系统里通常有很大的协议规范。通信可以非常复杂，加上密码函数和不信任（distrust），使得事情甚至更加难了。我们的建议是：非常小心地处理协议的复杂性。

这个领域的一个主要问题是协议没有什么好的模块化表示方法，所以所有东西最后都混在了一起。我们已经知道，DH 参数的长度协商、DH 的密钥交换以及认证都是混在一起的。这并不是几个松散部分的简单结合，而是规范和实现将它们糅合在一起。这更像是一个很糟糕又复杂的没有经过任何模块化的计算机程序。我们都知道这样做会导致什么，有模块化的技术去处理程序的复杂性，但是缺少处理协议的模块化技术，并且要开发这样的技术可能不是一件容易的事情。

240

14.11　一个小警告

我们已经尝试让协议设计看起来尽可能简单。请不要被这个误导了。协议设计是极其困难的，需要很多经验。即使有很多经验的人也很容易弄错。尽管在本书中我们尝试让所有事情尽可能正确，还是有可能我们设计的密钥协商协议是错误的。用批判性、怀疑性的眼光去看待所有协议，甚至用专业的偏执眼光来看待是很重要的。

14.12　基于口令的密钥协商

到现在为止，我们都假设存在一个认证系统使得密钥协商可以基于这个系统建立。在很多情况下，你只有一个口令。你可以简单地在这个口令上使用一个 MAC 函数来运行这个协议，但是会有问题：给定这个协议的一段上下文（通过窃听双方的通信得到），你可以测试任何一段口令。只需要计算这个认证值看结果对不对就可以了。

口令存在的问题使人们不会从一个很大的集合中选择。一些程序会搜索所有可能的密码。理想状态下我们想要一个窃听者也无法进行线下字典攻击的密钥协商协议。

这样的协议是存在的，可能最著名的例子是 SRP[129]。他们提供了一个很重要的安全性改进。我们在这里不描述基于口令的密钥协商协议。如果你对使用这样的协议感兴趣，应该知道这个领域里面是有很多专利的。

14.13　习题

14.1　在 14.5 节中，我们说明了协议的性质可能会为系统管理员提供错误信息的情况。请给出一个详细的场景说明这可能是个问题。

241

14.2　假设 Alice 和 Bob 实现了 14.7 节中的最终协议，请问一个攻击者是否可能针对协议性质对 Alice 进行拒绝服务攻击？对 Bob 呢？

14.3　寻找一个使用了（或者应该使用）一个密钥协商协议的新产品或者系统。这可能和你在习题 1.8 中分析的是同一个产品或者系统。请利用 1.12 节的信息对产品或者系统进行安全性审查，这次主要关注密钥协商协议的安全性和隐私性的问题。

242

实现上的问题 II

我们设计的密钥协商协议会引起一些新的实现方面的问题。

15.1 大整数的运算

所有公钥中的计算都是基于大整数运算。如我们曾提及的，恰当地实现大整数运算并不是一件容易的事情。

大整数的处理例程总是或多或少地与平台相关。能够通过平台特性得到的效率提升总是难以发挥实际作用。比如，多数 CPU 有一种带进位加法运算（add-with-carry）功能来处理多字值的加法。但是在 C 语言或者几乎所有其他高级语言中，你是无法访问这个指令的。在高级语言中进行大整数运算一般都比经过平台优化的实现速度慢几倍。这些计算也成了公钥性能的瓶颈，所以这个问题难以忽视。

我们不会去研究如何实现大整数运算的细节，关于这个话题有其他的书籍可以参考。Knuth 的著作 [75] 是一个很好的开始，也可以参考《Handbook of Applied Cryptography》[90] 的第 14 章。对于我们，真正的问题是如何测试（test）大整数运算。

在密码学中，多数的实现者会有一些不同的目标。我们认为 2^{-64} 的失败率是不可接受的，然而大多数的工程师达到这个目标就很满意了。许多程序员认为 2^{-20}（大约是百万分之一）的失败率是可接受的，甚至认为是好的。我们需要做到比这个更好，因为我们是在有对手的环境下工作。

多数的分组密码和散列函数是相对容易测试的⊖。实现错误很少会引起难以找到的错误。如果你在 AES 的 S 盒表中犯了一个错误，在测试了几步的 AES 加密之后这个错误就会被检测出来。很简单，随机测试分组密码或者散列函数的所有数据路径，就能够迅速找到所有的系统问题。代码路径不取决于所提供的数据，或者数据对路径只有很小的影响。所有针对对称原语（symmetric primitive）的合适的测试集合都可以测试实现中的所有可能的控制流。

大整数运算则不一样。主要的区别在于在多数实现过程中，代码路径是取决于数据的。上次实现所使用过的代码在这次几乎不会再次使用。除法例程通常包括一小段只会在每 2^{32} 次除法甚至每 2^{64} 次除法使用一次的代码。如果使用随机测试，这段代码中的缺陷几乎无法发现。当我们使用更大的 CPU 时情况会更糟。在一个 32 位的 CPU 上你还可以运行 2^{40} 个随机测试用例并且期待每个 32 位的字值会在数据路径的每个部分都出现。但是这种测试在 64 位的 CPU 上是不行的。

导致的结果是你需要特别小心地测试你的大整数运算例程。你需要验证每一条代码路径在测试中都被覆盖了。为了达到这一点，你必须小心地去制作测试向量，可能需要花些功夫。你不仅需要测试所有的代码路径，还需要检查一遍所有的边界条件。如果有一个针对

⊖ 两个例外的例子是 IDEA 和 MARS，它们在特殊情况下通常使用独立的代码。

$a<b$ 的测试，那么你需要测试 $a = b - 1$，$a = b$ 和 $a = b + 1$ 几种情况，当然首先这几种情况是可能发生的。

优化会使情况变得更糟。由于这些例程是性能瓶颈的一部分，代码本身也趋向于高度优化。这样就会导致更多的特殊情况、更多的代码路径等，这些都使得测试更加复杂。

一个简单的运算错误可以导致安全性上的灾难。这里有个例子，当 Alice 在计算一个 RSA 签名时，指数运算出现了一个小错误，应当是 mod q 却变成了 mod p。（她使用了 CRT 提高签名速度。）正确的签名是 σ，她发送的则是 $\sigma+kq$，k 为某个值。（Alice 如果是 mod q 结果就正确，但是 mod p 则会得到形如 $\sigma+kq$ 的错误结果。）攻击者知道 σ^3 mod n，它是 Alice 正在计算的这个数的根，并且这个数值只依赖于消息。而 $(\sigma+kq)^3-\sigma^3$ 是 q 的倍数，如果计算这个数和 n 的最大公约数就会得到 q 以及 n 的因子分解信息。这是灾难性的！

所以我们应当做什么？第一，不要自己去实现大整数运算例程。去使用一个已有的库。如果你想在这个上面花时间，就去理解和测试已有的库。第二，用很好的测试用例去测试你的库。确保你测试了每一个可能的代码路径。第三，在应用里面加入额外的测试。有几种技术可以达到这个目的。

另外，我们讨论了不同代码路径的测试问题。当然，为了避免侧信道攻击（side-channel attack）（见 8.5 节和 15.3 节），这个库的编写应当使得代码路径不会随数据改变。多数大整数运算中代码路径的区别可以用掩码操作替代（由" if "条件计算掩码，然后用掩码结果选择正确的结果）。这里说的是一个侧信道问题，但是它同样对测试有影响。为了测试一个掩码计算，你需要对两种情况都进行测试，所以你需要产生能够覆盖两种情况的测试用例。这就是我们提到过的测试问题。我们只不过用代码路径去解释了这些问题，因为这样更容易理解。

15.1.1 woop 技术

这一节里我们讨论的技术有一个不太寻常的名字，叫作 woop。在 David Chaum 和 Jurjen Bos 激烈的讨论中，突然需要给一个特定的验证值起个名字。两人正在兴头上，一个人提议起个名字叫作" woop"，之后这个名字就代表了这项技术。Bos 之后在他的博士论文中描述了这个技术的细节（见参考文献 [18] 的第 6 章），但是因为这个名字不够学术化，后来就没有再使用这个名字了。

woop 技术的基本思想是为了验证对随机选择的小素数的取模计算。将这个问题作为密码学问题考虑。我们有一个大整数库，这个库试图欺骗我们，给出错误的结果。我们的任务是检查是否得到了正确的结果。如果只是检查这个结果和同一个库再计算一遍得到的结果是否一样，这不是一个好主意，因为这个库可能会一直错下去。使用 woop 技术，只要看看这个库是否会尝试修改我们验证计算的结果，就可以验证这个库的计算结果了。

首先，我们先生成一个相对小的随机素数 t，长度在 64 ~ 128 位。t 的值不应该固定或者被预测到，所以我们需要一个伪随机数生成器（PRNG）。t 的值对于所有其他各方都是保密的。然后，对于计算中出现的所有大整数 x，我们同样可得到 $\tilde{x} := (x \bmod t)$。这里的 $\tilde{x}$ 就是 x 的 woop 值。这个 woop 值有一个固定的长度，并且比大整数通常小很多。所以计算这个 woop 值算不上什么额外的开销。

所以现在我们需要对每个整数都得到一个 woop 值了。对于算法中任何输入的 x，我们直接计算 $\tilde{x}$。对于所有的内部计算，我们可以直接计算使用 woop 值运算的结果，而不用从大整数运算的结果再次计算一遍。

一个正常的加法计算 $c:=a+b$，我们可以计算 $\tilde{c}=\tilde{a}+\tilde{b}(\mathrm{mod}\ t)$。乘法也可以同样地处理。我们可以通过验证 $c\ \mathrm{mod}\ t=\tilde{c}$ 来验证对 $\tilde{c}$ 的每个加法或者乘法的正确性，但是最有效的办法是在最后统一进行验证。

模加法（modular addition）稍微复杂一些。原先计算 c 只需要 $c=(a+b)\ \mathrm{mod}\ n$，现在是 $c=a+b+k\cdot n$，k 的选择需要满足让得到的结果 c 在 $0,\cdots,n-1$ 的范围内。这只是另外一种表示模归约的方法。在这种情况下，k 可能是 0 或者 -1，假设 a 和 b 都在范围 $0,\cdots,n-1$ 内。计算 woop 的公式是 $\tilde{c}=(\tilde{a}+\tilde{b}+\tilde{k}\cdot\tilde{n})\ \mathrm{mod}\ t$。在这个模加法程序的内部某处，$k$ 的值是已知的。我们需要做的是说服这个库给我们提供 k，从而能够计算 $\tilde{k}$。

模乘法（modular multiplication）计算更加困难。同样 $c=a\cdot b+k\cdot n$，为了计算 $\tilde{c}=\tilde{a}\cdot\tilde{b}+\tilde{k}\cdot\tilde{n}\ (\mathrm{mod}\ t)$，我们需要知道 $\tilde{a}$、$\tilde{b}$、$\tilde{n}$ 和 $\tilde{k}$ 的值。前面三个值直接可以读取到，但是 $\tilde{k}$ 则需要从某种模乘法例程中得到。当你在写这个库时这个计算是可以加进去的，但是如果要将其加入一个已存在的库就非常难了。一个通用的方法是首先计算 $a\cdot b$，然后使用长除法（long division）除以 n，得到的商就是我们计算 woop 值所需的 k。得到的余数是结果 c。这种方法的缺点是速度非常慢。

一旦你可以得到模乘法的 woop 值，就可以很容易地对模指数运算（modular exponentiation）做同样的操作。模指数运算程序简单地从模乘法构造出模指数运算。（有些程序会使用一个独立的模平方的例程，而这同样可以像模乘法例程一样从 woop 值扩展得到。）只需要对每个大整数维护一个 woop 值，并对每个乘法运算从输入的 woop 值计算结果的 woop 值。

这个 woop 扩展的算法由输入的 woop 值计算结果的 woop 值，如果一个或者多个 woop 输入值是错的，得到的 woop 值结果几乎肯定也是错误的。所以一旦 woop 值是错误的，这个错误会影响到最终结果。

我们在计算末尾检查 woop 值。如果结果是 x，你需要做的就是检查 $(x\ \mathrm{mod}\ t)=\tilde{x}$。如果这个库的计算有错误，那么等式就不成立。我们假设这个库不会根据我们选择的 t 值去小心地修正错误。毕竟，这个库的代码在我们选择 t 值前就固定了，并且这个库的代码不在攻击者的控制之下。很容易就能证明这个库的任何错误会被绝大多数 t 值所捕获。所以对现有的库添加一个 woop 验证可以让我们得到一种非常好的计算验证方式。

我们真正想要的是一个已经内置有 woop 验证系统的大整数库。但是我们还找不到这样的例子。

选择的 woop 值应该多大？这取决于许多因素。对于随机发生的错误，woop 值验证方式无法检测到错误的概率是 $1/t$。但是我们的世界里没有什么是完全随机的。假设我们的库里有一处软件错误，而攻击者知道这个情况。她可以选择我们计算的输入，并且不仅触发了这个错误，还可以控制错误导致的差值。所以 t 必须是个随机、秘密的数，如果不知道 t，攻击者就无法保证结果里面的错误不被我们的 woop 验证系统检测到。

所以当你是一个攻击者时，你会怎么做？当然，你会试图去触发这个错误，但是你同样也会尝试使得这个差值尽可能地在模 t 的时候等于 0。最简单的应对措施是让 t 取素数。如果攻击者试图骗过模 16 个不同的 64 位素数的检测，她需要小心地选择至少 $16\times64=1024$ 位的输入。因为大多数计算需要限制攻击者能够选择的输入位数，所以这也限制了这种攻击的成功概率。

更大的 t 值效果更好。位数更多的素数让攻击者难以成功。如果想保持原先的 128 位安全性，我们会使用一个 128 位或者相近的 t 值。

woop 值不是系统的主要安全性保证，它只是一个后备系统。如果一个 woop 验证失败了，我们就知道软件里面存在故障，需要修复。这时程序不论在做什么，都会马上终止并报告一个致命错误。这也使得攻击者更难对系统进行重复攻击。所以，我们建议使用一个 64 位的随机素数作为 t 值。这样和使用 128 位的素数比会减少开销，并且实际实践中也足够好用。如果你无法使用这个 64 位的 woop 值，一个 32 位的 woop 值也比没有好。尤其在多数 32 位 CPU 上，32 位的 woop 值可以非常有效地计算出来，因为有直接的乘法和除法指令可以用。

如果你有攻击者可以提供大量数据的计算，你同样应当检查中间的 woop 值。每个检查都很简单：$(x \bmod t) \stackrel{?}{=} \tilde{x}$。通过检查基于攻击者数据中有限位数的中间值，攻击者想骗过 woop 系统的难度更高了。

我们强烈推荐使用一个有 woop 验证的大整数库。这是一个相对简单的避免大数运算的潜在安全问题的方法。我们也相信在已有的库中添加 woop 验证比在使用该库的应用中添加应用层面的验证所需要的工作量小一些。

247

15.1.2　检查 DH 计算

如果你没有一个使用了 woop 技术的库，就只能在没有 woop 验证的情况下工作。我们所描述的 DH 协议已经包括了许多检查，也就是说，结果不应该是 1，结果的阶应该是 q。不幸的是，这些检查不是由计算的一方来做的，而是由接收计算结果的一方进行的。总体上说，你不会想发送任何有错误的结果，因为这可能会泄露一些信息，但是在这种特定情况下似乎不会有什么危害。如果结果是错误的，协议不管怎样都会失败，所以这个错误会被注意到。协议不安全的时候是当你的运算库在要求计算 g^x 的时候却返回了 x，但是这种错误普通的测试很可能就会检测到。

必要的时候，我们可能会在一个没有 woop 验证的库上运行 DH 协议。我们所担心的非常罕见的运算错误类型不太可能从一个 g^x 的运算中泄露 x。其他的错误看起来没什么害处，尤其是当 DH 的计算没有长期秘密时。不过，我们仍然更愿意在可能的时候使用一个内置 woop 系统的库，只是因为安全一些。

15.1.3　检查 RSA 加密

RSA 加密更加脆弱，需要额外的检查。如果某一步出错了，可能会泄露你正在加密的秘密，或者你自己的密钥。

如果不能使用 woop 验证，还有另外两种办法来检查 RSA 加密。假设实际的 RSA 加密包括计算 $c = m^5 \bmod n$，其中 m 是消息，c 是密文。为了验证这个结果，我们可以计算 $c^{1/5} \bmod n$ 并且和 m 进行比较。这种方法的缺点在于计算过程很快，而验证过程很慢，并且它需要知道私钥，而我们在进行 RSA 加密时通常是不知道私钥的。

也许更好的办法是选择一个随机值 z，然后检查 $c \cdot z^5 = (m \cdot z)^5 \bmod n$。这里，我们总共计算了三次 5 次幂，分别是 $c = m^5$ 以及 z^5 和 $(m \cdot z)^5$。随机的运算错误很有可能被这样的验证发现。通过选择一个随机值 z，可以让任何攻击者都无法定位到导致错误的变量上。在我们的设计中，我们只是用 RSA 去加密随机值，所以攻击者压根就没办法去进行定位。

15.1.4　检查 RSA 签名

RSA 签名相当容易检查。签名者只需要运行签名验证算法即可。这是一个比较快的验证，如果有运算错误也很容易捕捉到。每个 RSA 签名计算都应当用这种方法去验证刚产生的签名，没有理由不去这么做。

15.1.5　结论

让我们把一些事情说清楚。我们一直谈论的检查是在大整数库的正常检查之外的额外检查。它们不能够替代任何软件中原本应当进行的正常检查，尤其是安全软件。

如果这些检查中有任意一个检查没有通过，你就知道你的软件不合格。这种情况下你没有太多能做的事情。继续工作是不安全的，因为你不知道自己遇到的是什么样的软件错误。你唯一能做的是记录下这个错误，然后终止程序。

15.2　更快的乘法

有很多种方法可以让你实现模乘法比实现一个完整的乘法再跟一个长除法（long division）更快。如果你必须做很多次乘法，那么 Montgomery 方法 [93] 是最广泛使用的方法，该方法的说明请查看文献 [39]。

Montgomery 方法是一种计算（$x \bmod n$）的方法，其中 x 远大于 n。传统的"长除法"是从 x 中减去 n 的倍数。Montgomery 的想法更简单：重复地将 x 除以 2。如果 x 是偶数，我们除以 2 的方法是将它的二进制表示右移一位。如果 x 是奇数，我们首先加一个 n（当然这不会影响 $\bmod n$ 的结果），然后将这个偶数结果除以 2。（这个技术只适合 n 是奇数的情况，在我们的系统里通常如此。当 n 是偶数时可以进行一个简单的归纳。）如果 n 的长度是 k 位，并且 x 不大于 $(n{-}1)^2$，我们总共进行 k 次除以 2。这个结果总是在区间 $0, \cdots, 2n{-}1$ 中，这几乎就是 $\bmod n$ 的约简结果。

但是，等等！我们一直在除以 2，所以这个结果还不对。Montgomery 的归约并没有给你实际的（$x \bmod n$），而是对于某个合适的 k 值的 $x / 2^k \bmod n$。这个归约快一些，但是你额外地乘了一个 2^{-k}。有几种技巧来处理这个额外的因子。

一个不太好的主意是重新定义你的协议，在计算中纳入一个额外的 2^{-k} 因子。这个方法不好，因为它混淆了不同的层次。它为了方便一个特定的实现技术去修改密码协议规范。也许你之后会想在另外的一个平台上实现这个协议，那时你可能不想使用 Montgomery 方法了。（也许那个平台很慢，但是有一个直接实现模乘法的大整数处理器。）在那种情况下，这个协议中的 2^{-k} 因子绝对就是一个包袱。

标准的技术是改变你的数字表示方法。x 在内部表示为 $x \cdot 2^k$。如果你想将 x 和 y 相乘，就针对它们各自的内部表示做一个 Montgomery 乘法。得到的结果是 $x \cdot 2^k \cdot y \cdot 2^k$，但你同时使用 Montgomery 归约时还额外乘以了一个 2^{-k}，所以得到的结果是 $x \cdot y \cdot 2^k \bmod n$，这是 xy 的准确表示。从而使用 Montgomery 归约造成的开销包括将输入转换成内部表示（乘以 2^k），以及将输出从内部表示转换成实际结果的开销（除以 2^k）。前一个转换可以通过用 x 和（$2^{2k} \bmod n$）做 Montgomery 乘法得到。后一个转换可以对另外的 k 位简单地运行 Montgomery 归约得到，即除以 2^k。Montgomery 归约的最终结果不能保证小于 n，但是多数情况下可以证

明小于 $2n-1$。在这些情况下，一个简单的测试和一个可选的减 n 运算可以得到最后的正确结果。

在实际实现中，Montgomery 归约从来都不是逐位进行的，而是以字（word）为单位。假设 CPU 使用 w 位的字，给定一个 x 值，寻找一个小整数 z 使得 $x+zn$ 的最低有效字（least significant word）全为 0。你可以证明 z 是一个字，并且可以通过乘以 x 的最低有效字和一个只取决于 n 的单字常数因子计算得到。一旦 $x+zn$ 的最低有效字是 0，就可以通过将这个值右移一整个字来除以 2^w。这比按位实现快多了。

15.3　侧信道攻击

我们在 8.5 节简要地讨论过时间攻击（timing attack）和其他的侧信道攻击。我们在那里简要讨论不是因为这些攻击危害不大，实际上，时间攻击在攻击公钥计算时也很有用，我们现在就考虑这种攻击。

一些加密算法要求实现时使用不同的代码路径去处理特殊情况。IDEA[84,83] 和 MARS[22] 是两个例子。其他的加密算法使用的 CPU 操作会因为处理的数据不同而造成时间消耗上的差异。在一些 CPU 上，乘法（RC6[108] 和 MARS 使用）或重复数据（RC6 和 RC5[107] 使用）的执行时间取决于输入数据。这可以导致时间攻击。本书讨论的是不使用这种类型的操作。然而，AES 可能会受到缓存时间攻击 [12]，或者那些利用从高速缓冲存储器和从主内存中读取数据的时间差来进行的攻击。 250

公钥密码同样不能防御时间攻击。公钥操作通常有一条取决于数据的代码路径。对于不同的数据来说通常会导致不同的处理时间。计时信息会导致攻击。想象一个电子商务的安全的网络服务器。作为 SSL 协商的一部分，服务器需要解密由客户选择的一条 RSA 消息。所以攻击者可以连接到服务器上，要求服务器解密一个有意选择的 RSA 值，然后等待响应，服务器响应的具体时间能够为攻击者提供重要信息。通常情况是如果密钥的某一位是 1，来自集合 A 的输入会比来自集合 B 的输入稍快，如果这一位是 0，就没有区别。攻击者可以利用这一点来攻击这个系统。她从集合 A、B 中生成几百万个请求，并且试图查找两个集合的响应时间中的统计差别（statistical difference）。可能会存在很多其他的因素来影响具体的响应时间，但是如果请求足够多，她可以通过平均值来抹掉那些因素的影响。最终她会得到足够多的数据来测试 A 和 B 的响应时间是否不同。这样攻击者得到了关于密钥的某一位的信息，然后如法炮制对下一位进行处理。

这些方法听起来都很遥远，但是已经在实验室里完成了，并且在实际操作中也有很好的效果 [21,78]。

应对措施

有几种办法能够让你免受时间攻击。最明显的一种是确保每次计算都使用固定长度的时间。但是这需要整个库都按照这个标准去设计。并且有一些造成时间差异的原因是无法控制的。有一些 CPU 的乘法指令对一些值的处理比另外一些值更快。很多 CPU 都有复杂的高速缓存系统，所以一旦你的内存访问模式取决于非公开的数据，这个缓存延迟就可能导致时间差。想让所有操作都没有时间差几乎是不可能的。因此我们需要一些其他的解决办法。

一个明显的想法是在每次计算结束之后添加一个随机的延迟。但这并没有消除时间差异，只是把差异隐藏在了延迟的噪声中。攻击者可以获得更多的样本（也就是让你的机器做更多的计算），并在结果中求平均值，希望能够通过平均来抹掉随机延迟的影响。攻击者需要尝试的具体次数取决于这个攻击者寻求的时间差异的量级和所添加的随机延迟的量级。在现实的时间攻击中，通常会有很多的噪声，所以尝试进行时间攻击的攻击者已经进行过这样的处理了。唯一的问题是信噪比。

第三种方法是通过强行要求每个操作持续一个标准长度的时间，让操作时间变成常数。在开发中，选择一个比正常的计算时间长的数值 d。然后记录下计算开始的时间 t，在计算完成之后等待到时间 $t+d$。这稍微有点浪费时间，但还不是太糟。我们喜欢这种解决方案，但是它只提供了针对纯时间攻击的保护。如果攻击者能够监听机器的 RF 辐射或者测量电量消耗，计算和延迟之间的差别可能被检测到，从而导致了时间攻击以及其他攻击的可能。一个基于 RF 的攻击需要攻击者能够物理上接近机器，这和这种可以在互联网上进行的时间攻击相比，很大程度上降低了威胁。

你同样可以使用从盲签名[78]中衍生的技巧。对于某些种类的计算可以（几乎）隐藏所有的时间变化。

对于时间攻击的问题，没有完美的解决方案。想让你买到的计算机能够避免如 RF 攻击这种复杂的攻击是不可能的。但是尽管不能给出一个完美的解决方案，你还是能够找到比较好的解决方案。只需要特别注意公钥操作的时间长度。一个比固定每个公钥操作的时间更好的解决方案是用上述办法，让整个交易的时间长度固定。也就是说，不仅让公钥的操作时间固定，而且也固定了请求进入和返回响应之间的时间。如果请求在时间 t 进入，你在时间 $t+C$ 返回响应，C 是某个常数。但是为了保证不泄露任何关于时间的信息，你最好确定这个响应会在 $t+C$ 时准备好。为了保证这一点，你可能需要将请求频率限制在某个固定的范围内。

15.4   协议

实现密码协议和实现通信协议区别不是那么大。最简单的办法是保持程序计数器的状态，然后简单地轮流实现协议的每一步。除非使用了多线程，否则这会使得你在等待一个回复时，程序其他部分都停止执行。这通常不是一个好主意。

一个更好的解决方案是保持一个显式的协议状态，并且在每次一条消息到来时更新这个状态。这种消息驱动（message-driven）的方法在实现的时候需要稍微多花点功夫，但是它也提供了更多的灵活性。

15.4.1   安全信道上的协议

多数的密码协议都是在非安全信道上执行的，但是有时候你需要在一个安全信道上运行密码协议。在一些情况下这是必要的。比如，每个用户都有一个和密钥分发中心（key distribution center）通信的安全信道，中心使用一个简单的协议来分发密钥给用户，允许他们之间互相通信。（Kerberos 协议所做的事情与此类似。）如果你在和你已经交换过密钥的某一方运行一个密码协议，你应该使用全部的安全信道功能。并且，你需要实现重放保护。这非常容易做到，可以阻止大量针对密码协议的攻击。

有时安全信道会允许协议使用捷径。例如说，如果安全信道提供了重放保护，协议本身就不需要再实现一次重放保护了。不过，老的模块化规则认为，协议应该最小化其对安全信道的依赖程度。

我们剩下的有关协议实现的讨论都假设协议在不安全信道上运行。讨论的有些部分对于安全信道来说不是很适用，但是这么做总不会有害处。

15.4.2　接收一条消息

当一个协议状态接收到了一条消息时，需要进行若干个检查。第一个是检查这条消息是否属于这个协议。每条消息都应该由以下几个字段开头：

1）**协议标识符**（protocol identifier）：用来识别这是哪个协议和哪个协议版本。版本标识符是很重要的。

2）**协议实例标识符**（protocol instance identifier）：识别这条消息属于协议的哪个实例。Alice 和 Bob 可能同时在运行两个密钥协商协议，而我们不想混淆。

3）**消息标识符**（message identifier）：识别协议内部的消息。最简单的方法是给它们编号。

取决于具体情况，一部分标识符可能是隐式的。比如，对于那些在自己的 TCP 连接上运行的协议，端口号和关联的套接字就可以识别出本地机器上的协议实例。协议标识符和版本信息只需要交换一次。需要注意的是，这些信息至少需要交换一次以保证它们被包含在协议的所有认证或者签名中。

在检查了协议标识符和实例标识符之后，我们知道了这条消息应该发送给哪个协议状态。让我们假设这个协议状态刚刚接收了消息 $n-1$ 并正在等待消息 n。

如果收到的这条消息的确是消息 n，事情很好办。只需要按照协议规则来处理即可。但如果收到的是不同的消息号呢？

如果这条消息号比 n 大或者比 $n-1$ 小，那么表明发生了一些奇怪的事情。不应该生成这样的消息，所以一定是某种伪造消息。你必须忽略这条伪造消息的内容。

如果收到的是消息 $n-1$，可能是你发送的回复消息还没有到达。当协议运行在某种不稳定的传输系统上时，可能会发生这种事情。因为我们想最小化对系统其他部分的依赖，这正好满足我们的假设。

首先，检查这条新收到的消息 $n-1$ 是否和之前那条标号 $n-1$ 的消息完全相同。如果它们不同，那么你必须忽略这条新消息。再次发送一条回复会破坏协议的安全性。如果消息内容是相同的，那么只需要重发之前的回复。当然，回复的消息版本需要和之前回复的版本保持相同。

如果你由于任何一条规则忽略了这条收到的消息，就需要做第二个决定了。是否应该终止协议？答案在一定程度上取决于应用和具体情况。如果你一直在一个安全信道上运行协议，事情就很不对了。要么是这个安全信道被破坏了，要么就是你正在交流的另外一方行为不正常。不论哪种情况，你都应该终止协议和信道。然后删除协议状态和信道状态，包括信道密钥。

如果你在一个非安全信道上运行这个协议，那么任何一条被忽略的消息都可能是攻击者试图攻击协议的一次尝试。理想状态下你会忽略这条攻击者的消息，继续完成协议。当然并不总是这样。比如说，如果攻击者伪造的消息 $n-1$ 先到达，你会发送一条回复，而当"真正"的消息 $n-1$ 来了的时候你被迫忽略它。这种情况是没有办法恢复的，因为你没办法安全地发送第二个回复。你不知道收到的两条消息 $n-1$ 中哪条是真的，所以为了能够尽可能地完成协议，你将第二条消息 $n-1$ 记为一次错误，然后照常继续执行协议。如果你回复的消息来自于攻击者，协议最终仍会失败，因为密码协议的设计目的正是阻止攻击者成功地和一个参与者完成协议。

15.4.3 超时设定

任何协议都包括超时设定。如果你没有在一段合理的时间内收到消息的响应，可以重新发送最后一条消息。在几次重发之后，你不得不放弃。当你无法和另一方通信时，继续执行协议是没有意义的。

实现超时设定的最简单办法是发送计时消息给协议状态。你可以使用协议显式设置的计时器，或者使用每几秒发送一次的计时消息。

一个广为人知的攻击方式是发送很多个"开始协议"消息到一台特定的机器上。每次你收到一条"开始协议"的消息时，会初始化一个新的协议执行状态。在收到几百万个这种消息时，机器内存被用完，所有事情都停止了。一个好的例子是 SYN 洪水攻击。总的来说没有简单的办法能够防止这些洪水攻击，尤其是在僵尸网络和分布式攻击的时代，但是它们证明了删除旧的协议状态有多么重要。如果一个协议停顿了太久，你应该删了它。

重发的合适时间是可以商讨的。在我们的经验里，互联网上的一个包要么在一秒钟内到达，要么就永久丢失了。如果 5 秒内没收到回复就重发消息看起来是合理的。三次重试应该足够了，如果丢失率如此高以至于在 15 秒的时间内丢失了四条连续消息，你在这个连接上是做不了什么事情的。我们更愿意在 20 秒之后通知用户出现了问题，而不是要求用户坐在那里等一两分钟。

15.5 习题

15.1 考虑一台计算机可能对一个密钥做的所有操作。其中哪些操作包含了时间特征，可能会泄露关于密钥的信息？

15.2 找到一个新的操纵秘密数据的产品或者系统。这可能和你在习题 1.8 中分析的是同一个产品或者系统。对这个产品或系统进行一个如 1.12 节描述的安全审查，这次主要关注与侧信道攻击相关的问题。

密 钥 管 理

时　　钟

在下一章开始详细讨论密钥管理之前，我们还需要讨论一个更基本 (primitive) 的功能：时钟。看起来，这显然是一个非密码学方面的原语，但是因为密码系统里经常用到当前时间 (current time)，所以我们需要一个可靠的时钟。

16.1　时钟的使用

时钟在密码学上有几种应用，密钥管理函数常常与截止时间（deadline）相关联，当前时间能够提供一个唯一值和事件发生的完整顺序。我们将详细讨论这些用法。

16.1.1　有效期

在多数情况下，需要限制文件的有效期。在现实生活中，我们也通常会看到有限的有效期。支票、飞机票、代金券、优惠券甚至是版权都有有限的有效期。限制数字文档有效期的标准方法是在文档内部包含有效期。但为了检查一个文档是否到期，我们需要知道当前时间，因此就要用到时钟。

16.1.2　唯一值

时钟另一个重要功能（如果它的精度足够高的话）是可以为单个机器提供一个唯一值。我们已经在几个地方用到了瞬时值（nonce）。瞬时值的主要特点是任何一个值都不会被使用两次，至少在定义的范围内如此。在有些情况下瞬时值的范围被限定了，例如在安全信道中使用的瞬时值，这时它就能用一个计数器来生成。在其他情况下，瞬时值在经过机器的多次重启后仍然要保证唯一性。生成瞬时值的通用方法有两种。第一种是使用时钟的当前时间，但是需要一些机制能够保证你永远不会两次使用相同的时间信号（time code）。第二种方法是使用在第 9 章中已详细讨论的伪随机数生成器（PRNG）。使用随机数作为瞬时值的缺点是需要的随机数相当大。为了达到 128 位的安全等级，我们需要使用 256 位的随机瞬时值。并不是所有的原语都支持这样大的瞬时值，而且，PRNG 在某些平台上可能很难实现。因此，通过一个可靠的时钟才是生成瞬时值的有吸引力的可选方法。

16.1.3　单调性

时间的一个有用的性质是它会一直不断向前走，从来不会停止或倒退。有一些密码协议用到了这个性质。在密码协议中包含时间信息可以防止攻击者把旧的消息当作有效消息放到当前协议中。毕竟，编码在那些信息中的时间不在当前协议的时间跨度内。

时钟的另一个非常重要的应用是审计和日志。在任何交易系统中，记录所发生的所有事情都是很重要的。如果出现意外，日志就会提供必需的数据来追踪确切的事件序列。在每次日志记录事件中所包含的时间信息是很重要的。如果没有时间戳，就很难知道哪些事件属于同一交易以及事件是以怎样的顺序发生的。由于同步良好的时钟彼此不会偏离很多，时间戳可以允许在不同机器上不同日志的事件发生关联。

16.1.4　实时交易

下一个例子来自于 Niels 在电子支付系统中的工作。为了支持实时支付，银行需要运行实时金融交易系统。为了让审计能够完成，应该有一个清晰的交易序列。给定两个交易 A 和 B，了解两者哪个先发生是很重要的，因为其中一个交易的结果取决于另一个是否已经完成。记录这一序列的最简单的方法是给每一个交易一个时间戳，但这需要在有可靠时钟的前提下才可行。

一个不可靠的时钟也许会给出错误的时间。如果时钟只是偶然地向回移动的话，还不会有太大的危险，因为很容易就能够发现当前时间比上次交易完成时的时间戳大。然而，如果时钟是向前移动的话，就会出现问题。假定当时钟设置为 2020 年时，完成了半个小时的交易。你不能只是改变那些交易的时间戳，人工修改金融记录是不能被接受的。问题是你在 2020 年之前不能进行任何新的交易，因为那将违反了由时间戳所决定的交易的顺序。对于这个问题有解决方案，但如果能有一个可靠的时钟肯定是最好的。

16.2　使用实时时钟芯片

大多数台式计算机包含一个实时时钟芯片和一块小电池，这是安装在你的机器中的一个非常小的数字钟。这就是为什么计算机会在你早上开机的时候知道现在的时间是几点。那么，为什么不就简单地使用这个时钟时间呢？

实时时钟芯片对一般的普通应用来说是足够了，但在安全系统中，我们必须强制要求更高的标准。作为安全系统的一部分，即使攻击者试图去操纵时钟，它也应该给出正确的时间来。第二个原因是时钟有时会有故障。在一般的应用中，时钟显示错误的时间很恼人，但是并不危险。如果时钟是安全系统的一部分，那么它的故障就会带来更大的危害。

在一般硬件中的实时时钟并不像我们所需要的那样可靠和安全。在过去的十年里，我们已经亲自经历了几次实时时钟芯片的故障。而且，那些故障都是自发的，没有恶意攻击者尝试去破坏它。大多数故障的原因很简单：在一台旧机器上，由于电池电量不足，时钟就停止了或者被重新设置成 1980 年。或是有一天你启动机器，时钟已经设置成 2028 年的某一天了。有时候一个时钟可能就会发生漂移，比实际时间慢一点或者快一点。

除了实时时钟的意外错误，我们还必须考虑主动攻击。有些人可能尝试用某种方式操纵时钟。根据计算机的具体情况，改变时钟时间可能会容易也可能很困难，在有些系统中只有特定的管理员才有权限改变时钟，而有些系统的时钟可以被任何人修改。

16.3　安全性威胁

有几种利用时钟对系统进行的攻击，下面分别介绍。

16.3.1　时钟后置

假定攻击者能够把时钟设为过去的任何一个时间。这会导致各种可能的危害，机器会错误地相信自己生活在过去。也许攻击者曾经是个临时雇员的时候可以访问一些数据，但这种访问权限现在已经过期。由于时钟的错误，计算机也很可能让这个前雇员去访问敏感的数据。每当用户被撤销了一些访问权限时，这种问题就会潜在发生。把时钟往回设置可能可以恢复他的访问权限，但这还要取决于系统的其他部分是如何设计的。

另一种有趣的攻击点是可以自动完成的。假设一个人力资源部门的计算机在每个月末直接用银行的存款自动地进行工资支付。像这样自动完成的任务是通过一个程序触发的，这个程序检查时间，然后按照需要完成任务的列表去执行。重复地把时钟往回设置可以重复触发任务。如果任务能被设置成午夜开始，攻击者把时钟设为 23:55（11:55 pm），然后等待任务开始执行。当任务完成以后，他又一次把时钟调回。他可以重复这个动作，直到公司的银行账上没有余额为止。

在金融系统中，另一个问题出现了。利息计算会根据交易完成的时间给出不同的结果，因此得到交易的正确时间是很重要的。如果你的信用卡上还有大量的余额，那么让银行的计算机相信你刚才所做的在线支付实际上发生在六个月以前，这对你很有好处，这样你可以避免支付六个月的利息了。

16.3.2　时钟停止

每个设计者都会本能地认为时间是不会静止的。这是一个无须声明的明显前提，甚至无须写在文档里。他们设计的系统依赖于时间的正常运转。但是如果时钟停止了，时间似乎就静止了。这时事情可能就无法完成。而且很多系统可能会有无法预测的行为。

这种情况引起的简单问题类似于交易记录和报告的时间错误了，一则交易的准确时间可以造成很严重的经济上的后果，发送一份印有错误时间和日期的正式报告可能导致严重的混乱情况。

在实时显示系统中也有可能会碰到其他问题。也许 GUI 程序员用一个简单的系统来展示实时交易的当前状况，每隔十秒，他用最新的数据更新显示。但由于存在各种延迟，并不是所有金融交易的报告都能以同一速度到达。仅仅是报告收到的最新数据就会导致所看到的内容和金融状况不一致。也许一个交易的一部分已经显示出来了，但另一部分还没有。在股份还没有从股票账户撤出之前，这笔钱可能已经出现在银行余额里了。会计们也不愿意得到一个数据还没有汇总的报告。

因此程序员做了一些聪明的改进。每个金融交易的报告用时间戳标记，并且存放在本地的数据库中。为了显示一致的报告，他采用一个特定的时间点，报告那个时间点对应的金融状况。例如，如果最慢的系统在报告中有 5 秒的延迟，那么他就显示 7 秒前的金融状况。这虽然导致多了一些显示的延迟，但保证了报告的一致性。在时钟停止之前都是这样的。突然，显示屏上会一次又一次显示出同样的情况，即相对于（出故障的）时钟 7 秒前的状况。

16.3.3　时钟前置

把时钟向前设置会使计算机认为自己生活在将来，这会导致简单的拒绝服务攻击。如果时钟被设成四年以后，所有的信用卡交易都会因为卡已过期而突然被拒绝。并且你也不能在线预订飞机票了，因为还没有那些日期的飞机时间表。

在 eBay 交易中，重大的竞标都发生在最后几秒。如果你可以把 eBay 的时钟向前移那么一点点，就可以排除许多竞标者，以更低的价格获得这个物品。

我们的一个朋友在他的计费系统中遇到了一个这样的问题。由于软件出现的一些错误，时钟跳到 30 年后，因此计费系统开始对所有的客户收缴 30 年未付的账单。在这种情况下，没有导致直接的经济损失，但客户如果使用了自动从银行账户或信用卡上支付账单的功能，那就不一样了。这肯定不是很好的客户关系的例子。

时钟被设置到未来的时间也会带来一些直接的安全风险。在很多情况下，某些数据在特定的时间之前保持保密，而那个时间以后公开。在自动系统中，时钟向前设置就可以使这些数据能够被访问了。如果这是一个上市公司的盈利预警，提前得到这个数据可以获得很大的一笔利润。

263

16.4　建立可靠的时钟

对于时钟的这些问题我们目前还没有一个简单的解决方案。我们可以提供一些建议和技术，但这些细节太多地依赖于具体的工作环境和风险分析，让我们难以给出通用的答案。

大多数计算机有或者可以实现某种计数器，在电脑启动的时候开始计数。这也许是CPU 时钟循环的计数，也许是刷新的计数器或其他类似的计数器。这个计数器能用来记录自从最后一次重新启动之后的时间。它不是时钟，因为它不能提供具体时间的信息，但它能用来测量两个事件（这两个事件都是在最后一次重启之后发生的）之间所经过的时间。

这种计数器的主要作用，至少是与我们的时钟问题有关，用于检查实时时钟是否有突发性错误。如果实时时钟没有正常运行，就会显示出与计数器的不一致。这样对这个时钟芯片进行检查，并对时钟芯片的某些特定错误模式提出警告，这是很简单的。要注意的是，如果时钟的时间被某个授权用户改变了，那么时钟时间和计数器之间的对应关系也要相应修改。

第二种简单的检查办法是记录最后关机的时间，或是数据写入磁盘的最后时间。时钟不应该往回跳跃。如果你的计算机启动时是 1980 年，那很明显是出问题了。同样也可以防止时钟向前跳跃太多。大多数计算机至少一周启动一次。如果机器启动间隔超过一周[⊖]，也许你应该让用户确认一下正确的日期。这样就能防止时钟向前跳跃一周以上。当然，我们这里假设用户不是对手。

此外还有其他一些检查时间的办法。你可以询问 Internet 或 intranet 上的时间服务器。有一些广泛应用的时间同步协议，如 NTP[92] 或 SNTP[91]。这些协议中有一些甚至能提供时间数据的认证，使得攻击者无法欺骗机器。当然，认证需要一些密钥基础设施。时间服务器的共享密钥可以是人工配置的对称密钥，但人工配置密钥还是有争议的。我们也可以用 PKI来实现，但就像 18 章要讲到的，大多数 PKI 系统也需要一个时钟，这就导致了鸡生蛋还是蛋生鸡的问题。如果你要依靠时钟同步协议提供的密码保护，一定要小心。整个系统的安全性关键在于这个协议的安全性上。

264

16.5　相同状态问题

相同状态问题是一个在某些硬件平台上存在的很严重的问题。我们这里要讨论小型嵌入式计算机，像门锁或智能卡读卡器之类的东西，这些装置一般都含有一个小的 CPU、小容量的 RAM、非易失的存储器（例如闪存，用于存储程序）、一些通信信道以及任务专用的硬件。

你会注意到，实时时钟通常没有包含在内。加入时钟需要有额外的芯片和震荡晶体，最

⊖　由于用户大多数情况下会不看信息就敲 OK 键，因此最好让用户直接手动输入当前日期，而不是给他看系统的当前日期是多少。

重要的是还要有电池。就算不考虑额外的成本，加入一个电池就会使装置变得更复杂。你现在不得不为电池是否有电而感到担心。而且电池对温度波动是敏感的，一些电池中的有毒化学材料会带来运输硬件的问题。由于这些原因，很多小计算机没有实时时钟。

这样的小计算机在每次启动时都以同样的状态开始，它从同样的非易失存储器中读取同样的程序，初始化硬件，然后开始操作。由于这是一本密码学的书，我们假设有某种密码协议被用于同系统的其他部分通信。但有这样一个问题：没有时钟或硬件的随机数生成器，嵌入式系统将总是重复同样的行为。假定攻击者一直在等待机会，直到因为有一辆卡车要通过，看门的计算机即将要打开大门时，他就在大门开启之前重启计算机（例如，瞬间中断电力供应）。当一些初始化过程完成后，中央系统将通过通信信道命令计算机打开大门。第二天攻击者又一次重启计算机，并且送出与第一次完全一样的消息。由于这个看门的计算机以同样的状态开始，并且看到同样的输入，所以它就会做出同样的行为：把大门打开。这是很糟糕的。注意，如果看门的计算机使用了一种时间同步协议，也不会起作用。协议消息能够从昨天的消息重放，而看门的计算机也没有办法检测到。相同状态问题是不能通过任何协议来解决的。

一个实时时钟芯片能够解决这个问题。这个小型嵌入式计算机能用一个固定的密钥加密当前时间，来生成高度随机的数据，这一数据能用作密码协议的瞬时值。由于这个实时时钟从来不重复它的状态，嵌入式计算机也就可以避免掉进相同状态的陷阱里了。

硬件随机数生成器也有相同的作用，它能够让嵌入式计算机在每次重启后有不同的行为。

但如果你没有一个实时时钟或者随机数生成器，就有大问题了。有时你可以稍微敷衍一下，尝试根据本地时间振荡器与网络计时时间或其他振荡器之间的时钟偏差来提取一个随机数，但在这么短的时间内想通过这种方法提取足够的熵是很困难的。用10分钟来重启一个嵌入式计算机是完全不能接受的。

我们已经看到相同状态的问题一次又一次地出现。要点是，如果要能够在这样的小计算机上做有用的密码学相关内容，就必须要先改变硬件。这样的计算机很难卖给管理者，尤其是因为硬件通常已准备好，他们不想听到"某些事情是做不了的"这样的话。但是没有什么添加剂能让现有的不安全的系统变得安全。如果你没有从一开始把系统设计成安全的，那就几乎不会再得到良好的安全性了。

还有一种可能的解决方案，虽然它很少在实际中使用。有时候你可以在非易失的存储器中放置一个重启计数器。每当CPU重启时，存储器中计数器的数值将增加。这个方案存在问题。一些非易失存储器只能更新几千次，如果一直更新计数器就会使机器崩溃。一些非易失的存储技术需要额外的电压来使其可编程，但这通常是不可能做到的。在一些设计中仅仅能在非易失存储器中设置一些位，或者擦除非易失存储器中的所有存储数据。后面一种选择是不可行的，因为这样会丢失机器中的主要程序。即便是所有这些问题都解决了，想要修改非易失存储器，使得即使在机器的电力供应被掐断的情况下计数器仍然能够一直保持可靠增长，这也是相当困难的。这种非易失存储计数器的办法只在我们见到过的很少的情况下可以使用。当这种方法可行的时候，这样的计数器可以被用作一个随机数生成器的一部分。比如，这个计数器可以在CTR模式下和一个AES密钥产生一个伪随机位流。

16.6　时间

当再讨论时钟时，我们对如何选择时间基准有一些小看法。不要选择本地时间。本地时间是我们手表上的或者其他钟表上的时间。问题是，本地时间是随着夏令时间和时区改变的。这些改变就带来了一些问题：有一些时间值由于秋季时钟被往回设置一小时，每年都会重复，这就意味着时间不再是唯一的和单调的了。当时钟在春季向前设置一个小时后，有些时间值就不可能出现了。而且，夏令时开始和结束的确切日期在不同国家是不同的。在一些国家，时间制度每隔几年就会改变，你不会想因为这个而不断更新软件。那些带着笔记本计算机旅行的人们要根据本地时间不断改变计算机的时间，这就使问题变得更严重了。 266

最明显的选择是使用 UTC 时间。这是一个基于原子钟的国际时间标准，在全世界范围内被广泛地应用。任何一个计算机都能得到本地时间与 UTC 的偏差，以此来和用户交互。

UTC 存在一个问题：跳秒（The leap seconds）。为了让 UTC 与地球的旋转同步，大约每几年就有一个跳秒。到目前为止，所有的跳秒都是额外增加一秒，因此那特定的一分钟会有 61 秒。丢掉 1 秒在理论上也是可能的，这完全依赖于地球的旋转。对计算机来说，问题在于跳秒是不可预测的。忽略跳秒会导致测量时间间隔的不准确。这事实上不是密码学的问题，但如果你想要一个很准的时钟，也许就需要正确处理这个问题。所有的计算机软件通常假定每分钟有 60 秒。如果你直接与一个真正的 UTC 时钟同步，那么跳秒的插入就会带来问题。最有可能的是你的内部时钟有 1 秒是重复的。这虽是个小问题，但同样，时间值的唯一性和单调性又被破坏了。

对于大多数应用来说，时间戳的单调性和唯一性比时钟的完全同步更重要。只要你能保证时钟永远不会往回走一个跳秒，怎样来解决这个问题都不重要。

16.7　结论

很遗憾，我们并没有给出一个很理想的解决方案。想要制造一个可靠的时钟是很棘手的，尤其是在密码学设定中，当你假设有很多恶意攻击者时。最好的解决方案还是要根据具体情况来决定。这里，我们给出的建议是，时钟的使用一定会带来一些潜在的安全问题，所以要尽可能地最小化对时钟的依赖，如果必须使用，一定要谨慎。另外，时间戳的唯一性和单调性通常是最重要的问题。

16.8　习题

16.1　一些计算机在启动的时候，或者每过一段固定间隔使用 NTP 协议。关闭你的计算机中的 NTP 一周时间。编写一个程序，每隔一段时间（至少是两小时）就记录真实的时间和计算机报告的时间。设 t_0 是实验开始时的初始真实时间。对每次的测量数据，请绘制图表记录，其中横坐标是真实时间减去 t_0，纵坐标是本机时间减去真实时间。一周之后你的计算机时钟和真实时间有多 267 少差别？你的图表有没有告诉你其他的信息？

16.2　同习题 16.1，但是这次对五台不同的计算机进行实验。

16.3　找到一个新的使用了（或者应该使用）时钟的产品或者系统。这可能和你在习题 1.8 中所提到的是同一个产品或系统。请根据 1.12 节的描述对该产品和系统进行安全审查，这次请围绕时钟所带来的安全问题和隐私问题进行讨论。 268

密钥服务器

终于我们开始讨论密钥管理了。毫无疑问，这是密码系统中最困难的问题，这也是我们把它放在差不多最后的原因。我们已经讨论了怎样加密和认证数据，以及怎样协商双方的共享密钥。现在我们需要找到一个办法，让 Alice 和 Bob 在因特网上互相识别对方。你将看到，这个问题很快变得很复杂。密钥管理尤其困难，因为它牵涉的是人而不只是数学，而理解和预测人则困难多了。密钥管理从很多方面来说是我们目前为止所讨论的课题的一个大难点，如果密钥管理的环节脆弱，那么整个密码系统的很多优点就都会失效。

在开始之前，我们要搞清楚一件事。我们仅仅从密码学角度讨论密钥管理，而不是从组织的角度。组织的角度应该包括了一些策略，类似于把密钥发给谁、每个密钥能访问哪些资源、怎样验证拿到密钥的人的身份、对于已存储密钥的安全策略、与这些策略紧密相连的验证机制等等这样的问题。每个组织会根据不同的需求以及每个组织已有的基础设施来考虑这些问题，我们所关心的仅仅是直接影响密码系统的那部分。

密钥管理的一个办法是让一个可信实体来分发所有的密钥，我们把这个实体叫作密钥服务器（key server）。

269

17.1 基本概念

基本概念是很简单的。我们假定每个人都与密钥服务器建立一个共享密钥。例如，Alice 产生一个只有她和密钥服务器知道的密钥 K_A，Bob 也建立一个只有他和密钥服务器知道的密钥 K_B。其他参与方都以同样的方式建立密钥。

现在假定 Alice 想与 Bob 进行通信。她没有与 Bob 通信的密钥，但她可以与密钥服务器安全地通信。密钥服务器反过来也能与 Bob 安全地通信。我们能简单地把所有的通信传给密钥服务器，把密钥服务器当成一个巨大的邮局。但对密钥服务器来说存在一些困难，因为它将不得不处理大量的通信。一个更好的解决方案是，让密钥服务器建立一个 Alice 和 Bob 的共享密钥 K_{AB}。

17.2 Kerberos 协议

上面描述的就是 Kerberos 协议这个广泛应用的密钥管理系统所蕴含的基本思想 [79]。Kerberos 是建立在 Needham-Schroeder 协议 [102] 基础上的。

下面我们从很基础的层面上看 Kerberos 是怎样工作的。当 Alice 想与 Bob 对话时，她首先与密钥服务器联系。密钥服务器向 Alice 发送一个新的密钥 K_{AB} 以及使用 Bob 的密钥 K_B 对 K_{AB} 加密后的值。这些消息都用 K_A 加密，因此只有 Alice 能读。Alice 解密之后，再用 K_B 加密之后的消息，这条消息称为标签（ticket），发送给 Bob。Bob 对它解密，然后得到 K_{AB}，这是只有 Alice 和 Bob 知道的会话密钥，当然，密钥服务器也知道。

Kerberos 的一个特点是密钥服务器，在 Kerberos 协议的术语中叫作 KDC，KDC 不需要太经常地更新自己的状态。当然，密钥服务器要记住与每个用户共享的密钥。但当 Alice 请求 KDC 建立一个她和 Bob 之间的密钥时，KDC 完成这个任务之后就把结果忘记了。它并不记录用户之间建立了哪些密钥。这是一个很好的性质，因为它可以让密钥服务器以一种简单的方式把原本很重的负载分布在几个机器上。由于没有状态要更新，Alice 在某个时候可与密钥服务器的一个副本进行交互，而下一时刻使用另一个副本。

事实证明，Kerberos 风格的系统所需的密码协议是很复杂的。刚开始，设计这样的协议看起来很容易，但即使是经验丰富的密码学家提出的方案后来也被攻破了。悄悄混进去的那些缺陷都是很微妙的。我们在这里不打算解释这些协议，对它们做实验和手动修改都太危险了。我们甚至不愿意重新去设计这种类型的协议。如果你想使用一种这样的协议，请使用 Kerberos 协议的最新版本。它已经存在很长时间了，并且被很多专家研究过。 |270|

17.3 更简单的方案

有时使用 Kerberos 协议是不可能的。协议太复杂，而且还有一些限制。服务器不得不存储它们接收的所有用户的"标签"，每个参与者还需要一个可靠的时钟。这些要求有些时候是无法满足的。并且，我们发现去研究一个更简单的设计能够提供更多的有用信息。

如果我们不是那么强调效率，可以给出一个更简单、更强壮的解决方案。事实证明允许密钥服务器来维护状态是很有用的。现在的计算机与 Kerberos 刚被设计出来的那个年代的机器相比要强大多了，它们可以没有任何困难地维护上万个参与者的状态。甚至对有十万级别参与者的大系统也不成问题：如果每个参与者的状态在密钥服务器中需要占用 1KB，那么存储所有的状态仅需要 100MB 的内存。密钥服务器需要足够快地建立所有这些请求的密钥，但对现代的快速计算机来说仍然不是个问题。

我们这里仅讨论有单个密钥服务器的情况。有一些技术可以用来把密钥服务器状态分布在几个计算机上，对此我们将不进行详细讨论，因为你并不会真的想用一个管理着上万参与者的密钥服务器，那样太冒险了。这样的大密钥服务器的风险在于，所有的密钥都放在一个地方。这样使得密钥服务器成为一个很有吸引力的攻击目标。这个密钥服务器也必须一直在线，意味着攻击者愿意的时候能随时与它进行通信。当前的状态并不能很好地保护计算机免受网络的攻击，而把密钥都放在一个地方简直就是找麻烦。对更小的系统来说，被密钥服务器保存的密钥"总值"小，因此威胁也减少了。⊖在后面的几章里，我们要讨论更适合大规模系统的密钥管理系统解决方案，我们这里仅讨论小系统的密钥服务器：不超过几千个用户。 |271|

17.3.1 安全连接

下面是这个简单解决方案的简短描述。首先，我们假定 Alice 和密钥服务器共享密钥 K_A。他们不直接使用这个密钥，而是用它来运行一个密钥协商协议，就像我们在第 14 章讨论过的那样。（如果 K_A 是一个口令，那么最好是使用在 14.12 节中讨论的适用于低熵口令的协议，前提是专利问题对你来说不算问题。）密钥协商协议建立了密钥服务器和 Alice 之间的新密钥 K_A'。所有其他参与者也都与密钥服务器运行同样的协议，都建立新的密钥。

Alice 和密钥服务器用 K_A' 来产生一个安全的通信信道（内容详见第 7 章）。通过使用这个安全的信道，他们可以进行安全的通信。安全信道能够提供保密性、可认证性、重放保护

⊖ 我们并不想在系统中留有未处理的威胁，但在密钥管理中，最终总是要给出一个折中的解决方案来。

等特性，所有进一步的通信都发生在这个安全的信道上。其他的参与者也都与密钥服务器建立了类似的安全信道。

17.3.2 建立密钥

现在要设计一个协议来建立 Alice 和 Bob 共享的密钥就更容易了。我们只需考虑消息丢失、延迟，或者被攻击者删除的情况，因为安全信道已经防止了其他类型的操纵手法。这样一来协议就相当简单了。Alice 请求密钥 K_{AB} 服务器来建立她和 Bob 之间的密钥，密钥服务器把新密钥 K_{AB} 发送给 Alice 和 Bob。密钥服务器甚至可以通过 Alice 把消息传递给 Bob，这样的话它就无须与 Bob 直接通信，Alice 就简单地等同于一个密钥管理器和 Bob 之间的安全信道的一个网络路由器。

这样做对系统有一个限制：在 Alice 请求密钥服务器建立同 Bob 的共享密钥之前，Bob 的密钥服务器必须运行密钥协商协议。这是否是一个问题还要由具体的环境来决定，解决方案也由具体环境来决定。

17.3.3 重新生成密钥

像所有密钥一样，K_A^t 必须有一个有限的生命周期。这是很容易做到的，因为 Alice 总能重新运行密钥协商协议（用原始密钥 K_A 做认证）来建立新的密钥 K_A^t。一个密钥有几个小时的生命周期在大多数情况下看起来是合理的。

因为我们总能够重新生成密钥，密钥服务器不必以可靠的方式来存储安全信道的状态。假定密钥服务器崩溃，失去了所有的状态信息，而只要它还记得 K_A（以及其他参与者相应的密钥）就没有问题。我们能在密钥服务器与每个参与者之间重新运行密钥协商协议，因此，虽然密钥服务器不是无状态的，但当运行协议时它不必修改自己的长期状态，也就是储存在非易失的介质上的部分。

17.3.4 其他性质

也许从实现的角度来说我们的解决方案并不比 Kerberos 简单，但从理论角度来看确实简单了。这种安全信道更易于监视对协议的可能攻击渠道。使用密钥协商协议和我们已经设计好的安全信道就是一个说明模块化如何帮助设计密码协议的很好的例子。

用密钥协商协议来建立安全信道还有另外一个优点：我们能得到前向安全性（forward secrecy）。如果 Alice 的密钥 K_A 在今天被泄露了，她之前的安全信道密钥 K_A^t 不会暴露，因此所有过去的通信仍然是安全的。

在本书前面的章节中，我们给出了密码函数设计的详细例子。在这里和本书的之后部分我们都不再讨论。密码学是一直向前发展的，我们当然可以说描述了一个密钥服务器系统，但这不会非常有用，有可能在将来被淘汰。如何设计密钥管理系统应该说更像是一种收集特定应用的具体需求，并且设计用户界面的问题，而不是密码学的问题。为了在这里能够解释例子的设计上的选择，我们将不得不设计和说明整体的社会和组织结构、存在的威胁以及需要密钥管理的应用。

17.4 如何选择

如果需要实现一个中心的密钥服务器，可能的话应该使用 Kerberos 协议。它在很多场合下可行，并且被广泛使用。

在 Kerberos 协议不适合使用的情况下，你将不得不设计和构建一些类似于我们描述的解决方案，但这将是一个重大的操作。对于大多数我们已经看到的密码学应用，你在密钥服务器系统上所花费的时间至少应该与你在整个应用上花费的时间一样多。希望本章的讨论有助于你的思考。

273

17.5 习题

17.1 在 17.3 节提到的协议中，密钥 K_A' 的合理生命周期是多少？为什么？如果这个生命周期变长会出现什么后果？变短呢？

17.2 在 17.3 节提到的协议中，攻击者如何能在 K_A' 失效之前获取 K_A'？获得 K_A' 后，攻击者能够做出哪些坏事？有哪些坏事攻击者仍然不能做？

17.3 在 17.3 节提到的协议中，攻击者如何能在 K_A' 失效之后获取 K_A'？获得 K_A' 后，攻击者能够做出哪些坏事？哪些坏事攻击者仍然不能做？

17.4 在 17.3 节提到的协议中，假设攻击者可以窃听所有通信过程，那么 K_A 和 K_B 暴露后，攻击者能否恢复出 Alice 和 Bob 之间的通信内容？

17.5 在 17.3 节提到的协议中，攻击者能否通过强迫密钥服务器重启来破坏协议，从而获得有用信息？

17.6 在 17.3 节提到的协议中，攻击者能否针对两个想要通信的参与者进行拒绝服务攻击？如果能，如何实现呢？

17.7 在 17.3 节提到的协议中，如果让密钥服务器生成 K_{AB}，会不会带来一些政策或法律风险？是否存在一些内容，只有在密钥服务器生成 K_{AB}，K_{AB} 只有 Alice 和 Bob 知道时他们能够互相交流，其他时候均不能交流？

274

PKI 之梦

本章我们将给出 PKI 的标准定义，并且着重说明它是如何解决密钥管理问题的。掌握这些知识非常重要。本章我们将只考虑理想情况，这种情况下 PKI 能解决所有问题。下一章将讨论为什么 PKI 在实际应用中面临的挑战。

18.1 PKI 的简短回顾

PKI 是公钥基础设施（Public Key Infrastructure）的缩写，通过它可以知道哪个公钥属于谁。其标准的阐述如下。

有一个中心机构被称为证书机构（Certificate Authority），简称 CA。CA 有一对公私密钥对（例如 RSA 密钥对），其中公钥是公开的。我们假定所有人都知道 CA 的公钥。由于该公钥保持长期不变，所以这个假定是容易成立的。

为了加入到 PKI，Alice 首先生成她自己的公私密钥对，然后保持私钥不公开，并把公钥 PK_A 传给 CA，对它说："嗨，我是 Alice，PK_A 是我的公钥。"CA 证实 Alice 的身份后，签署一个类似于"密钥 PK_A 属于 Alice"的数字声明。这个签署的声明就叫作证书，它证明密钥属于 Alice。

[275]

如果 Alice 想要与 Bob 通信，她就把自己的公钥和证书发送给 Bob。Bob 有 CA 的公钥，因此它能验证证书的签名。只要 Bob 信任 CA，他就可以信任 PK_A 确实属于 Alice。

通过同样的过程，Bob 得到由 CA 签署的公钥证书，并且把公钥和证书传给 Alice。他们现在就彼此知道对方的公钥了。这些公钥反过来可用于运行密钥协商协议，以建立安全通信的会话密钥。

我们现在需要的就是每个用户都信任的中心 CA。每个参与者需要得到有证书的公钥，并且还需要知道 CA 的公钥。这样一来，每个参与者都可以同其他所有参与者安全地进行通信了。

这听起来并不难。

18.2 PKI 的例子

为了使本章后面的部分更容易理解，我们首先给出如何实现和应用 PKI 的例子。

18.2.1 全局 PKI

我们的终极梦想是一个全局 PKI。它是一个非常庞大的组织，就像邮局，能够给每个用户发行公钥证书。它的优势就是每个用户仅仅需要得到一次证书，因为同样的公钥可以用在每个应用中。因为每个人都信任邮局，或信任其他任何一个成为全局 CA 的组织，这样所有人都可以安全地互相通信了。

如果说我们的描述有些像童话，那是因为它的确是童话。目前没有全局 PKI，而且永远也不会有。

18.2.2　VPN 访问

这里给出一个更实际一些的例子。有 VPN（Virtual Private Network）的公司允许它的雇员从家里或是旅行时从宾馆访问公司的网络。VPN 的访问接入点必须能识别访问网络的人以及他们有何种确切的访问级别。公司的 IT 部门扮演 CA 的角色，给每个雇员一个证书，使得 VPN 的访问接入点能够识别不同的雇员。

18.2.3　电子银行

银行允许它的客户在银行网站上进行金融交易。在应用中正确地识别客户的身份是至关重要的，就像在法庭上能提供可接受的证据一样重要。银行本身就是 CA，它能认证客户的公钥。

276

18.2.4　炼油厂传感器

一个炼油厂的复杂性是相当大的。在几英里长的管道和通路之间放置有上百个传感器，可以测量温度、流速和压力之类的指标。篡改传感器数据对炼油厂是一种很严重的攻击，攻击者可以把错误的传感器数据发送到控制室，触发某些操作从而导致发生大爆炸，这种攻击可能不会太困难。因此，问题的关键是控制室如何得到正确的传感器读数。我们可以用标准的认证技术来保证传感器数据没有被篡改，但是为了确认数据确实是来自传感器，就需要某种密钥基础设施。公司可以作为 CA，为所有的传感器建立 PKI，使得每个传感器都能被控制室识别。

18.2.5　信用卡组织

信用卡组织是遍布世界的数千个银行之间的合作组织。所有这些银行必须能够交换支付，因为在银行 A 有信用卡的用户必须能把钱付给在银行 B 开户的商家。银行 A 与银行 B 需要以某种方式处理这一交易，而且需要进行安全的通信。采用 PKI 就可以让所有的银行彼此识别身份以进行安全的交易。在这种情况下，信用卡组织就是 CA，给每个银行颁发证书。

18.3　其他细节

在实际中情况更复杂，因此常常用到 PKI 方案的各种扩展形式。

18.3.1　多级证书

在很多情况中，CA 被分成多个层级。例如，信用卡的中心组织不直接给每个银行发行证书。相反，它们有区域性机构来管理银行。这样我们就得到了一个两级的证书结构。中心 CA 签署一个关于区域 CA 公钥的证书，就好像说，密钥 PK_X 属于区域机构 X，它可以用来证明其他密钥。然后每个区域机构就能够认证银行密钥。银行的密钥证书包含两个签名的消息：中心 CA 证实区域机构密钥的授权消息和区域机构关于银行密钥的认证。这样的结构叫作证书链，这样的链可以扩展到任意多级。

277

这样的多级证书结构是很有用的。它本质上把 CA 的功能分割成层级结构，这样的层级结构对于大多数组织来说是很容易处理的。几乎所有的 PKI 系统都有多级结构。这种结构的一个缺点是证书体积变得更大，需要更多的计算来进行认证。不过大多数情况下这种开销是相对小的。另一个缺点就是加入系统的每个 CA 都会带来新的攻击点，因此降低了整个系统的安全性。

对于多级证书结构的这些缺点，一个尚未应用于实践的解决办法是打破证书的层级结构。我们继续上面的例子，一旦银行有了两级证书，就把证书送到中心 CA。中心 CA 对两级证书做验证，然后用主 CA 密钥签署一个银行密钥的单个证书。一旦密钥层级结构被打破，加入额外层级结构的性能代价就会变得很小。但是加入额外层级也许并不是一个好主意，多级结构的效率并不是很高。

在处理这样的证书链时一定要小心，因为证书链增加了问题的复杂性，而复杂性通常带来风险。下面是一个例子：互联网上的安全站点采用 PKI 系统以允许浏览器识别正确的网站。实际上这个系统并不是很安全，因为大多数用户并不会检查他们正在使用的网站的名字。但是前段时间，一个认证证书的库出现了一个致命的 bug，所有微软操作系统都使用这个库认证证书。证书链的每一个元素包含一个标识，用来说明元素所认证的密钥是否为 CA 密钥。CA 密钥可以认证其他密钥，非 CA 密钥不能认证其他密钥。这是一个重要区别。遗憾的是，有问题的库不检查这个标识。因此攻击者能够购买域 nastyattack.com 的证书，用它来给 amazon.com 签署证书。微软 IE 浏览器使用了这个有问题的库，它将接受 nastyattacker.com 伪造的 Amazon 密钥的证书，将假的 Amazon 网站当作真网站来显示。这样一来，花费巨大财力构建的世界范围的安全系统就被一个库里的一个简单的小 bug 完全攻破了。这个 bug 一公布，相应的补丁就发布了（需要多次尝试才能修复所有的问题），这是一个小 bug 毁掉整个系统安全的好例子。

18.3.2 有效期

没有一种密码学密钥应该被无限期地使用，因为总是存在着密钥泄露的风险。定期更换密钥能让你从密钥泄露中恢复过来，虽然很慢。一个证书也不应该永远是有效的，因为 CA 密钥和被认证的公钥都有有效期。即使不考虑密码学方面的原因，有效期对于保持信息的时效性也是很重要的。当一个证书到期时，新的证书就会被重新发布，这就为更新证书的信息制造了机会。一般的有效期在几个月到几年之间。

几乎所有的证书系统都包含有效的日期和时间。过了这个日期时间之后，没有人应该接受这个证书。这就是 PKI 参与者需要时钟的原因。

很多证书的设计还包含其他数据。通常，证书中除了有效时间，还有有效的起始时间。有的还包含证书的不同类别、证书序列号、发行日期和时间等。这些数据有些有用，有些无用。

证书最通用的格式是 X.509 v3，这个格式过于复杂。关于 X509 的讨论请参阅 Peter Gutmann 的 X.509 模式引导 [58]。如果你工作的系统不需要与其他系统互操作的话，你可能会认真考虑不要去想 X.509。当然，X.509 是标准化的，很难因为使用标准而指责你。

18.3.3 独立的注册机构

有时，你会看到有的系统包含一个独立的注册机构。这是一个策略问题。公司里只有

HR 部门才能决定谁是雇员。但 IT 部门要运行 CA，这是一个技术工作，他们不会允许 HR 部门来完成。

有两种好的解决方案。第一种是使用多级证书结构，让 HR 部门成为子 CA。这就自动地提供了必需的灵活性来支持多站点。第二种解决方案与第一种很相似，只是一旦用户有了两级证书，他就能从中心 CA 得到一级的证书。通过把双消息协议加入系统，可以消除每次检查两级证书的额外开销。

一个很糟的解决方案是把第三方加入密码协议中。项目规范中会具体讨论 CA 和可以叫作 RA（注册机构）的另一方。CA 和 RA 被看作完全独立的实体，这会为系统增加上百页的文档。这种解决方案是很糟糕的。于是有必要说明 RA 和 CA 的关系。我们甚至看到过 RA 授权 CA 发行证书的三方协议。这种想法是很疯狂的，但这是把用户需求强加到技术解决方案的问题的一个好例子。用户需求仅仅说明了系统的外部行为，公司的 HR 部门和 IT 部门需要有独立的功能。但这并不意味着软件对 HR 部门和 IT 部门有不同的代码。在很多情况下，两个部门使用的功能大多相同，使用的代码页大多相同。使用一个证书函数集合进行设计，比直接基于包含 CA 和 RA 这两个实体的原始需求进行设计更简单、更有效、更灵活。一个两级的 CA 方案允许 HR 和 IT 共享大多数相同的代码和协议。在这种情况下，差别主要是用户界面，这应该是很容易实现的。这也许仅需要几百行额外的代码，而不是能折合成上万行代码的几百页规范说明。

18.4 结论

我们描绘的是一个理想状态的梦想，这是一个非常重要的梦想。对于大多数行业来说，PKI 是密钥管理的第一个用语，也是最后一个。人们已经认识到了这个梦想的目标，以至于把它看作是很自然的事情。为了能够理解它们，你就必须理解 PKI 的目标，因为所讨论的很多东西都在这个目标的范围之内。想到可能会有方案来解决密钥管理问题，这种感觉是如此的美妙。

18.5 习题

18.1 假设 CA 不可信，试问这样的 CA 可能引发什么样的后果？

18.2 假设有全局 PKI，那么在多个应用间使用单一的 PKI 会导致何种安全问题？

18.3 什么样的政策或者组织上的挑战会阻碍或者阻止全局 PKI 的发展？

18.4 根据 18.2.2 ～ 18.2.5 节的例子，试再举出三个 PKI 应用的示例场景。

PKI 的现实

尽管 PKI 的基本想法非常有用，但也存在许多基础性的问题。这些问题并非理论方面的，但同时，理论与实践也有很大的不同。在第 18 章所讨论的理想场景中 PKI 运作良好，但在现实世界并非如此。这也是 PKI 的宣传总是与实际不符的原因。

当讨论 PKI 时，我们的眼界应比电子邮件和 Web 要广阔得多。我们会将 PKI 在授权系统和其他系统中的角色也纳入考虑。

19.1 名字

我们以一个相对简单的问题来开始讨论：名字的概念。PKI 把 Alice 的公钥与她的名字绑定在一起。那么，什么是名字？

我们以一个简单的背景开始。在一个小村庄里，每个人都互相认识。每个人都有一个名字，这个名字或是唯一的，或将成为唯一的。如果有两个人叫 John，他们会很快被分别称为大 John 和小 John，或类似的名字。每个名字对应一个人，但一个人也许有几个名字，大 John 可能也叫作 Sheriff 或 Smith 先生。

我们这里谈论的名字不是出现在法律文件中的名字，而是人们提到你时用的那个名字。名字可以是任何一种符号，我们用它来指代某个人，或更一般地说，指代某个实体。一个人"官方"的名字仅仅是很多名字中的一个，对很多人来说还是很少被用到的一个。

随着村庄扩大变成城镇，居民的数目增长了，以至于你不再认识所有人。名字开始失去了与人的直接关联。在城镇中也许仅有一个唯一的 J.Smith，但可能你并不认识他。名字与实际的人产生了分离，有了自己的生命。你开始谈论你实际上从来没有见过的人。也许你在酒吧里谈论富人 Smith 先生，他刚到镇上，明年要赞助高中橄榄球队。两周后你发现这个 Smith 先生正是两个月前参加你的棒球队的那个人，而你现在叫他 John。毕竟一个人可以有很多个名字，哪些名字属于同一个人以及它们是指哪一个人并不显而易见。

随着城镇扩大变为城市，这种变化就更明显了。很快你就只认识城里的一小部分人了。而且，名字也不再是唯一的了。如果城里有 100 个叫 John Smith 的人，名字就不太能帮助你找到他。名字的含义开始与语境有关。Alice 也许认识 3 个 John，但当她在工作中谈论"John"时，从语境看很明显是指楼上销售部的 John，在家谈论时也许是指邻居家的小孩 John。名字和人之间的关系变得更加模糊了。

现在来考虑互联网，有超过 10 亿人在网上。在那里"John Smith"意味着什么？几乎什么意义都没有：有太多人叫这个名字了，因此我们用电子邮件地址来取代传统的名字。你现在可以与 jsmith533@yahoo.com 通信，那当然是个唯一的名字，但实际上你并不能把它与某个你能够遇到的人联系在一起。即便你能找到他的地址和电话之类的信息，他也很有可能生活在地球的另一边。你很有可能永远都不会亲身见到这个人，除非你真的执意这么做。毫不奇怪，人们在网上展现不同的人格并不罕见，并且一如既往会用多个名字。大多数用户在一段时间后会有多个电子邮件地址（我们中就有十多个人如此）。但判断两个电子邮件地址是否属于同一个人是相当困难的。更复杂的是，有一些人共享一个电子邮件地址，因此那个"名字"就指他们所有人。

有一些大型组织试图给每个人分配名字，最广为人知的就是政府机构。大多数国家要求每个人有一个官方名字，用在护照和其他官方文件上。名字本身并不是唯一的（很多人名字相同），因此实际上常常用地址、驾照号和生日之类的信息加以扩展。然而，这仍然不能保证充当一个人的唯一身份[⊖]。而且，有一些标识在人的一生中还会有变化。人们会改变他们的地址、驾照号、名字甚至性别。只有生日不能改变，但是有许多人谎报他们的生日，实际上也就相当于改变了它。

你可能会认为每个人都有一个唯一的政府批准的官方名字，但这也不对。有些人没有国籍，他们根本没有官方名字；有些人有双重国籍，两个政府都试图设立一个官方名字，基于各种原因，双方可能并不能就官方名字达成一致。两个政府也许使用不同的字母表，因此名字是不一样的。一些国家要求采用适合本国语言的名字，会把外国名字用自己的语言修正为相似的"合适"名字。

为了避免混淆，很多国家分配唯一的号码给每个人，比如美国的社会安全码（Social Security Number, SSN），荷兰的 SoFi 码。这个号码的全部意义就是给每个人提供一个唯一且固定的名字，使得他的行为能被追踪并联系到一起。在很大程度上说，这些号码方案是成功的，但它们也存在着不足。分配的号码和实际人之间的联系并不是很紧密，假的号码在某些经济活动中被大范围使用。而且由于这些号码方案是基于不同国家的，它们并不能覆盖全球，号码本身也不能保证全球唯一性。

名字的一个附加方面也值得一提。在欧洲，有隐私法律来限制一个组织能存储哪些个人信息。例如，超市不允许以客户忠诚度项目为由询问、存储或处理 SSN 或 SoFi 号，这就限制了政府号码方案的使用。

那么在 PKI 中应该使用什么名字呢？因为许多人有多个不同的名字，这就成了一个问题。也许 Alice 想要两个密钥，一个作商务用途，一个作私人通信。但她也许想用婚前的名字做生意，用婚后的名字进行私人通信。如果你想要构建一个全局 PKI，类似这样的事情很快就会导致严重的问题。这是小范围特定应用的 PKI 比某个大型 PKI 工作得好的原因之一。

19.2　授权机构

谁是有权给名字分配密钥的这个 CA 呢？谁赋予这个 CA 关于用户名字的权力？谁来决定 Alice 是一个拥有 VPN 访问的雇员，或者仅仅是一个访问受限的银行客户？

对于我们举的大多数例子来说，这是一个容易回答的问题。老板知道谁是雇员，谁不是雇员，银行知道谁是客户。这就给出了哪个组织应该是 CA 的第一个暗示。遗憾的是，对于全局 PKI 来说，似乎没有一个权力的来源。这是全局 PKI 不能奏效的一个原因。

无论何时规划一个 PKI，你都必须考虑授权谁来发行证书。例如，公司很容易成为关于雇员的权威机构。公司并不决定雇员的名字是什么，但它确实知道雇员在公司范围内的名字。如果"Fred Smith"的官方名字叫作 Alfred，这并没有关系。名字"Fred Smith"在公司雇员内部的语境中仍然是一个完完全全的好名字。

　⊖　驾照号码是唯一的，但并不是每个人都有。

19.3 信任

密钥管理是密码学中最困难的问题，PKI 系统是解决这个问题的最好的工具之一，但是一切都依赖于 PKI 的安全性，也就是依赖于 CA 的可信度。设想一下如果 CA 开始伪造证书将会带来多少危害。CA 能够冒充系统中的任何人，安全性将被完全破坏。

全局 PKI 是很诱人，但信任是它的问题所在。如果你是一个银行，你需要同客户通信，你会相信在世界另一边的某个 .com 吗？或是相信当地的政府机构？如果 CA 犯了一些相当可怕的错误，你会损失多少钱？ CA 又愿意承担多少责任？你本地的银行法规是否允许你使用其他 CA ？这些都是很大的问题。如果 CA 的私钥被发布到某个网站上，想象一下会产生的危害吧。

我们用传统术语来思考这个问题。CA 是分发大楼钥匙的一个组织，大多数大办公楼都有门卫，大部分门卫都是从外部的安全服务公司雇佣的。门卫只是验证规则是否被遵守，这是件非常直接简单的事。但你通常不会外包给另一家公司来决定谁得到什么钥匙，因为这是安全策略的基础部分。基于同样的原因，CA 功能不应外包。

世界上没有一个组织能得到所有人的信任，甚至没有一个组织能得到大多数人的信任，因此永远不会有全局 PKI。由这个逻辑推出的结论就是，我们将不得不使用大量小型的 PKI，这就是我们建议的解决方案。银行可以是它自己的 CA。毕竟，银行信任它自己，而客户已经用存款表明了对银行的信任。公司是它自己 VPN 的 CA，信用卡组织也能运作它自己的 CA。

这里一个有趣的发现是，被 CA 使用的信任关系都是已经存在的，而且是建立在合同关系基础上的。你设计密码系统时总是如此：所建立的基本信任关系都是基于已有的合同关系之上的。

19.4 间接授权

现在我们来考虑经典 PKI 之梦遇到的大问题。考虑授权系统，PKI 把名字和密钥捆绑在一起，但大多数系统对人的名字不感兴趣。银行系统想要知道授权哪个交易，VPN 想知道哪个目录允许访问。这些系统都不关心密钥属于谁，只是想知道密钥持有者被授权做什么。

为此，大多数系统使用某种访问控制列表（Access Control List, ACL），这是一个关于谁被授权做什么事的数据库。有时它按照用户来索引（例如，Bob 被允许做下面的事情：访问目录 /homes/bob 中的文件、使用办公室打印机、访问文件服务器），但大多数系统让数据库通过行为来索引（例如，对这个账户收费必须由 Bob 或 Betty 授权）。通常有很多方法可以创建人的群组来使 ACL 更简单，但基本的功能是一样的。

现在我们有三个不同的对象：密钥、名字、做某事的许可权。系统想要知道的是哪个密钥授权哪种行为，换句话说，特定的密钥是否有特定的许可权。一般的 PKI 通过把名字和密钥绑定以及用 ACL 把名字和许可权绑定来解决这一问题。这是一种迂回的办法，它引入了额外的攻击点 [45]。

第一个攻击点是 PKI 提供的名字 - 密钥证书，第二个攻击点是绑定名字和许可权的 ACL 数据库，第三个攻击点是名字混淆：名字是很含混的，怎样来比较 ACL 中的名字是否与 PKI 证书中的名字是一样的呢？又怎样来避免给两个人赋予同样的名字呢？

如果对这种情况进行分析，就会清晰地看到技术设计是完全根据需求的幼稚表述而来的。人们考虑的问题是识别密钥持有者的身份以及谁能够访问，这是一个门卫考虑这个问题的方式，自动系统可以用一个更直接的办法，门锁并不关心谁拿着钥匙，它允许任何拿钥匙的人进入。

19.5　直接授权

一个更好的解决方案是直接用 PKI 把密钥与许可权绑定，证书不再连接密钥和名字，它连接密钥和许可集合 [45]。

现在所有使用 PKI 证书的系统就能够直接决定是否允许访问了。它们只看所提供的证书和密钥是否有相应的许可权，这既直接又简单。

直接的授权从授权过程中去掉了 ACL 和名字，因此排除了这些攻击点。当然，在证书发行时一些问题会重新出现。某些人必须决定允许谁做什么，并保证这个决定正确地被编码在证书中。关于所有这些决定的数据库成为 ACL 数据库的等价替代者，但这个数据库更不容易被攻击。首先，容易把数据库分布到做决定的人中间，从而移除中心数据库，同时也消除了相关联的安全缺陷。这些决策者不需要进一步的安全基础设施就可以给用户发行相应的证书。这也改变了对名字的依赖，因为做决策者都在层次结构的较低部分，他们只需要管理一小部分人。他们通常都与用户认识，或至少认得用户的样子，这在很大程度上避免了名字混淆问题。

那么我们可以在证书上去掉名字吗？

答案是否定的。虽然在正常的操作中不需要名字，但我们还要给审计核算提供日志依据。假定银行进行了一笔工资支付，这项操作是由对那个收款账户有支付权限的四个密钥之一授权完成的。三天后，CFO 给银行打电话询问做这笔支付的原因。银行知道支付被授权了，但它要提供更详细的信息给 CFO，而不能是形似乱码的几千位的公钥数据，这就是我们在证书中仍然包含名字的原因。银行现在可以告诉 CFO 这项支付是由属于 "J.Smith" 的密钥授权的，CFO 就完全可以领会了。但重要的是名字仅仅对人才是有含义的，计算机从来不会试图去弄明白两个名字是否相同，或名字属于哪一个人。人更善于处理含混的名字，而计算机的优势在于处理像许可权设置这样简单的并且规格明确的操作。

19.6　凭证系统

如果把这个原理再深入一步，就会得到一个完全合格的凭证系统。这就是密码学家所说的超级 PKI。基本的要求是，对于你做的每件事情要以签署证书的形式给出凭证。如果 Alice 有允许她读写一个特定文件的凭证，她就能部分或全部将授权委托（delegate）给 Bob。例如，她可以为 Bob 的公钥签署一个证书，上面标明 "密钥 PK_{Bob} 通过 PK_{Alice} 的授权可以读文件 X"。如果 Bob 想要读文件 X，他就要提交这个证书和 Alice 有权限读文件 X 的证明。

凭证系统能加入额外的特性。Alice 能通过在证书中包含有效期来限制授权的有效期。Alice 也可以限制 Bob，使其不能将读文件 X 的权限再委托给他人。⊖

理论上说，凭证系统是相当强大和灵活的。实际上它们却很少被使用。主要有以下几个原因。

⊖ 这是一个常用的特性，但我们认为这也许并不好。限制 Bob 的授权能力就会让他运行代理程序，这样其他人就可以使用他的凭证访问资源。这样的代理程序破坏了安全基础设施，应该被废弃，但如果没有其他原因来运行代理程序，这是仅有的能够成立的原因。总是存在人们需要委托授权的原因。

首先，凭证系统是很复杂的，会带来显著的额外开销。访问一个资源的授权也许要依靠数个证书组成的证书链来完成，而且每个证书都要被传递和检查。

第二个问题是凭证系统会引起访问权限的细化管理。我们很容易把权限分成越来越小的部分，使得用户最终要花掉很多时间来决定分配给一个同事多少权限。这很浪费时间，但更大的问题是，当同事发现自己没有做这项工作的足够权限时，他也浪费了大量时间。也许这种细化管理问题能通过更好的用户教育和更友好的用户界面来解决，但那仍然是一个开放问题。一些用户通过把几乎所有的权限都委托给需要访问的任何人来避免细化管理问题，但这却破坏了整个系统的安全。

第三个问题是需要开发一种凭证和委托语言（credential and delegation language）。委托消息要以一种计算机能理解的逻辑语言来编写。这种语言要足够强大，以便能表示出所有想要的功能，然而又要足够简单，能快速通过链式推理得出结论。它还应该是不会过时的。一旦部署了凭证系统，每个程序将包含相应代码来理解授权语言。把这样的语言升级到一个新版本是非常困难的，尤其是安全功能遍及到系统的每个角落。然而，要设计一种委托语言，使其具有足够的通用性，一直能够满足所有将来的需求，这实际上是不可能的，因为我们永远不知道将来会是什么样。这个问题有待进一步研究。

凭证系统的第四个问题是不可克服的。具体的授权委托对普通用户来说是过于复杂的概念，似乎没有一种展示访问规则的方式能被用户理解。让用户做决定来分配授权注定是要失败的，我们在现实生活中已经看到过这种例子：在学生公寓里，一个人去 ATM 为几个人提现钞是很常见的一件事。其他学生借给他 ATM 卡和 PIN 号。这是一件特别冒险的事情，然而社会上理应受过良好教育的人还在做这种事。作为咨询顾问，我们已经参观了很多公司，有时由于工作的原因会访问其局域网。我们非常吃惊地看到我们有那么多访问权限。当我们只需看一两个文件时，系统管理员给了我们访问所有研究数据的权限。如果系统管理员都很难把这事做对，普通用户当然也是。

作为密码学工作者，如果用户能够管理好系统复杂性，我们还是非常喜欢凭证系统的想法的。毫无疑问，还有很多人与安全系统交互方面的有趣研究工作要去做。

然而，在一个领域，凭证是有用而且必需的：如果使用分层的 CA 结构，中心 CA 签署关于子 CA 密钥的证书，如果这些证书不包含任何限制，那么每个子 CA 就都有无限的权利。这是很差的安全设计，我们只是增加了很多地方来存储关键的系统密钥。

在分层的 CA 结构中，子 CA 的权利应该通过包含在证书中对密钥的约束予以限制，这就要求有一种类似于凭证的委托语言进行 CA 操作。究竟需要什么类型的限制还要视具体应用而定。考虑下想要生成什么样的子 CA 以及这些子 CA 的权利应该怎样被限制。

19.7 修正的梦想

让我们概括一下已经提到的 PKI 的缺陷，然后给出一个修改后的梦想。这是一个关于 PKI 应该是什么的更现实的表述。

首先，每个应用都有自己的 PKI 和自己的 CA。全世界包含了大量的小型 PKI，每个用户同时是许多不同 PKI 的成员。

用户对每个 PKI 必须使用不同的密钥，因为对于系统设计没有经过仔细协调的多个系统，用户不能使用相同的密钥。因此用户需要存储很多密钥，占用上万字节的存储空间。

PKI 的主要目的就是把密钥同凭证绑定在一起。银行的 PKI 把 Alice 的密钥与可以访问

Alice 账户的许可权联系起来。公司的 PKI 把 Alice 的密钥与可访问 VPN 的许可权绑定在一起。用户许可权的重大改变会要求发行新的证书。证书中仍然要包含用户的名字，但这主要是为了管理和审计的目的。 288

这个修正后的梦想要现实的多，比原来的梦也更有效、更灵活、更安全。这很容易使人相信它能够解决密钥管理问题。但下一节我们将会面临所有问题中最困难的一个问题，一个永远都不能完全解决的问题，对于这个问题总是需要做一些妥协。

19.8　撤销

在 PKI 中，最困难的问题就是撤销。有时一个证书不得不被撤销。也许 Bob 的计算机被黑客攻击，从而泄露了他的私钥。也许 Alice 被调到另一个部门或者被公司解雇了等等。总之，你可以想到需要撤销证书的许多情况。

问题是证书仅仅是一串位。这些位已经在很多地方使用，而且储存在很多地方。无论如何努力，都不能让人们忘掉这个证书。Bruce 大约在十年前丢失了 PGP 密钥，他现在仍然会收到用相应证书加密的电子邮件⊖。试图让所有人忘记这个证书是很不现实的。如果一个小偷进入 Bob 的计算机，偷走了他的私钥，可以肯定这个小偷也会对相应的公钥证书做一个副本。

每个系统都有她自己的需求，但总体上说，撤销的需求是由 4 个变量决定的：
- 撤销的速度：撤销命令发出与最后一次使用证书之间所允许的最大间隔时间是多少？
- 撤销的可靠性：在某些情况下撤销不是完全有效的，这可以接受吗？什么样的遗留风险是可以接受的？
- 撤销的数目：撤销系统一次能处理多少撤销请求？
- 连接性：验证证书的过程是否为在线验证？

对于撤销问题有三种可行的解决方案：撤销列表、短有效期以及在线证书验证。

19.8.1　撤销列表

撤销列表（certificate revocation list），或称 CRL，是一个包含撤销证书列表的数据库，每个验证证书的人都必须检查 CRL 数据库，看看那个证书是否已经被撤销。 289

中心 CRL 数据库有很好的性质，撤销几乎是瞬时完成的。一旦证书被加入 CRL，就没有交易能被授权了。撤销也是很可靠的，能撤销多少证书并没有一个直接的上限。

但中心 CRL 数据库也存在一些重大不足，任何人都必须始终在线才能够检查 CRL 数据库。CRL 数据库还引入了一个故障点（point of failure）：如果它不可用，就无法完成任何任务。如果当 CRL 不可用时，你试图通过授权证书有效（继而允许相应行为）来解决这个问题，那么攻击者就会使用拒绝服务攻击让 CRL 数据库停止工作，进而破坏系统的撤销能力。

一种可选方案是采用分布式 CRL 数据库。可以用分布在世界各地的很多服务器来建立冗余的镜像数据库，并寄希望于它足够可靠。但是这样的冗余数据库的建立和维护代价都非常大，因此一般情况下不予采用。不要忘记，所有人都不想在安全方面投入太多。

一些系统只是把整个 CRL 数据库的副本送到系统的各个设备上。美国军用的 STU-III 加密电话就是以这种方式工作的，这就类似于把被偷的信用卡号码印成册子送给每个商家，

⊖　PGP 本身有着类似 PKI 的结构，叫信用网。更多关于 PGP 信用网的知识请阅读文献 [130]。

这是很容易做到的。可以让每个设备每隔半小时左右从 Web 服务器上下载更新的 CRL，这是以增加撤销的时间为代价的。然而，这种解决方案限制了 CRL 数据库的大小。你不可能花大量的时间把成百上千条 CRL 数据复制到系统的各个设备上。有些系统要求每个设备必须能存储 50 条 CRL 数据，这样做是成问题的。

以我们的经验，CRL 系统的实现和维护都是很昂贵的。它们要求有自己的基础设施、管理程序、通信路径等。所需的额外功能相当可观，仅仅为了处理相对较少用到的撤销功能。

19.8.2 短有效期

可以使用短有效期来代替撤销列表，这可以利用已经存在的有效期机制来完成。CA 只发行有效期很短的证书，时间范围是从 10 分钟到 24 小时。每当 Alice 想用她的证书时，她会从 CA 出得到一个新的证书。只要它是有效的，Alice 就可以一直使用。确切的有效期间隔能够根据应用的需求进行调整，但证书的有效期若少于 10 分钟看起来不太实际。

这个方案的主要优点在于，它使用的是已经可用的证书发行机制，不需要独立的 CRL，这大大降低了整个系统的复杂性。为了撤销许可，你要做的仅仅是告诉 CA 新的访问规则。当然，任何人仍然要一直在线才能得到重新发行的证书。

简单化是我们的主要的设计准则之一，因此与 CRL 数据库相比，我们更倾向于使用短有效期。短有效期方案是否可行，主要取决于应用是否要求撤销立即生效或者延迟是否可被接受。

19.8.3 在线证书验证

另外一种解决方法是在线证书验证。在线证书状态协议（Online Certificate Status Protocol，OCSP）中已经包含了这一方法，并且在一些领域（例如 Web 浏览器）中已经有了很大的进展。

为了验证一个证书，Alice 将证书的序列号提交给一个可信方（比如 CA 或者经过委托的机构）进行查询，然后可信方在它自己的数据库中查询证书的状态，并发送一个经过签名的答复给 Alice。Alice 已知可信方的公钥，所以可以验证答复的签名，如果可信方认为证书是有效的，那么 Alice 就可以知道证书并没有被撤销。

在线证书验证有一些很好的性质。和 CRL 一样，撤销几乎是瞬时的，也是可靠的。同样，在线证书验证的一些缺点和 CRL 也是一样的。Alice 验证证书时必须在线，并且可信方也成为一个故障点。

一般而言，相比于 CRL，我们更青睐在线证书验证。在线证书验证避免了大量发布 CRL 的问题，也避免了客户端解析和验证 CRL。因此，在线证书验证协议的设计，会比 CRL 更加简洁和具可扩展性。

然而在大多数情况下，在线证书验证不如短有效期。在线证书验证中，如果没有可信方的签名，我们就不能信任密钥。如果将签名看作一个新的关于密钥的证书，那么就相当于一个使用了非常短的有效期的系统。在线证书验证的不足在于每一个验证者都必须向可信方进行查询，而在短有效期中，证明者可以对许多验证者使用同一个 CA 签名。

19.8.4 撤销是必需的

因为撤销很难实现，你可能会倾向于根本不实现它。一些 PKI 提案中没有提到撤销，另一些则把 CRL 列为未来可能的扩展。实际上，没有撤销功能的 PKI 是相当无用的。在现实

环境中密钥肯定会被泄露，访问许可权必须要被撤销。对没有撤销系统的 PKI 进行操作就 291
像操作没有抽水机的轮船。理论上说，轮船应该是防水的，它不需要抽水机。但实际上，在
轮船的底部总会有一些水，如果不清除它，轮船最终会沉。

19.9　PKI 有什么好处

在最初讨论 PKI 时我们就说明了使用 PKI 的目的，即让 Alice 和 Bob 能生成共享密钥，
用它来建立安全的信道，以便能彼此安全地通信。Alice 想不通过与第三方通信来认证 Bob，
反之亦然。PKI 可以实现这一目的。

但实际上它并不能做到这一点。

没有一个撤销系统能完全离线工作。原因很显然：如果 Alice 和 Bob 都不与外界联系，
他们就不能知道其中某个密钥被撤销了，因此撤销检查迫使他们上线。我们的撤销方案都要
求在线连接。

但是如果是在线的，就不需要这样复杂的大 PKI。我们可以建立一个中心密钥服务器来
获得安全性，就像第 17 章中阐述的一样。

让我们来比较一下 PKI 相比密钥服务器系统的优势。

- 密钥服务器需要每个人实时在线。如果不能连接到密钥服务器，就什么事都做不了，
  Alice 和 Bob 就没有办法识别对方。而 PKI 具有一些优势。如果使用撤销有效期，那
  就需要同中心服务器联系，对于使用有几个小时有效期的证书应用来说，实时在线
  访问和处理的需求就放宽了许多。这对于类似于电子邮件这样的非交互应用是有用
  的，对于特定的授权系统或通信代价比较高的情形也是有用的。即便使用 CRL 数据
  库，在 CRL 数据库不能连接时也会有规则说明怎样继续操作。信用卡系统就有类似
  的规则，如果不能得到自动的授权，不高于某个额度的交易是被认可的。这些规则
  需要建立在风险分析的基础上，包括 CRL 系统中拒绝服务攻击的风险，但至少你可
  以选择继续执行，而密钥服务器方案就不能提供这种选择。

- 密钥服务器是一个故障点。分布密钥服务器比较困难，因为它包含了系统的所有密
  钥。你一定不想把你的密钥传遍世界。反过来，由于 CRL 数据库少了一些安全要 292
  求，因此更容易分布。短有效期方案使 CA 成为一个故障点，但大型系统总是有分层
  的 CA，这意味着 CA 是分布式的，故障只会影响系统的一小部分。

- 理论上讲，PKI 提供了不可否认性。一旦 Alice 用她的密钥签署一个消息，她以后
  就不能否认自己签署过这个消息了。密钥服务器系统就不能提供这种功能。中心服
  务器能得到 Alice 的密钥，因此可以伪造任何消息，使它看起来像是 Alice 发送的。
  在实际生活中，不可否认性是不可能的，因为人们不可能非常好地保存密钥。如果
  Alice 想要否认自己签署了一个消息，她就可以说病毒"感染"了机器并偷走了她的
  私钥。

- PKI 最重要的密钥是 CA 根密钥。这个密钥不必存储于在线的计算机上，它可以被安
  全地存放在离线的机器上。根密钥仅仅用于签署子 CA 的证书，这很少用到。与之相
  反，密钥服务器把主要的密钥都放在在线的计算机上。离线的计算机比在线计算机
  更难被攻击，因此这使得 PKI 相对来说更安全一些。

综上所述，PKI 存在一些优势。但都不是非要不可，没有一个优势在某些环境下让你觉
得至关重要。这些优势只是带来过高的花费。PKI 比密钥服务器更加复杂，公钥的计算也需

要更大的计算量。

19.10 如何选择

那么该如何建立密钥管理系统呢？用密钥服务器类型的方案还是 PKI 类型的方案呢？这一贯要根据具体的需求来决定，包括系统的规模、目标应用等。

对小型系统来说，PKI 的额外复杂性是我们不希望的。我们认为用密钥服务器方案更容易一些，这主要是因为 PKI 相对于密钥服务器的优势更多体现在大的系统中。

对大型系统来说，PKI 的额外灵活性仍然是很有吸引力的。PKI 是一个更具分布性的系统。凭证式（credential-style）的扩展允许中心 CA 限制子 CA 的权限，这就使得覆盖特定区域的子 CA 更容易建立。由于子 CA 被限制在用它自己的密钥证书发行的证书中，它不能给整个系统带来风险。对于大的 CA 系统，这样的灵活性和风险控制是很重要的。

如果需要建立一个大系统，这里建议要重点考察 PKI 方案，但也要同密钥服务器方案做比较。必须要考虑 PKI 的优势是否超过了它的额外代价和复杂性。这里有一个问题需要说明，可能想用凭证式的限制来处理子 CA。为此，必须要在逻辑框架中表示这种限制。由于没有通用的框架，因此这最终是一个客户特定（customer-specific）的设计部分。这就意味着不能使用现成的 PKI 产品，因为它们大多没有合适的证书限制语言。

19.11 习题

19.1 如果 Alice 在不同的 PKI 中采用相同密钥，会出现什么后果？

19.2 假设一个系统中的每个设备能存储 50 条 CRL 数据。这种设计会导致何种安全问题？

19.3 假设一个应用 PKI 的系统采用 CRL。一台系统中的设备想要验证证书，但由于拒绝服务攻击而无法访问 CRL 数据库。那么这台设备可以采取哪些措施呢？试分析各种措施的优缺点。

19.4 试比较分析密钥服务器和 PKI 的优缺点。分别描述一个应用 PKI 的系统以及应用密钥服务器系统的例子。通过例子来进行分析说明。

19.5 试比较分析 CRL、快速撤销、在线证书验证三种证书撤销方法的优缺点。分别举一个使用 CRL、快速撤销、在线证书验证的例子，根据例子来进行分析说明。

PKI 的实用性

在实际使用中，如果需要使用 PKI，你需要决定是购买一个还是构建一个。我们现在来讨论在设计 PKI 系统时的一些实际考虑。

20.1 证书格式

证书仅仅是带有多个必选域和可选域的数据类型。重要的是要注意特定数据结构的编码是唯一的，因为在密码学中我们常常对数据结构取散列值来进行签名或做比较。类似 XML 的格式允许同一数据结构有几种不同的表示方式，需要特别注意保证签名和散列函数能正常工作。此外，X.509 证书仍然是一种选择，尽管我们不喜欢它的复杂性。

20.1.1 许可语言

除非你的 PKI 系统是最简单的那种，否则你一定会想要限制子 CA 能够发行的证书。为此，需要把某种限制编码到子 CA 的证书中，这就要求有一种语言来表示密钥的许可权。这可能是 PKI 设计中最困难的一点。这里你需要做何种限制由具体应用决定。如果不能找到合理的限制条件，就应该重新考虑是否要使用 PKI。如果在证书中没有限制，那么每个子 CA 都会有一个主密钥，那是很不安全的设计。也可以把系统限制为单个 CA，但那样就会失去很多 PKI 优于密钥服务器系统的优势。

20.1.2 根密钥

无论做什么事，CA 都必须有公/私钥对，生成这个公/私钥对的过程很直接。公钥及诸如有效期之类的数据被分配给每个参与者。为了简化系统，通常使用一个自证明的证书（self certifying certificate）。这是个奇怪的构造，CA 对自己的公钥签署一个证书。尽管它被称为自证明，但其实完全不是这么回事。自证明的称呼是个历史沿用的误称。这个证书根本不能证明密钥，也不能证实密钥的任何安全性质，因为任何人都可以生成一个公钥，然后自己证明它。自证明的证书真正做的，是把公钥和附加数据绑定在一起。许可权列表、有效期、联系人信息等都包含在自证明的证书中。它使用和系统中其他证书一样的数据格式，所有的参与者都可以复用现存的代码来检查这些附加数据。自证明的证书被称为 PKI 的根证书。

下一步要做的是把根证书以安全的方式分配给所有的系统参与者。每个人必须知道根证书，而且必须有正确的根证书。

计算机第一次加入 PKI 时，必须以安全的方式得到根证书。这很容易做到，类似于给计算机指定一个本地文件或可信任的 Web 服务器上的文件，然后告诉机器这就是 PKI 的根证书。密码学对根证书的初始发行并没有帮助，因为没有用来提供认证的密钥。如果 CA 的私钥被泄露了，同样的情形也会发生。一旦根密钥不再安全了，整个的 PKI 结构将不得不初

295

始化，这包括以安全的方式给每个参与者分配根证书。这应该为保证根密钥的安全提供了很强的动力。

根密钥在一段时间后会到期，中心 CA 就要发行新的密钥。发行新的根证书更容易一些。新的根证书是用旧的根密钥签署的，参与者可以从不安全的来源处下载新的根证书。由于它是用旧的根密钥签署的，因此无法被修改。唯一可能存在的问题是参与者没有得到新的根证书。大多数系统会把新旧根密钥的有效期重叠几个月，以留出充分的时间切换到新的根密钥。

296

这里有一个实现上的小问题。新的 CA 根证书可能有两个签名：一个签名是用旧的根密钥签署的，使得用户能识别新的根证书；另一个（自证明的）签名是用旧密钥到期后产生的新密钥签署的。为了解决这个问题，你可以在证书格式中包含对多个签名的支持，或者仅仅是对同一个新的根密钥发行两个独立的证书。

20.2 密钥的生命周期

让我们来看看单个密钥的生命周期。它可以是 CA 的根密钥，也可以是任何其他的公钥。密钥在它的生命周期中包含几个阶段。并不是所有的密钥都需要这些阶段，这要由具体的应用来决定。作为例子，我们来讨论 Alice 的公钥。

- **创建** 密钥生命周期的第一步是创建密钥。Alice 创建一个公 / 私钥对，并以安全的方式存储私钥部分。
- **认证** 下一步是认证。Alice 把她的公钥传给 CA 或子 CA，让它来认证公钥。这时 CA 决定给 Alice 的公钥赋予哪些许可权。
- **分发** 根据具体的应用，Alice 也许要在使用公钥前分发她的已认证公钥。例如，如果 Alice 用自己的私钥来签名，能收到 Alice 签名的每一方都应该先有她的公钥。最好的办法就是在 Alice 第一次使用公钥前的一段时间内分发密钥，这对于新的根证书尤为重要。例如，当 CA 切换成一个新的根密钥时，每个人都应该在接触到用新密钥签署的证书之前有机会知道新的根证书。

  是否需要一个独立的分发阶段要根据具体的应用来决定。如果可能，应该尽量避免这一阶段，否则就要向用户解释该阶段，并且要在用户界面上可见。这样的话，就会带来很多额外的工作，因为很多用户都不能理解它的方式，从而不能正确地使用系统。
- **主动使用** 下一阶段是 Alice 主动用她的公钥进行交易。这是密钥使用的一般情况。
- **被动使用** 主动使用阶段过后，一定会有一段时间 Alice 不再用她的密钥进行新的交易，但所有人仍然接收这个密钥。交易不是瞬时完成的，有时会有延迟。一个签名的电子邮件可能要用一天或两天才能到达目的地。Alice 应该停止主动地使用密钥，在密钥到期之前留出一段合理的时间，让所有待决的交易完成。

297

- **到期** 密钥到期后，它不再被认为是有效的。

密钥阶段是怎样定义的呢？最通用的解决方案是在证书中包含每个阶段过渡的确切时间。证书包含密钥分发阶段的开始时间、主动使用阶段的开始时间、被动使用阶段的开始时间以及有效期。所有这些时间都必须提供给用户，因为它们影响着证书的工作方式，对普通用户来说这可能过于复杂而难以操作。

一个更灵活的方案是建立一个中心数据库，包含每个密钥的阶段。但这会引入一系列的安全问题，我们宁愿不这样做。而且如果你有 CRL，就能跳过特定的阶段，让密钥立即到期。

如果 Alice 想要在几个不同的 PKI 中使用相同的密钥，情况就变得更复杂了。通常，我们认为这是很危险的，但有时它是不可避免的。如果这种情况不可避免，就要采取额外的预防措施。假定 Alice 使用一个小的抗干扰模块，并随身携带它。这个模块包含她的私钥，并且能做数字签名所需的计算。这样的模块具有有限的存储能力，Alice 关于公钥的证书能被存储在没有文件大小限制的公司内部网上，但是这个小模块不能存储无限数目的私钥。在这种情况下，Alice 最终只能对多个 PKI 使用同样的私钥。这也意味着在 Alice 使用的所有 PKI 中，密钥生命周期的时间表应该是类似的。做这种协调也许很困难。

如果使用这样的系统，一定要保证在一个 PKI 中使用的签名不能在另一个 PKI 中使用。应该总是使用一个数字签名方案，例如 12.7 节所讲的那种。被签名的字节串在两个不同的 PKI 系统中或在两个不同的应用中不应该是相同的。最简单的解决方案是在签名的字节串中包含一些数据，用这些数据来做应用和 PKI 的唯一标识。

20.3　密钥作废的原因

我们已经几次提到密钥会周期性地被更换，这是为什么呢？

在理想世界中，一个密钥可以使用很长时间。在不了解系统缺陷的情况下，攻击者只能进行穷举搜索。理论上来说，这就是把问题归结为选择一个足够大的密钥。

现实世界并不是完美的，总是存在密钥被泄露的威胁。密钥一定会存放在某处，攻击者也许会试图得到它。密钥一定会被使用，任何使用都会带来威胁。密钥一定会从存储地点被传输到进行相关计算的地点。这常常是在单个设备内完成的，但也带来了新的攻击风险。如果攻击者能在传输的通信信道上窃听，那么他就得到了密钥的副本，用这个密钥就可进行密码学的操作。没有一个密码学函数有完全可证明的安全性。这些函数的核心安全性都是基于类似于"我们都没有找到攻击这个函数的办法，因此它看起来相当安全。"的论证⊖。而且如前面所说，侧信道（side-channel）会泄露密钥的信息。

你持有密钥的时间越长、使用它的次数越多，攻击者设法得到密钥的概率就越大。如果要限制攻击者得到密钥的机会，就不得不限制密钥的生命周期。实际上，就是让密钥作废。

还有另一个限制密钥生命周期的原因。假定一些不幸的事情发生了，攻击者得到了密钥，从而破坏了系统的安全，引起了某些危害。（只有当你发现攻击者持有密钥时，撤销密钥才是有效的，聪明的攻击者会尽量避开这种检测。）这种危害一直持续到这个密钥被新的密钥取代。即便如此，此前使用旧密钥加密的数据仍然有泄露的风险。通过限制密钥的生命周期，我们也就限制了暴露给攻击者的时间窗口。

可见，短的密钥生命周期有两个优势：减少了攻击者得到密钥的机会，限制了攻击成功带来的危害，如果攻击者仍然得到了密钥的话。

那么一个密钥合理的生命周期是多少呢？这要由具体情况来决定。更换密钥需要一定的代价，因此不可能经常更换。从另一方面来说，如果十年才更换一次密钥，你不能确定更换到新密钥的功能在十年后仍能正常工作。作为一个通用法则，很少被使用或测试的功能或过程更容易失败⊖。保持密钥长期不变的最大危险也许是更换密钥功能从来没被用过，因此当

298

⊖　通常所说的密码学函数的"安全性证明"实际上并不是完全的证明。这些证明仅仅是一种归约：如果你攻破函数 A，就能攻破函数 B。这使你减少了假定是安全的函数的数目。在这方面，证明是有价值的，但这些函数并不能提供完整的安全性证明。

⊖　这是一个公认的真理，也是应该经常进行诸如消防演习之类的紧急过程的主要原因。

需要它时就不能正常运行了。一年的密钥生命周期可能是一个合理的最大值。

密钥更换需要用户的参与，而且代价较大，因此不可能经常更换。合理的密钥生命周期是一个月以上。周期更短的密钥应该进行自动管理。

20.4 深入探讨

密钥管理不单单是个密码学问题，而是和真实世界紧密相关的问题。选择何种 PKI 以及如何配置，取决于具体应用和部署应用的工作环境。我们已经列出了需要考虑的关键要素。

20.5 习题

20.1 你认为哪些字段需要出现在证书中，为什么？

20.2 硬编码在你的 Web 浏览器中的 SSL 根密钥都有哪些？这些密钥何时被创建？何时到期？

20.3 假设你已部署了一个 PKI，这个 PKI 使用固定格式的证书。现在你需要进行系统更新。更新后的系统需要与之前原始版本的 PKI 以及证书格式保持向后兼容性，但是更新后的系统需要证书中有额外的字段。这种过渡会带来什么问题？在考虑到系统中的证书会更新为新格式的情况下，在最初设计系统时需要进行何种准备？

20.4 试通过计算机中的密码学包或者密码库创建一个自证明证书。

20.5 找到一个使用 PKI 的产品或系统的例子，可以是你在习题 1.8 中所分析过的同一个产品或系统。请根据 1.12 节的描述对该产品和系统进行安全性审查，试从使用 PKI 中的安全问题和隐私问题的角度来对该产品和系统进行分析。

存 储 秘 密

我们在 8.3 节已经讨论了如何存储会话密钥之类的瞬时密钥的问题，但是怎样存储像口令和密钥这样的长期秘密呢？要满足两个相反的要求。首先，这个秘密应该保持其私密性；其次，丢失这个秘密（也就是再也找不到这个秘密）的风险应该尽可能小。

21.1　磁盘

存储秘密的一个很直接的办法是把秘密存储在计算机的硬盘上或其他永久存储介质上，这是可行的，但只在计算机本身确保安全的情况下。如果 Alice 在她的电脑上（未经加密地）存储她的密钥，那么任何使用她电脑的人都能使用她的密钥。大多数电脑都会被别人使用，至少偶尔会被别人使用。Alice 不会介意别人用她的电脑，但同时，她也不想让别人顺便访问自己的银行账户。另一个问题是，Alice 可能会使用不止一台计算机。如果她的密钥存储在家里的计算机上，那么她工作或旅行时就不能使用密钥。Alice 到底应该把密钥存在家里的台式计算机里还是她的便携式计算机里呢？我们并不希望看到她把密钥复制到多个地方，那样显然会进一步削弱系统的安全性。

一个更好的解决方案是让 Alice 把密钥存储在她的 PDA 或智能手机上。这些设备很少会借给别人使用，而且无论去哪里都会随身携带。但这些小型设备很容易丢失或失窃，而我们不希望后来获得这部手机的人能访问密钥。

你可能会想，如果我们对密钥进行加密，就能提高安全性。这确实没错，但用什么来加密密钥呢？我们需要用主密钥来加密密钥，而主密钥需要被存储在某处。把它存储在被加密的密钥旁边不会给系统带来任何优势。但这是减少秘密信息的大小和数目的有效技术，它被与其他技术结合起来广泛使用。例如，RSA 的私钥有几千位长，但通过用对称密钥对它加密和认证，可以以可观的量级将所需的安全存储空间减小。

21.2　人脑记忆

另一个想法是把密钥存储在 Alice 的大脑中。我们让她记住一个口令，并且用这个口令加密所有其他密钥。被加密的密钥可以存储在任何地方，也许在磁盘上，但也可能在 Web 服务器上，Alice 能把它下载到任何她正在使用的计算机上。

人类记忆口令的能力是相当差的。如果选择很简单的口令，又不能得到任何安全保障。实际上，根本不存在足够简单又相当安全的口令：攻击者仅仅通过穷举攻击就能够破获。使用你妈妈婚前名字也不安全，她的名字通常是公开的，即便没有公开，可能只存在几十万个姓氏，攻击者可以通过尝试找到正确的那一个。

好的口令应该是不可预测的。换句话说，它必须包含大量熵。像 password（意为"口令"）这样的普通单词包含的熵不多。据统计，英语单词共有大约 50 万个，这是从包含了所有长而晦涩的单词的无删节的词典中统计出来的，因此用一个单词作为口令最多只提供 19

位的熵。英文文本中，每个字符包含的熵的估值略有浮动，但在每字母 1.5 ～ 2 位左右。

我们一直在系统中各处使用 256 位的密钥来获得 128 位的安全等级。在大多情况下，使用 256 位的密钥几乎不需要额外的代价。然而，在用户记忆口令（或密钥）的情况下，长的密钥带来的额外代价是很大的。试图使用具有 256 位熵的口令负担太重了，因此，我们把口令限制到仅有 128 位的熵[⊖]。

即便采用每字符 2 位的乐观估计，我们仍然需要 64 个字符来得到 128 位的熵。这是难以接受的，用户会直接拒绝使用这么长的口令。

如果我们妥协接受 64 位的安全等级，那又会怎么样呢？以每个字符有 2 位的熵来计算，我们至少需要 32 个字符长的口令。即便这样，对用户来说也是太长了，很难处理。不要忘记，大多数实际的口令只有 6 ～ 8 个字符长。

你可以尝试系统分配的口令，但如果系统告诉你口令是 "7193275827429946905186" 或 "aoekjk3ncmakw"，你会使用它吗？人们无法记住这样的密码，因此这种解决方案是不可行的。（实际上，用户会把口令写下来，这个问题将在下一节讨论。）

一个更好的解决方案是使用密码短语，它与口令类似。事实上，它们如此相似，以至于我们可以认为两者是等价的。它们的不同仅仅是：密码短语比口令更长一些。

也许 Alice 会用这样的密码短语 " Pink curtains meander across the ocean"。这句话没什么意义，但很容易记住。它有 38 个字符长，因此可能包含大约 57 ～ 76 位的熵。如果 Alice 把它扩展成 "Pink dotty curtains meander over seas of Xmas wishes"，就会得到 52 个字符，是一个具有 78 ～ 104 位熵的合理的密钥。Alice 能在几秒内敲出这个密码短语，这比敲一串随机数要快很多。密码短语比随机数据更容易记忆，因此可把随机的数据转换成类似的密码短语，很多记忆法则都是建立在这种想法的基础上的。

有些用户不喜欢在键盘上敲太多的字符，因此他们选择的密码短语稍微有些不同。" Wtnitmtstsaaoof,ottaaasot,aboet."怎么样？这看起来完全不知道在说什么。但如果你把它看成是一句话中每个单词的第一个字符，就会明白了。我们用的是莎士比亚的一句名言：" Whether ' tis nobler in the mind to suffer the slings and arrows of outrageous fortune, or to take arms against a sea of troubles, and by opposing end them. "当然，Alice 不应该使用文献中的句子，因为攻击者也可拿到文献，Alice 书架上的书里又有多少合适的句子呢？相反，她应该用她自己造的句子，即其他人不会想到的句子。

与完整的密码短语相比，每个单词取第一个字符的技术需要更长的句子，但它只需要较少的输入来获得同等的安全性，因为相比于一个句子中的连续字母，这种方法的键盘敲击更加随机。我们尚不知道这种技术中每个字符的熵应该如何来评估。

密码短语无疑是人脑中存储秘密的最好方法。遗憾的是，很多用户对正确地使用该方法仍然感到很困难。即便是用密码短语，在人脑中储存 128 位的熵也是相当难的。

加盐和扩展

为了从有限熵的口令或密码短语中产生最大的安全性，我们可以使用两种技术。这两种技术的名字听起来像是来自中世纪的酷刑室。这些技术是如此的简单和明显，以至于可以应用在所有口令系统中，实在没有任何理由不使用它们。

⊖ 对于数学家来说，是从 128 位熵的概率分布中选择口令。

首先是加盐（salt）。盐就是一个随机数，与加密的口令存放在一起。最好采用 256 位的盐。

下一步是扩展（stretch）口令。扩展一定是很长的计算。令 p 是密码口令，s 是盐。使用任意保密性强（cryptographically strong）的散列函数 h，计算：

$$x_0 := 0$$
$$x_i := h(x_{i-1}\|p\|s) \qquad \text{for } i = 1, \dots, r$$
$$K := x_r$$

用 K 作为密钥来实际加密数据。参数 r 是计算迭代的次数，只要实际情况允许，r 值应该尽可能大。（这里没有说 x_i 和 K 应该达到 256 位长。）

现在，从攻击者的角度来看看这个问题。给定盐 s 和用 K 加密的数据，你试图通过尝试不同的口令来找到 K。选择一个特定的密码口令 p，计算相应的 K，用它解密数据，检查解密结果是否有意义并且能通过相关的完整性检查。如果不是，则 p 必定是假的。为了检查单个的 p，必须要做 r 次不同的散列计算。r 越大，攻击者做的工作就越多。

在解密数据之前就检查出密钥是否正确，这在有些情况下可能会比较有用。这里，需要一个密钥检查值来进行检查。例如，密钥检查值可以是 $h(0\|x_{r-1}\|p\|s)$，因为散列函数的性质独立于密钥 K。这个密钥检查值可以和盐值一起存储，用于在用 K 解密消息前检查口令是否正确。

在正常使用中，每次用到口令时都要进行扩展计算。但是记住，扩展计算是在用户刚键入口令时完成的。键入口令可能要用几秒钟，因此用 200 毫秒来进行口令处理是可以接受的。我们可以按照这样的规则选择 r：r 值使在用户设备上根据 (s, p) 计算 K 大约花费 $200 \sim 1000$ 毫秒。随着计算机的发展，其计算能力不断增强、速度加快，因此 r 也应随之不断增大。理想地说，当用户第一次设置口令时要通过实验来决定 r，然后把 r 和 s 存放在一起（要保证 r 是一个合理的值，不太大也不太小）。

那么，r 的合理值为多少呢？如果 $r = 2^{20}$（刚超过 100 万），那么攻击者不得不对所尝试的每个口令做 2^{20} 次散列计算。尝试 2^{60} 个口令，要做 2^{80} 次散列计算，因此使用 $r = 2^{20}$ 能让口令的有效密钥长度增大 20 位。选择的 r 越大，获得的口令就越大。

以另一种方式来看这个问题。r 所做的是阻止攻击者从越来越快的计算机中受益，因为计算机越快，r 也就越大。这是一种摩尔定律的补偿。十年后，攻击者可以利用这十年发展起来的技术来攻击你今天使用的口令，因此你仍然需要多留出一些安全额度，在口令中尽量给出更多的熵。

这也是使用有前向安全性（forward secrecy）密钥协商协议的另一个原因。Alice 的私钥很可能最终都用一个口令来保护。十年后，攻击者能够找到 Alice 的口令，得到其私钥。但是如果被加密的密钥仅仅用来运行前向安全的密钥协商协议，那么攻击者将找不到任何有价值的东西。Alice 的密钥不再是有效的（它已经过期了），知道她过去的私钥也不能揭示十年前用的会话密钥。

当攻击者同时攻击大量口令时，盐能够防止他利用规模扩大而节约计算量。假定系统中有 100 万个用户，每个用户存储一个包含他的密钥的加密文件，每个文件是由用户的扩展口令来加密的。如果我们不使用盐，那么攻击者就可以进行如下的攻击：猜测密码口令 p，计算扩展密钥 K，试图用 K 解密每个密钥文件。对于每个口令来说，扩展函数仅仅需要计算一次，最终的扩展密钥可以被用于尝试解密每个文件。

304

当我们把盐加入到扩展函数中时，这种情况就不再奏效。所有的盐都是随机值，因此每个用户会使用不同的盐值。现在攻击者将不得不对每个文件计算一次扩展函数，而不是对每个口令计算一次。这对于攻击者来说增加了很大的计算量，而对于系统用户来说是很小的代价。因为位运算的代价很小，为简单起见，我们建议用256位的盐。

顺便说一下，当你做这些时一定要小心。以前看到过这样的一个系统，该系统几乎在所有方面都实现得很好，但某个程序员想要对用户输入的口令是否正确给用户一个快速的答复，以此来改进用户界面，因此他在口令上存储了一个校验和，这就完全破坏了整个加盐和扩展的过程。如果响应时间太慢，可以减小一点 r，但要保证在没达到 r 次散列计算时不能识别口令的正确与否。

21.3　便携式存储

存储秘密的另一个办法是在计算机之外存储。最简单的存储方式是把口令写在一页纸上。大多数人使用这种办法，甚至对于像网站这样的非密码系统也如此。很多用户至少有半打的口令要记住，实在太多了，尤其是某些系统很少使用口令因此为了记住口令，用户就把它们写下来。这种解决方案的局限性在于，每次使用口令时仍然需要通过用户的眼睛、大脑和手指来处理。为了把用户的错误限制在一个合理的界限内，这种技术仅仅适用熵比较低的口令和密码短语。

作为设计者，不必为这种方法进行设计和实现。无论怎样制定规则、怎样创建口令系统，用户都会这样来存储口令。

一个更先进的存储方法是便携式存储。它可以是一张存储芯片卡、一张磁条卡、一个USB盘或是任何其他种类的数字存储设备。数字存储系统总是能存储至少256位的密钥，因此我们可以排除低熵的口令。便携式存储变得非常像一个密钥，无论谁得到它，都能够拥有访问权，因此需要安全地放置。

21.4　安全令牌

一个更好但也更贵的解决方案是使用我们称为安全令牌的设备。这是 Alice 能够随身携带的一个小型计算机。令牌的外部形状可以千变万化，从智能卡（看起像信用卡）到iButton、USB加密狗（USB dongle）或 PC 卡。它的主要性质是有一个永久性存储器（例如，没电时仍能保存数据的内存）和一个 CPU。

安全令牌主要作为一个便携式存储设备来工作，但它在安全性上又有几点改进。首先，通过口令或类似的方法来限制访问被存储的秘密。在安全令牌让你使用密钥之前，一定要给它一个正确的口令。如果输入了三五次错误的口令，安全令牌就不允许用户访问了，通过这种方式可以防止攻击者对口令进行穷举搜索。当然，某些用户会过于频繁地输错口令，于是他们的安全令牌就不得不恢复（resuscitated），但你可以用更长、熵值更高的密码短语或密钥来保证恢复过程的安全性。

这种做法可以提供多层防护。首先，Alice 在物理层面上保护了令牌，例如，可以把它放在钱包里或钥匙链上。攻击者不得不去偷这个令牌，或者以某种方式获得访问令牌的可能。然后攻击者或者需要以物理方式攻破令牌并提取数据，或者通过找到口令来打开令牌。令牌常常是抗干扰的，这使得物理攻击很困难[⊖]。

⊖ 它们是抗干扰的，但并不能防止干扰。抗干扰仅仅是使干扰更不容易发生。干扰仪器可以检测干扰并进行自毁。

安全令牌目前是最好也最实用的存储密钥的方法之一。它们相对便宜，并且足够小，方便携带。

用户行为是实际使用中需要注意的一个问题。当用户去吃饭或者开会时，他们会把插在计算机上的安全令牌留在那里。由于用户不想每隔很短的时间间隔就重新输入口令，因此系统会被设置成在最后一次被键入口令后的几小时内允许访问，于是攻击者要做的一切就是走过去并使用存储在安全令牌中的密钥。

你可以尝试通过培训来解决这个问题。目前有很多关于"办公室的安全性"的视频介绍，还有糟糕到让人脸红的、一点也不有趣的"带着您的安全令牌去午餐"的海报，以及"如果我再发现你的安全令牌插在那儿无人管，你就还得来听一次这样的讲话"之类的讲话。但你也可以用其他的方式。例如让安全令牌不仅是访问数据的密钥，同时也是办公室门锁的钥匙，这样用户就不得不带着安全令牌回到办公室。或把咖啡机设置成仅当提交安全令牌后才能输出咖啡，这就促使雇员在喝咖啡时把安全令牌带到咖啡机那儿，而不是把安全令牌留在计算机上。安全性措施有时会包括这样的笨办法，但这些比强迫"把安全的令牌带在身边"的制度实施起来效果更好。

21.5　安全 UI

安全令牌仍然存在显著的缺陷。Alice 不得不在 PC 或其他设备上输入她使用的口令。只要我们信任 PC，这就不是问题，但我们知道 PC 都不是很安全。事实上，不把 Alice 的密钥存在 PC 中的主要原因就是不太信任它。如果令牌本身有一个安全的内置 UI，我们就能得到更多的安全性。考虑一个有内置键盘和显示屏的安全令牌，那么口令或 PIN 就能够直接输入令牌而不需要信任外部的设备了。

把键盘嵌在令牌中能防止 PIN 被攻破。一旦 PIN 被键入，PC 仍然会得到密钥，那么它就能用这个密钥做任何事情，因此我们仍然被整个 PC 的安全性所限制。

为了阻止密钥的泄露，我们必须把涉及密钥的密码学过程嵌入令牌，这就要求在令牌中有应用专用（application-specific）的代码。这个令牌很快就会发展成一台全功能计算机，不过是一台用户能随身携带的可信任的计算机。这个可信任的计算机能在令牌中实现每个应用的关键安全部分。显示功能现在变得很关键，因为显示功能会告诉用户他正在通过键入 PIN 授权什么行为。在一个典型的设计中，用户使用 PC 的键盘和鼠标来进行操作。例如，当银行支付被授权时，PC 把数据发送给令牌。令牌显示数量和其他的一些交易细节，用户通过敲击他的 PIN 来授权交易，然后令牌签署交易细节，PC 完成交易的其余部分。

在现实中，带有安全 UI 的令牌对大多数应用来说太昂贵了。也许功能最相近的产品是个人数字助理（PDA）和智能电话。然而，人们把程序下载到 PDA 或者智能电话上，PDA 从开始就没被设计成一个安全单元，因此它可能还没有 PC 安全。希望安全 UI 在未来可以有更好的应用前景。

21.6　生物识别技术

如果我们想做得更漂亮些，还可以结合一些生物识别技术。你可以把类似指纹扫描仪或虹膜扫描仪的设备嵌入安全令牌中。但目前生物设备并不是很有用。指纹扫描仪可以以合理成本生产，但所提供的安全性整体不太好。2002 年，密码学家 Tsutomu Matsumoto 和他的 3 个学生演示了它能稳定地骗过市面上能买到的所有商用指纹扫描仪，而且仅仅采用了很普

307

通的材料[87]。即便是从潜在的指纹（例如，你留在每个光滑表面上的指纹）中伪造一个假指纹，也不过是一个聪明中学生的兴趣爱好项目的难度。

事实上，令我们震惊的不仅仅是指纹扫描仪能够被欺骗，而是欺骗的手段是如此的简单和低成本。更糟糕的是，生物识别技术行业一直在告诉我们生物识别是多么安全，他们从来就没说伪造指纹是这么容易。现在突然来了个数学家（甚至都不是生物识别技术专家）让整个过程浮出水面。一篇 2009 年发表的论文表明至今这仍然是一个问题[3]。

虽然指纹扫描仪很容易被欺骗，但仍然很有用。假定你有一个安全令牌，它带有一个小显示器、一个小键盘和一个指纹扫描仪。为了得到密钥，你需要对令牌进行物理控制，得到PIN，伪造指纹。与以前的解决方案相比，攻击者需要做更多的工作。它可能是目前我们所能达到的最实用的密钥存储方案。另一个方面，安全令牌是相当昂贵的，因此它不能被很多人使用。

指纹扫描仪也可以被应用在安全性要求不高的方案中。用手指触摸扫描仪可以快速完成，让用户经常这样做也是可行的。指纹扫描仪可以提高「适当的人正在授权计算机做某事」的可信度。这增加了雇员把口令借给同事的难度。指纹扫描仪不能防范很高级的攻击者，它可以用来防止安全制度的临时破坏。与把扫描仪用作高安全性的设备相比，这对安全性来说也许是一个更重要的贡献。

21.7　单点登录

一般的用户都有很多口令，因此产生一个单点登录系统就变得很有吸引力。办法是给Alice 一个的主口令，然后用它来给不同应用中的不同口令加密。

为此，所有的应用都必须与单点登录系统对话。无论何时，只要应用需要口令，都不应该询问用户，而是由单点登录程序来完成。如果要让这个系统大规模工作，会遇到无数挑战。让我们想想这种情形吧：所有的应用都要被修改，以便能够自动从单点登录系统中取得口令。

更简单的办法是用一个小程序把口令都存在一个文本文件中。Alice 键入她的主口令，然后用复制和粘贴功能把口令从单点登录程序复制到应用中。Bruce 设计了一个叫作Password Safe 的免费程序来完成这一操作，但这仅仅是 Alice 把她的密码写在一张纸上的加密数字版本。如果你总是使用同一台计算机，则上述改进是有用的，但单点登录的办法肯定不是最终的解决方案。

21.8　丢失的风险

但是，如果安全令牌被攻破会怎么样呢？或者是把带有口令的纸忘在兜里，让洗衣机给洗了呢？丢失密钥总是很糟糕的事情。丢失的代价至少是不得不给每个应用注册一个新密钥，严重的话会永远失去访问重要数据的许可权。如果你用密钥加密的是你花了五年时间完成的博士论文，而你把密钥丢失了，那么你就再也不能找到这个论文了，你能看到的只是含有一堆随机字节的文件。太令人心痛了！

让一个密钥存储系统既容易使用又高度可靠是很难的。因此一个好的经验法则是，把这些功能分开。保持密钥的两个副本：一个容易使用，另一个更可靠。如果容易使用的系统忘记了密钥，可以从可靠存储的系统中恢复它。找到可靠的系统很简单，写在银行地下室的一页纸上怎么样呢？

当然，一定要注意保护可靠存储系统。通过设计，它很快会用于存储所有密钥，那么这就很容易成为攻击者的目标。应该做一个风险分析以决定是用一系列小的可靠系统存储密钥好，还是用单个的大的系统更好。

21.9 秘密共享

你需要更安全地来存储某些密钥，例如，CA 中私有的根密钥。我们已经看到，以安全的方式存储秘密是很困难的，安全且可靠地存储它就更困难了。

有一种密码学解决方案能够帮助我们存储密钥，它叫作秘密共享（secret sharing）[117]，这有些用词不当，因为它暗示着你要同几个人共享秘密。实际上不是这样的，该方法是把这个秘密分成几个不同的分块（share）。它可能以这样的方式来处理，例如，用 5 个分块中的 3 个就可以恢复秘密。那么你可以把分块分给 IT 部门的每个高级成员，他们中的任何 3 个人都能恢复秘密。这种方式的技巧就是任意两个人在一起绝对不会知道关于密钥的任何事情。

从学术观点来说，秘密共享系统是很有吸引力的。每个分块用我们以前讨论的一种技术来储存。一个" n 中选 k "的规则把高度安全性（至少有 k 个人才能获得密钥）与高度可靠性（n-k 个分块丢失也不会有损害）合并在一起。甚至有一种更奇特的秘密共享方案，它允许更复杂的访问规则，以具体的组合，如（Alice 和 Bob）组合或（Alice、Carol 和 David）组合才能进入。

在现实生活中，秘密共享方案很少被使用，因为它们太复杂了。它们不但应用起来复杂，更重要的是，管理和操作也很复杂。大多数公司没有一群很负责的彼此信任的人。你可以尝试去告诉某个部门的成员，就说会给他们每人配备一个带有密钥分块的安全令牌，并且他们要在星期日早晨 3 点的紧急情况中露面。是的，他们彼此之间并不信任，但却要保持自己的分块安全，不被其他成员盗用。每次当某人加入或离开部门时，他们也需要去安全密钥管理房间以得到一个新的密钥分块。实际上，这意味着在部门成员出差的情况下也要这样。CEO 持有分块也不是很有用的，因为 CEO 更容易出差。在你知道出差之前，要把它交给两个或三个高级 IT 管理人员。他们能够使用秘密共享方案，但代价和复杂性已经使它没有吸引力了。为什么不使用更简单的方案呢？例如，像银行地下室这样的物理解决方案。它有几个优势：每个人都理解它是怎样工作的，因此不需要特殊的培训。他们已经被测试过了，而秘密重构过程是很难测试的，因为它需要大量的用户交互行为，你一定不想在秘密重构的过程中出现 bug，那会导致你失去 CA 的根密钥。

310

21.10 清除秘密

任何存储的长期秘密最终都要被清除。只要秘密不再被需要，它的存储就应该被清除，以免将来被泄露。我们在 8.3 节已经讨论了清除存储器的问题，而从永久性存储介质中清除长期秘密就更难了。

本章讨论的存储长期秘密的方案使用了各种数据存储技术：硬盘、纸张、USB 盘，这些存储技术中都没有指明具有保证存储数据不再被恢复的清除功能。

21.10.1 纸

要清除写在纸上的口令一般是把这张纸销毁。一种可能的方法是烧掉这张纸，然后把灰烬碾成粉末，或者是用水把灰烬混成纸浆。把纸切成碎片也是一种选择，虽然很多碎纸机切成的碎片很大，这就使得把纸重新合成起来更容易一些。

311

21.10.2　磁存储介质

磁介质是很难清除的。讨论这项清除技术的文献意外的少，我们所知道的最好的一篇文章是 Peter Gutmann[57] 写的，虽然其中的一些技术细节现在可能已经过时了。

磁介质在小型磁区域中存储数据，区域的磁化方向决定了它编码的数据。当数据被重写时，磁化方向也被转变以反映新的数据。但是有几个机制能防止旧的数据完全丢失。用来重写旧数据的读/写头从来就没有被准确定位，它会留下一些旧的数据。重写并不能完全清除旧的数据。你可以把它想象成用单层涂料来重新刷墙，你仍然会模糊地看到下面的旧涂料。磁化区也会移至读写头控制的磁道外或深层磁化材料中，在那里数据可存放很长时间。用一般的读/写头来重写数据是不能恢复的，但拆开磁盘驱动器并使用特殊装置的攻击者也许会恢复部分或所有的旧数据。

实际上，用随机数据重复地重写秘密可能是一个最好的办法。这里要记住以下几点：

- 每次重写应该使用新的随机数据。一些研究工作者已经开发了特定的数据模式，这些模式被认为能更好地清除旧数据，但模式的选择还要由磁盘驱动器的具体细节来决定。随机数据也许会要求对同一结果进行更多次的重写，但它在所有情况下都有效，因此更安全。
- 一定要在存储秘密的实际位置重写。如果仅仅通过给文件写入新数据来改变它，文件系统也许会决定在不同的位置存储新数据，这会保留原始数据。
- 要保证每次重写是写到磁盘上，而不是写到磁盘缓存中。这种写缓存的磁盘驱动器存在一定的危险，因为它们也许会缓存新数据，并把多个重写操作优化为一个。
- 一个可能比较好的方法是清除自秘密数据之前开始，且到它之后结束一段区域，因为磁盘驱动器的旋转速度从来都不完全一致，新的数据并不能准确对准旧的数据。

312

就我们所知，没有一个可靠的信息能说明需要进行多少次重写操作，但我们没有理由选择较少的次数。要清除的仅仅是单个密钥（如果你有很多秘密数据，用这个密钥加密那些数据，仅仅清除密钥即可）。我们认为用随机数据进行 50 次或 100 次重写是完全合理的。

使用消磁机来清除磁带或磁盘从理论上说是可行的。然而，现代的高密度磁盘存储介质能够抵抗消磁，因此这不是一个可靠的清除方法，实际上，用户根本弄不到消磁机，因此这也是不现实的。

甚至对于扩展了的重写都会有很专业的、资金充足的攻击者从磁介质中把秘密恢复出来。为了完全地清除数据，可能不得不清除介质本身。如果磁化层是塑料的（软盘或磁带），可以把它切碎，然后烧掉。对于硬盘，可以用磨光机把磁化层从盘中取出，或是用喷灯把磁盘熔化成液体。实际上，你并不想让用户采取这么极端的措施，因此反复重写是最实际的解决方案。

21.10.3　固态存储

清除像 EPROM、EEPROM 和闪存这样的非易失性内存也会有同样的问题。对旧数据进行重写不能根本地清除旧数据，我们在 8.3.4 节讨论的数据保留机制也会起作用。而且，用随机数据重复地重写秘密是仅有的一种实际解决方案，但也不是很完美的方案。因此只要不再需要某种固态设备了，就应该销毁它。

21.11 习题

21.1 了解登录口令是如何在你的计算机中存储的。试编写程序，根据给定的被存储的口令（经加密或散列后的），对真实口令进行穷举搜索。穷举头一百万个密钥口令需要多长时间？

21.2 了解并掌握私钥是如何存储在 GNU Privacy Guard（GPG）中的。试编写程序，根据给定的加密后的 GPG 私钥，对私钥进行穷举搜索。穷举头一百万个密钥需要多长时间？ 313

21.3 给定一个 24 位的盐。64 个用户中，两个用户有相同盐值的概率是多少？ 1024 个用户呢？ 4096 个用户呢？ 16 777 216 个用户呢？

21.4 举出一个维护长期秘密的产品或系统。可以是你在习题 1.8 中所分析的同一个产品或系统。请根据 1.12 节的描述对该产品和系统进行安全审查，试从秘密如何存储的角度来对该产品和系统进行分析。 314

其 他 问 题

Cryptography Engineering: Design Principles and Practical Applications

标准和专利

除了密码学，读者还需要了解标准和专利，在这一章中我们将对它们进行介绍。

22.1 标准

标准是一把双刃剑。一方面，不会有人因为我们应用一项标准而挑我们的毛病，在介绍 AES 的时候已经提到了这一点；不过另一方面，许多安全标准并不奏效，这正是问题所在。在本书中，我们主要关注的是密码学中工程学的方面，但是在进行任何密码工程时都会遇到标准，所以我们需要对标准有所了解。

22.1.1 标准过程

对于还不了解标准发展过程的读者来说，我们首先要介绍一下许多标准是如何产生的。最初有一些标准化组织，像 Internet 工程任务组（IETF）、电气和电子工程师协会（IEEE）、国际标准化组织（ISO）以及欧洲标准化委员会（CEN），这些标准化组织建立一个委员会来满足提出新标准或改进标准的需要。委员会有不同的名字：工作组、任务组或者别的什么。有时候委员会有层级结构，但基本思想是一样的。委员会成员一般都是自愿参加的，人们通过申请加入委员会，而几乎所有申请都会被接受。通常申请者需要通过一些过程化的考试，但选拔通常不是特别严格。这些委员会最多有几百人，但大的委员会一般分成几个小的子委会（称为任务群、研究群等），大多数工作都是由几十人的委员会来完成的。

标准化委员会有固定时间的会议，每隔几个月会召开一次。所有的成员都到一个城市，在宾馆开几天会。在会议间隔的几个月里，委员会成员会做一些工作，准备提案和演示等等。会议中，委员会来决定继续进行的方向。通常会有一个编辑，他的工作是把所有的提案放在一个标准文件中。产生一个标准是很漫长的过程，一般要花几年的时间。

那么谁来参加这些委员会呢？成为一个成员是要付出很大代价的，即使不考虑时间问题，路费和住宿费也都不便宜，所以每个成员都是由公司派来的。公司有几种动机：有时他们想要卖的产品必须和其他公司的产品互相操作，这就要求标准化，跟踪标准化过程的最好方式就是参加标准化委员会；公司也想盯住他们的对手，我们都不想让自己的对手去制定标准，因为他们会做出一些使我们处于竞争劣势的事情，也许标准会朝着他们自己的技术和需求方向倾斜，或者包含他们持有专利的技术；有时候公司不想要标准化，所以他们会在标准委员会的会议中尽量让标准化进程慢一些，从而给他们的专用产品留出占有市场的时间。在实际中，所有这些动机再加上一些其他的因素，混合在一起构成了一个很复杂的政策环境。

毫无疑问，很多标准化委员会失败了，他们或者从来没有产生过任何标准，或者产生一些相当糟糕的标准，或者是最终形成僵局被市场所超越，从而将占领市场的系统定义为标准。成功的委员会在几年后都会推出一个标准化文件。

一旦标准被制定出来，每个人都要遵循它，实现它。这当然会导致不能互相操作的系统，因此产生了第二个过程，即互操作性（Interoperability）测试，每个制造商都要调整他们的实现，使它们能够协同工作。

这个过程中有很多问题。委员会的政策机构几乎没有把产生优秀的技术标准放在重要位置上，最重要的事情是达成一致。当每个人对结果的不满意程度都相同时，标准就完成了。为了安抚不同的派别，标准有很多的可选项、扩展功能、没用的替换选项等等。由于每个派别都有他们自己的想法、意见和关注点，因此最好的妥协也常常是矛盾的。很多标准内部都不一致，甚至自相矛盾。

在标准化过程进行期间，公司同时也会实现基于标准化草案的应用，这就使得整个过程更加复杂了。一些人已经实现了标准草案，因此不想重来，这就使得做改动更难了。当然，不同的公司以不同的方式进行实现，他们在委员会中进行斗争，让最终的标准与他们的实现相适应。有时，唯一的妥协是选择所有公司都没有实现的标准，以使他们都具有同等的不满意度。技术层面上的好处并不是这类讨论的真正要点。

1. 标准

这样的结果之一就是大多数标准相当难读。标准化文件由委员会设计，在设计过程中他们没有让文件清晰、简洁、准确或可读性强的压力。事实上，一个非常不易读的文件更容易运作，因为只有几个委员会成员理解它，能应用它，从而不会被其他成员干扰。阅读几百页写得很糟的文件是相当无趣的，因此最终大多数成员都不去阅读整个草案，而是仅仅阅读他们感兴趣的部分章节。

2. 功能

正如我们已经提到的那样，互操作性测试总是必需的。当然，不同的公司会实现不同的产品。通常，最终所实现的与标准所定义的有一些细微的不同，但由于每个公司的产品已经进入市场了，所以某些东西已经无法改变了。我们曾经看到，品牌 A 发现了品牌 B 的实现偏离了标准，就调整自己产品的行为来保证正常运作。

标准通常包含大量的可选项，但是实际的实现仅仅使用了特定的可选项，当然会有一些限制和扩展，因为标准化文件本身就包含一些并不能正常工作的内容。当然，实际实现和标准之间的不同并没有在文件中阐述。

整体来说，整个过程在某种程度上还是奏效的，当然仅仅是主要功能。无线网络允许连接，但不太可能在不同厂商的产品上都有管理功能。简单的 HTML 页在所有的浏览器上都能正确地显示，但更高级的布局特性在不同的浏览器上会给出不同的结果。我们对此已经非常习惯了，所以很难注意到。

这真是一种很不幸的情况。作为一个行业，我们似乎无法制定一个可读或正确的标准，更不用说除了最基本的功能之外能够提供不同产品之间互操作性。

3. 安全性

这些失败意味着产生标准的一般方法并不能提供安全性。在安全方面，我们会有主动的攻击者，他们能找到标准中最偏远的角落。安全性也由木桶原理来决定：任何一个错误都可能是致命的。

我们已经强调了简单的重要性，然而标准都不是简单的。委员会标准化过程排除了简单化，产生的标准过于复杂以至于委员会中任何一个成员都不能完全理解。正基于这个原因，结果都不是安全的。

当我们和标准化委员会成员讨论这个问题时，常常得到类似这样的答复："技术人员总是想制定很完美的标准。"……"政策上的现实使我们不得不妥协。"……"那正是系统工作的方式。"……"看看我们已经完成的事情吧。"……"现在标准执行得很好。"在安全上，这样并不足够好。标准提出后还需要进行互操作性测试，这一事实就说明标准并不是很安全的。如果标准的功能部分（即容易的部分）并不是很完善，导致只有经过测试才能互相操作的系统，那么安全部分不可能不经过测试就达到安全性。并且众所周知，安全性是无法测试的。当然，有可能产生一个安全的应用，它包含了标准的一部分的功能，但这对一个安全标准来说并不足够。安全标准能够保证如果我们坚持遵守它就能达到一定的安全等级。正由于安全性是非常困难的，所以我们不能让它由委员会来制定。如果有人建议使用委员会制定的密码系统标准，我们总是会非常不情愿。

这个领域中有几个有用的标准，但没有一个是委员会制定的。有时仅仅是一小群人研发的一个连贯设计，结果就被作为标准使用，并没有政策上的妥协。这些标准相当优秀，我们下面来讨论最重要的两个。

22.1.2　SSL

SSL 是 Web 浏览器与 Web 服务器进行安全连接使用的安全协议。第一个被广泛使用的版本是 SSL 2，但是包含了几个安全漏洞。改进后的版本是 SSL 3[53]，这是由三个人设计的，没有经过任何进一步的委员会过程。SSL 3 已经被广泛使用，并被普遍认为是一个好协议。

不过要注意，SSL 是一个好协议，但这并不意味着任何使用 SSL 的系统都是安全的。SSL 依靠 PKI 来认证服务器，但是内嵌在大多数浏览器中的 PKI 客户端非常开放，因此整体的安全等级相当低。我们的一个浏览器有来自 70 个不同 CA 的 150 个不同的证书，因此在考虑主动攻击之前，我们必须信任遍布世界的 35 个不同组织能安全处理我们的信息。

SSL 从来就没有被真正地标准化，它仅仅被 Netscape 实现，变成了一个事实上的标准。SSL 的标准化和进一步开发正在由 IETF 的一个工作组进行，不过被重新命名为 TLS。SSL 到 TLS 之间的改动似乎非常少，我们没有理由认为 TLS 不如 SSL 3 好。但是从 IETF 最近设计的像 IPsec[51] 这样的安全协议来看，肯定存在着委员会为了显示权威而毁掉一个好标准的危险。

22.1.3　AES：竞争带来的标准化

对我们而言，AES 是标准化安全系统的一个突出例子。AES 不是由委员会设计的，而是由竞争设计的。新的 SHA-3 的标准化过程也非常相似。开发过程非常简单，首先要说明系统最终要达到的目标，这种规范说明可以由一小群人结合许多不同来源的要求而提出。

下一步就是收集提案。可以请专家来开发满足给定需求的完整解决方案，一旦给出提案，余下的事情就是在提案中做出选择。这是一场直接的竞争，可以通过多种标准来评价这些方案。只要把安全性作为首要标准，提案提交者就会一直关注寻找他们竞争者的提案中存在的安全漏洞。如果幸运的话，这会带来一些有用的反馈。在其他情况下，我们也许还要聘请外来专家来进行安全评估。

最终，如果顺利的话，我们能够选出一个提案，或者不加改动，或者做一点改动。这并不是把不同的提案进行融合，那样只会导致另一种委员会设计。如果没有一个提案能够满足要求，而且似乎能产生一个更好的提案，那么就应该去寻找新的提案。

这正是 NIST 进行 AES 竞争的方式，并且进行得非常好。初始的 15 个提案在第一轮评估后剩下 5 个候选，第二轮的评估最终会选出获胜者。令人惊讶的是，5 个候选提案中的任何一个都是好标准，肯定比任何委员会设计的标准都要好。我们忧虑的主要是 AES 标准化的过程还是稍微快了一点，可能没有足够的时间对最后的候选者进行细致的分析，不过这个过程仍然非常好。

如果没有足够的专家提出至少几个有竞争力的设计，标准化的竞争模型就不能工作。但我们认为，如果没有足够多的专家提出几个设计，就不应该对任何安全系统进行标准化。为了达到简单化和一致性，这两点对整个系统的安全是至关重要的，安全的系统必须由一小群专家来设计，然后需要其他的专家来分析提案并对它进行攻击、寻找漏洞。为了得到好的结果——无论采用什么过程——都需要足够的专家来形成至少 3 个提案组，如果有很多专家，就应该使用竞争模型，因为这个模型已经证实能够产生好的安全标准。

22.2 专利

我们在本书的第 1 版中花了较长的篇幅讨论了专利在密码学中所扮演的角色，但是目前围绕专利的系统已经有了一些改变，我们也了解了更多。在本书中，我们将不会提供关于专利的建议，但是我们希望读者认识到专利在密码学中确实发挥着作用，它能够影响我们使用或者不使用哪些密码协议。关于专利，我们建议读者向律师咨询，以获得专业的建议。

关 于 专 家

关于密码学有一件奇怪的事：每个人都认为自己掌握了足够多的密码学知识，可以设计和构建他们自己的系统。我们从来不会让一个二年级的物理系学生去设计原子能动力工厂，也不会让一个声称找到了心脏手术新办法的正在接受培训的护士去给病人做手术。然而，一些读了一两本书的人却认为他们能够设计自己的密码系统，更糟糕的是，有时他们能让管理层、风险投资者甚至客户相信他们的设计是最好的。

对密码工作者而言，Bruce 的第一本书《应用密码学》[111,112] 既是著名的又是声名狼藉的。它因为让成千上万人开始注意密码学而著名，同时又由于这些人设计和实现的系统而声名狼藉。

最近的一个例子是无线网络标准 802.11。初始的设计包含一个安全的信道，称为有线等效加密（Wired Equivalent Privacy，WEP），用来加密和认证无线通信。标准是由一个没有任何密码专家的委员会设计的，得到的结果安全性很差。使用 RC4 加密算法的决定不是最好的，但 RC4 本身并没有致命的缺陷。然而 RC4 是流密码，需要唯一的瞬时值，但 WEP 并没有给瞬时值分配足够的位，结果就是同一个瞬时值不得不被重新使用，这就导致了很多包是用相同的密钥流加密的，使得 RC4 流密码的加密性质失效，得以被聪明的攻击者攻破。一个更细微的缺陷是，在使用密钥和瞬时值作为 RC4 密钥之前，没有对它们取散列值，这最终会导致密钥恢复攻击[52]。认证使用了 CRC 校验和，但由于 CRC 计算是线性的，很容易（利用线性代数知识）修改任何数据包而不被检测出来。网络中所有的用户共享使用了同一个密钥，这使得密钥更新更加困难。网络口令直接被用作所有通信中的加密密钥，而不使用任何的密钥协商协议。最后，加密在默认状态下是关闭的，这意味着大多数应用从开始就不使用加密。WEP 不仅仅是被攻破了，而是被完全攻破了。

设计一个 WEP 的替代品并不容易，因为必须要与现有的硬件配套。但是我们没有选择，因为原始标准的安全性简直太差了，替代品称为 WPA。

WEP 的故事不是一个例外，由于 802.11 是一个成功的产品，所以 WEP 比其他不好的密码设计得到更多的关注，但我们在其他系统中也看到过很多类似的情况。一个同事曾经告诉 Bruce：“这个世界充满了不安全的系统，而这些系统正是由读过《应用密码学》一书的人设计的。”

本书也有可能产生同样的影响。

这使本书成为一本很危险的书。很多人将阅读这本书，然后去设计密码算法和协议，当他们完成设计时，会有一些东西看起来很好，甚至能够工作，但是安全吗？他们的设计中也许能有 70% 是正确的，如果幸运的话，也许能达到 90%，但是在密码学中几乎正确是没有价值的，一个安全系统的安全性只依赖于最脆弱的环节。为了安全，一切都必须是正确的，而所有这些是不能仅从书本中学到的。

既然本书可能会导致不好的系统，为什么我们还要写呢？我们写这本书是因为有人想了解如何设计密码系统，而我们不知道现在还有哪本合适的书。应该把这本书看成是对这个领域的介绍，虽然它并不是一本手册。我们这本书也是为参加项目的其他工程师写的，安全系统的每个部分都是至关重要的，项目中的每个人应该对涉及的安全问题和技术有一个基本的理解，包括程序员、测试员、技术文员、管理者甚至是销售人员，每个人都需要对安全问题足够了解做好自己的工作。我们希望本书能够提供足够的密码学实践的背景。

我们也希望灌输给读者专业批判的思想。如果掌握了这一点，就已经掌握很多了。读者可以将这种思想运用到工作中的各个方面，从而在设计自己的协议和看到其他人的协议时会十分挑剔，这样只会有助于提高安全性。

如果我们能给读者一条建议的话，就是要尽可能地聘用密码学专家。如果项目涉及了密码学，那么一个经验丰富的密码设计者会让你受益匪浅。在项目的开始就需要一个这样的专家，越早向密码学专家咨询，从长远看项目会更容易，代价也会越低。很多时候项目进展得已经很顺利了，但却要对在项目设计或实现阶段留下的漏洞进行补救，最终结果总是代价很大，可能是项目工作量、项目时间表和成本有所增加，也可能最终产品的用户没有得到足够的安全性。

做好密码系统是相当困难的，即使是由专家设计的系统也经常失败。这与我们多么聪明或者在其他领域有多少经验都没有关系，设计和实现密码系统要求专业的知识和经验，而得到经验的唯一办法就是一遍又一遍地去做，这个过程中就会犯错误。那么既然专家也会犯一些错误，为什么还要聘用他呢？这与我们会选择一个好的外科大夫来做手术是同样的道理，并不是因为他们不出错，而是因为他们犯的错误少，而且危害小，他们会以保守的方式工作，小错误不会导致灾难性的后果，他们知道怎样"妥善"地失败。

实现密码系统几乎像设计密码系统一样专业。密码系统的设计者是能够雇到的，而密码系统的实现者却难以雇到，部分原因是需求量太大，一个设计者设计的系统需要10到20个实现者。大多数人并不想把密码系统的实现作为一个专业来对待。程序员会从数据库编程转向GUI工作，然后转向密码系统实现，诚然数据库编程和GUI工作也是很专业的，但一个有经验的程序员经过一些学习就能很好地工作，然而对密码系统实现来说就不是这样了，系统的每个部分都必须正确，而且有攻击者不停地试图让它犯错。

我们知道的实现密码系统的最好办法是聘请有能力的程序员，并对他们进行培训。这本书可以作为培训的一部分，但主要还是需要经验和正确的专业批判观念，和其他的专业IT技能一样，一个人需要几年的时间才能真正掌握。由于要花很长的时间来积累经验，我们必须在他们掌握了这些经验之后留住他们，不过这已经是另一个问题，我们很高兴地留给其他人去解决。

也许比本书更重要的或者比任何书都重要的是项目文化。"安全第一"不应该仅仅是一个口号，它应该成为项目和项目团队的基本共识。每个人应该时时思考安全性，就像时时生活、呼吸、谈话那样。虽然这很难达到，但确实能够达到。DigiCash在20世纪90年代就有这样的一个团队。航空工业就有一个类似的很普遍的安全文化。这种文化在短时期内不可能获得，但通过不断努力肯定能做到。对于团队中的多数技术人员来说，本书介绍的仅仅是关于最重要的安全问题的基础。

正如 Bruce 在《秘密和谎言》一书中所说："安全是一个过程，而不是一个产品。"除了安全文化，我们也需要一个安全的过程。航空工业就有一个扩展的安全过程。大多数 IT 企业甚至没有生产软件的过程，更不用说生产高质量软件的过程了，生产安全软件的过程就更少得可怜了。写一个具备很好的安全性的软件可能是在 IT 行业现有状态的能力之外，但这并不意味着我们就应该放弃，而且最近已经有了一些进展。由于信息技术对于我们的基础设施、我们的自由、我们的安全越来越重要，因此我们必须要不断提高系统的安全性。我们必须尽最大努力去做。

我们希望本书能够通过给那些从事安全系统方面工作的人传授密码学实践的基础知识，对安全系统的提升做出一些贡献。

326

参 考 文 献

[1] Ross Anderson, Eli Biham, and Lars Knudsen. Serpent: A Proposal for the Advanced Encryption Standard. In National Institute of Standards and Technology [98]. See http://www.cl.cam.ac.uk/~rja14/serpent.html. [Page 56⊖]

[2] Ross J. Anderson. *Security Engineering: A Guide to Building Dependable Distributed Systems*. John Wiley & Sons, Inc., 2008. [Page 18]

[3] Claude Barral and Assia Tria. Fake Fingers in Fingerprint Recognition: Glycerin Supersedes Gelatin. In Véronique Cortier, Claude Kirchner, Mitsuhiro Okada, and Hideki Sakurada, editors, *Formal to Practical Security*, volume 5458 of *Lecture Notes in Computer Science*, pages 57–69. Springer-Verlag, 2009. [Page 309]

[4] Mihir Bellare. New Proofs for NMAC and HMAC: Security Without Collision-Resistance. In Cynthia Dwork, editor, *Advances in Cryptology—CRYPTO 2006*, volume 4117 of *Lecture Notes in Computer Science*, pages 602–619. Springer-Verlag, 2006. [Page 93]

[5] Mihir Bellare, Ran Canetti, and Hugo Krawczyk. Keying Hash Functions for Message Authentication. In Koblitz [76], pages 1–15. [Pages 93, 94]

[6] Mihir Bellare, Joe Kilian, and Phillip Rogaway. The Security of Cipher Block Chaining. In Desmedt [31], pages 341–358. [Pages 46, 92]

[7] Mihir Bellare and Chanathip Namprempre. Authenticated Encryption: Relations Among Notions and Analysis of the Generic Composition Paradigm. In Tatsuaki Okamoto, editor, *Advances in Cryptology—ASIA-CRYPT 2000*, volume 1976 of *Lecture Notes in Computer Science*, pages 531–545. Springer-Verlag, 2000. [Page 102]

[8] Mihir Bellare and Phillip Rogaway. The Exact Security of Digital Signatures: How to Sign with RSA and Rabin. In Ueli M. Maurer, editor, *Advances in Cryptology—EUROCRYPT 1996*, volume 1070 of *Lecture Notes in Computer Science*. Springer-Verlag, 1996. [Page 206]

[9] Mihir Bellare and Phillip Rogaway. Optimal Asymmetric Encryption: How to Encrypt with RSA. In Alfredo De Santis, editor, *Advances in Cryptology—EUROCRYPT 1994*, volume 950 of *Lecture Notes in Computer Science*, pages 92–111. Springer-Verlag, 2004. [Page 206]

[10] Mihir Bellare and Phillip Rogaway. Introduction to Modern Cryptography, 2005. Available from http://cseweb.ucsd.edu/users/mihir/cse207/classnotes.html. [Page 18]

⊖ 此页码为英文原书页码，与书中页边标注的页码一致。——编辑注

[11] Charles H. Bennett and Gilles Brassard. An update on quantum cryptography. In G.R. Blakley and David Chaum, editors, *Advances in Cryptology, Proceedings of CRYPTO 84*, volume 196 of *Lecture Notes in Computer Science*, pages 475–480. Springer-Verlag, 1984. [Page 139]

[12] Daniel J. Bernstein. Cache-Timing Attacks on AES, 2005. Available from `http://cr.yp.to/antiforgery/cachetiming-20050414.pdf`. [Page 251]

[13] Eli Biham. New Types of Cryptanalytic Attacks Using Related Keys. In Helleseth [61], pages 398–409. [Page 45]

[14] Alex Biryukov, Orr Dunkelman, Nathan Keller, Dmitry Khovratovich, and Adi Shamir. Key Recovery Attacks of Practical Complexity on AES Variants With Up To 10 Rounds. Cryptology ePrint Archive, Report 2009/374, 2009. See `http://eprint.iacr.org/2009/374`. [Page 55]

[15] Alex Biryukov and Dmitry Khovratovich. Related-key Cryptanalysis of the Full AES-192 and AES-256. Cryptology ePrint Archive, Report 2009/317, 2009. See `http://eprint.iacr.org/2009/317`. [Page 55]

[16] Alex Biryukov, Dmitry Khovratovich, and Ivica Nikolić. Distinguisher and Related-Key Attack on the Full AES-256. In Shai Halevi, editor, *Advances in Cryptology—CRYPTO 2009*, volume 5677 of *Lecture Notes in Computer Science*, pages 231–249. Springer-Verlag, 2009. [Page 55]

[17] Jurjen Bos. Booting problems with the JEC computer. Personal communications, 1983. [Page 125]

[18] Jurjen Bos. *Practical Privacy*. PhD thesis, Eindhoven University of Technology, 1992. Available from `http://www.macfergus.com/niels/lib/bosphd.html`. [Pages 179, 239, 245]

[19] Gilles Brassard and Claude Crépeau. Quantum Bit Commitment and Coin Tossing Protocols. In Menezes and Vanstone [89], pages 49–61. [Page 139]

[20] Karl Brincat and Chris J. Mitchell. New CBC-MAC forgery attacks. In V. Varadharajan and Y. Mu, editors, *Information Security and Privacy, ACISP 2001*, volume 2119 of *Lecture Notes in Computer Science*, pages 3–14. Springer-Verlag, 2001. [Pages 91, 92]

[21] David Brumley and Dan Boneh. Remote Timing Attacks are Practical. In *USENIX Security Symposium Proceedings*, 2003. [Page 251]

[22] Carolynn Burwick, Don Coppersmith, Edward D'Avignon, Rosario Gennaro, Shai Halevi, Charanjit Jutla, Stephen M. Matyas Jr., Luke O'Connor, Mohammad Peyravian, David Safford, and Nevenko Zunic. MARS—a candidate cipher for AES. In National Institute of Standards and Technology [98]. See `http://www.research.ibm.com/security/mars.pdf`. [Pages 58, 250]

[23] Christian Cachin. *Entropy Measures and Unconditional Security in Cryptography*. PhD thesis, ETH, Swiss Federal Institute of Technology, Zürich, 1997. See `ftp://ftp.inf.ethz.ch/pub/publications/dissertations/th12187.ps.gz`. [Page 142]

[24] Lewis Carroll. *The Hunting of the Snark: An Agony, in Eight Fits*. Macmillan and Co., London, 1876. [Page 126]

[25] Florent Chabaud and Antoine Joux. Differential Collisions in SHA-0. In Hugo Krawczyk, editor, *Advances in Cryptology—CRYPTO '98*, volume 1462 of *Lecture Notes in Computer Science*, pages 56–71. Springer-Verlag, 1998. [Page 82]

[26] Jean-Sébastien Coron, Yevgeniy Dodis, Cécile Malinaud, and Prashant Puniya. Merkel-Damgård Revisited: How to Construct a Hash Function. In Shoup [119], pages 430–448. [Pages 86, 87]

[27] Joan Daemen and Vincent Rijmen. AES Proposal: Rijndael. In National Institute of Standards and Technology [98]. [Page 55]

[28] I.B. Damgård, editor. *Advances in Cryptology—EUROCRYPT '90*, volume 473 of *Lecture Notes in Computer Science*. Springer-Verlag, 1990. [Pages 330, 335]

[29] Don Davis, Ross Ihaka, and Philip Fenstermacher. Cryptographic Randomness from Air Turbulence in Disk Drives. In Desmedt [31], pages 114–120. [Page 138]

[30] Bert den Boer and Antoon Bosselaers. Collisions for the compression function of MD5. In Helleseth [61], pages 293–304. [Page 81]

[31] Yvo G. Desmedt, editor. *Advances in Cryptology—CRYPTO '94*, volume 839 of *Lecture Notes in Computer Science*. Springer-Verlag, 1994. [Pages 327, 330]

[32] Giovanni Di Crescenzo, Niels Ferguson, Russel Impagliazzo, and Markus Jakobsson. How to Forget a Secret. In Christoph Meinel and Sophie Tison, editors, *STACS 99*, volume 1563 of *Lecture Notes in Computer Science*, pages 500–509. Springer-Verlag, 1999. [Page 127]

[33] Whitfield Diffie and Martin E. Hellman. New Directions in Cryptography. *IEEE Transactions on Information Theory*, IT-22(6):644–654, November 1976. [Page 181]

[34] Whitfield Diffie, Paul C. Van Oorschot, and Michael J. Wiener. Authentication and Authenticated Key Exchanges. *Designs, Codes and Cryptography*, 2(2):107–125, 1992. [Page 228]

[35] Edsger W. Dijkstra. The Humble Programmer. *Communications of the ACM*, 15(10):859–866, 1972. Also published as EWD340, http://www.cs.utexas.edu/users/EWD/ewd03xx/EWD340.PDF. [Page 118]

[36] Hans Dobbertin. Cryptanalysis of MD4. *J. Cryptology*, 11(4):253–271, 1998. [Page 81]

[37] Mark Dowd, John McDonald, and Justin Schuh. *The Art of Software Security Assessment: Identifying and Preventing Software Vulnerabilities*. Addison-Wesley, 2006. [Page 133]

[38] Orr Dunkelman, Sebastiaan Indesteege, and Nathan Keller. A Differential-Linear Attack on 12-Round Serpent. In Dipanwita Roy Chowdhury, Vincent Rijmen, and Abhijit Das, editors, *Progress in Cryptology—INDOCRYPT 2008*, volume 5365 of *Lecture Notes in Computer*

tology—INDOCRYPT 2008, volume 5365 of *Lecture Notes in Computer Science*, pages 308–321. Springer-Verlag, 2008. [Page 56]

[39] Stephen R. Dussé and Burton S. Kaliski Jr. A Cryptographic Library for the Motorola DSP56000. In Damgård [28], pages 230–244. [Page 249]

[40] Morris Dworkin. *Recommendation for Block Cipher Modes of Operation—Methods and Techniques*. National Institute of Standards and Technology, December 2001. Available from `http://csrc.nist.gov/publications/nistpubs/800-38a/sp800-38a.pdf`. [Page 70]

[41] Morris Dworkin. *Recommendation for Block Cipher Modes of Operation: The CCM Mode for Authentication and Confidentiality*. National Institute of Standards and Technology, May 2004. Available from `http://csrc.nist.gov/publications/nistpubs/800-38C/SP800-38C.pdf`. [Pages 71, 112]

[42] Morris Dworkin. *Recommendation for Block Cipher Modes of Operation: The CMAC Mode for Authentication*. National Institute of Standards and Technology, May 2005. Available from `http://csrc.nist.gov/publications/nistpubs/800-38B/SP_800-38B.pdf`. [Page 93]

[43] Morris Dworkin. *Recommendation for Block Cipher Modes of Operation: Galois/Counter Mode (GCM) and GMAC*. National Institute of Standards and Technology, November 2007. Available from `http://csrc.nist.gov/publications/nistpubs/800-38D/SP-800-38D.pdf`. [Pages 71, 94, 113]

[44] Electronic Frontier Foundation. *Cracking DES: Secrets of Encryption Research, Wiretap Politics & Chip Design*. O'Reilly, 1998. [Page 53]

[45] Carl Ellison. Improvements on Conventional PKI Wisdom. In Sean Smith, editor, *1st Annual PKI Research Workshop—Proceedings*, pages 165–175, 2002. Available from `http://www.cs.dartmouth.edu/~pki02/Ellison/`. [Pages 285, 286]

[46] Jan-Hendrik Evertse and Eugène van Heyst. Which New RSA-Signatures Can Be Computed from Certain Given RSA-Signatures? *J. Cryptology*, 5(1):41–52, 1992. [Page 201]

[47] H. Feistel, W.A. Notz, and J.L. Smith. Some Cryptographic Techniques for Machine-to-Machine Data Communications. *Proceedings of the IEEE*, 63(11):1545–1554, 1975. [Page 52]

[48] Niels Ferguson. Authentication weaknesses in GCM. Public Comments to NIST, 2005. See `http://csrc.nist.gov/groups/ST/toolkit/BCM/documents/comments/CWC-GCM/Ferguson2.pdf`. [Page 95]

[49] Niels Ferguson, John Kelsey, Stefan Lucks, Bruce Schneier, Mike Stay, David Wagner, and Doug Whiting. Improved Cryptanalysis of Rijndael. In Bruce Schneier, editor, *Fast Software Encryption, 7th International Workshop, FSE 2000*, volume 1978 of *Lecture Notes in Computer Science*, pages 213–230. Springer-Verlag, 2000. See also `http://www.schneier.com/paper-rijndael.html`. [Page 55]

[50] Niels Ferguson, John Kelsey, Bruce Schneier, and Doug Whiting. A Twofish Retreat: Related-Key Attacks Against Reduced-Round Twofish.

Twofish Technical Report 6, Counterpane Systems, February 2000. See `http://www.schneier.com/paper-twofish-related.html`. [Page 45]

[51] Niels Ferguson and Bruce Schneier. A Cryptographic Evaluation of IPsec, 1999. See `http://www.schneier.com/paper-ipsec.html`. [Pages 104, 321]

[52] Scott Fluhrer, Itsik Mantin, and Adi Shamir. Weaknesses in the Key Schedule Algorithm of RC4. In Serge Vaudenay and Amr M. Youssef, editors, *Selected Areas in Cryptography, 8th Annual International Workshop, SAC 2001*, volume 2259 of *Lecture Notes in Computer Science*. Springer-Verlag, 2001. [Page 324]

[53] Alan O. Freier, Philip Karlton, and Paul C. Kocher. The SSL Protocol, Version 3.0. Internet draft, Transport Layer Security Working Group, November 18, 1996. Available from `http://www.potaroo.net/ietf/idref/draft-freier-ssl-version3/`. [Page 320]

[54] Ian Goldberg and David Wagner. Randomness and the Netscape Browser. *Dr. Dobb's Journal*, pages 66–70, January 1996. Available from `http://www.cs.berkeley.edu/~daw/papers/ddj-netscape.html`. [Page 137]

[55] Oded Goldreich. *Foundations of Cryptography: Volume 1, Basic Tools*. Cambridge University Press, 2001. Also available from `http://www.wisdom.weizmann.ac.il/~oded/foc-book.html`. [Page 18]

[56] Oded Goldreich. *Foundations of Cryptography: Volume 2, Basic Applications*. Cambridge University Press, 2001. Also available from `http://www.wisdom.weizmann.ac.il/~oded/foc-book.html`. [Page 18]

[57] Peter Gutmann. Secure Deletion of Data from Magnetic and Solid-State Memory. In *USENIX Security Symposium Proceedings*, 1996. Available from `http://www.cs.auckland.ac.nz/~pgut001/pubs/secure_del.html`. [Pages 125, 312]

[58] Peter Gutmann. X.509 Style Guide, October 2000. Available from `http://www.cs.auckland.ac.nz/~pgut001/pubs/x509guide.txt`. [Page 279]

[59] J. Alex Halderman, Seth D. Schoen, Nadia Heninger, William Clarkson, William Paul, Joseph A. Calandrino, Ariel J. Feldman, Jacob Appelbaum, and Edward W. Felten. Lest We Remember: Cold Boot Attacks on Encryption Keys. In *USENIX Security Symposium Proceedings*, pages 45–60, 2008. [Pages 125, 126]

[60] D. Harkins and D. Carrel. The Internet Key Exchange (IKE). RFC 2409, November 1998. [Pages 191, 192]

[61] Tor Helleseth, editor. *Advances in Cryptology—EUROCRYPT '93*, volume 765 of *Lecture Notes in Computer Science*. Springer-Verlag, 1993. [Pages 328, 330]

[62] Michael Howard and Steve Lipner. *The Security Development Lifecycle*. Microsoft Press, 2006. [Page 133]

[63] Intel. *Intel 82802 Firmware Hub: Random Number Generator, Programmer's Reference Manual*, December 1999. Available from the Intel web site. [Page 139]

[64] International Telecommunication Union. *X.680-X.683: Abstract Syntax Notation One (ASN.1), X.690-X.693: ASN.1 encoding rules*, 2002. [Page 220]

[65] Jakob Jonsson. On the Security of CTR + CBC-MAC. In *Selected Areas in Cryptography, 9th Annual International Workshop, SAC 2002*, 2002. See `http://csrc.nist.gov/groups/ST/toolkit/BCM/documents/proposedmodes/ccm/ccm-ad1.pdf`. [Page 112]

[66] Robert R. Jueneman. Analysis of Certain Aspects of Output Feedback Mode. In David Chaum, Ronald L. Rivest, and Alan T. Sherman, editors, *Advances in Cryptology, Proceedings of Crypto 82*, pages 99–128. Plenum Press, 1982. [Page 69]

[67] David Kahn. *The Codebreakers, The Story of Secret Writing*. Macmillan Publishing Co., New York, 1967. [Page 18]

[68] Jonathan Katz and Yehuda Lindell. *Introduction to Modern Cryptography: Principles and Protocols*. Chapman & Hall/CRC, 2007. [Page 18]

[69] John Kelsey, Bruce Schneier, and Niels Ferguson. Yarrow-160: Notes on the Design and Analysis of the Yarrow Cryptographic Pseudorandom Number Generator. In Howard Heys and Carlisle Adams, editors, *Selected Areas in Cryptography, 6th Annual International Workshop, SAC '99*, volume 1758 of *Lecture Notes in Computer Science*. Springer-Verlag, 1999. [Page 141]

[70] John Kelsey, Bruce Schneier, and David Wagner. Key-Schedule Cryptanalysis of IDEA, G-DES, GOST, SAFER, and Triple-DES. In Koblitz [76], pages 237–251. [Page 45]

[71] John Kelsey, Bruce Schneier, David Wagner, and Chris Hall. Cryptanalytic Attacks on Pseudorandom Number Generators. In Serge Vaudenay, editor, *Fast Software Encryption, 5th International Workshop, FSE'98*, volume 1372 of *Lecture Notes in Computer Science*, pages 168–188. Springer-Verlag, 1998. [Page 141]

[72] John Kelsey, Bruce Schneier, David Wagner, and Chris Hall. Side Channel Cryptanalysis of Product Ciphers. *Journal of Computer Security*, 8(2–3):141–158, 2000. See also `http://www.schneier.com/paper-side-channel.html`. [Page 132]

[73] S. Kent and R. Atkinson. Security Architecture for the Internet Protocol. RFC 2401, November 1998. [Page 111]

[74] Lars R. Knudsen and Vincent Rijmen. Two Rights Sometimes Make a Wrong. In *Workshop on Selected Areas in Cryptography (SAC '97)*, pages 213–223, 1997. [Page 44]

[75] Donald E. Knuth. *Seminumerical Algorithms*, volume 2 of *The Art of Computer Programming*. Addison-Wesley, 1981. [Pages 140, 170, 173, 243]

[76] Neal Koblitz, editor. *Advances in Cryptology—CRYPTO '96*, volume 1109 of *Lecture Notes in Computer Science*. Springer-Verlag, 1996. [Pages 327, 333, 334]

[77] Paul Kocher, Joshua Jaffe, and Benjamin Jun. Differential Power Analysis. In Michael Wiener, editor, *Advances in Cryptology—CRYPTO '99*, volume 1666 of *Lecture Notes in Computer Science*, pages 388–397. Springer-Verlag, 1999. [Page 132]

[78] Paul C. Kocher. Timing Attacks on Implementations of Diffie-Hellman, RSA, DSS, and Other Systems. In Koblitz [76], pages 104–113. [Pages 251, 252]

[79] J. Kohl and C. Neuman. The Kerberos Network Authentication Service (V5). RFC 1510, September 1993. [Page 270]

[80] Tadayoshi Kohno, John Viega, and Doug Whiting. CWC: A High-Performance Conventional Authenticated Encryption Mode. In Bimal Roy and Willi Meier, editors, *Fast Software Encryption, 11th International Workshop, FSE 2004*, volume 3017 of *Lecture Notes in Computer Science*, pages 408–426. Springer-Verlag, 2004. [Page 112]

[81] H. Krawczyk, M. Bellare, and R. Canetti. HMAC: Keyed-Hashing for Message Authentication. RFC 2104, February 1997. [Page 93]

[82] Hugo Krawczyk. The Order of Encryption and Authentication for Protecting Communications (or: How Secure is SSL?). In Joe Kilian, editor, *Advances in Cryptology—CRYPTO 2001*, volume 2139 of *Lecture Notes in Computer Science*, pages 310–331. Springer-Verlag, 2001. [Page 102]

[83] Xuejia Lai, James L. Massey, and Sean Murphy. Markov Ciphers and Differential Cryptanalysis. In D.W. Davies, editor, *Advances in Cryptology—EUROCRYPT '91*, volume 547 of *Lecture Notes in Computer Science*, pages 17–38. Springer-Verlag, 1991. [Page 250]

[84] Xuejia Lai and James L. Massey. A Proposal for a New Block Encryption Standard. In Damgård [28], pages 389–404. [Page 250]

[85] Arjen K. Lenstra and Eric R. Verheul. Selecting Cryptographic Key Sizes. *J. Cryptology*, 14(4):255–293, August 2001. [Pages 36, 189]

[86] Michael Luby and Charles Rackoff. How to Construct Pseudorandom Permutations from Pseudorandom Functions. *SIAM J. Computation*, 17(2), April 1988. [Page 46]

[87] T. Matsumoto, H. Matsumoto, K. Yamada, and S. Hoshino. Impact of Artificial "Gummy" Fingers on Fingerprint Systems. In *Proceedings of SPIE, Vol #4677, Optical Security and Counterfeit Deterrence Techniques IV*, 2002. See also http://cryptome.org/gummy.htm. [Page 308]

[88] Gary McGraw. *Software Security: Building Security In*. Addison-Wesley, 2006. [Page 133]

[89] A.J. Menezes and S.A. Vanstone, editors. *Advances in Cryptology—CRYPTO '90*, volume 537 of *Lecture Notes in Computer Science*. Springer-Verlag, 1990. [Pages 329, 336]

[90] Alfred J. Menezes, Paul C. van Oorschot, and Scott A. Vanstone. *Handbook of Applied Cryptography*. CRC Press, 1996. Also available from http://www.cacr.math.uwaterloo.ca/hac/. [Pages 18, 243]

[91] D. Mills. Simple Network Time Protocol (SNTP) Version 4. RFC 2030, October 1996. [Page 264]

[92] David L. Mills. Network Time Protocol (Version 3). RFC 1305, March 1992. [Page 264]

[93] P. Montgomery. Modular Multiplication without Trial Division. *Mathematics of Computation*, 44(170):519–521, 1985. [Page 249]

[94] Moni Naor and Omer Reingold. On the Construction of Pseudorandom Permutations: Luby-Rackoff Revisited. *J. Cryptology*, 12(1):29–66, 1999. [Page 46]

[95] National Institute of Standards and Technology. *DES Modes of Operation*, December 2, 1980. FIPS PUB 81, available from `http://www.itl.nist.gov/fipspubs/fip81.htm`. [Page 70]

[96] National Institute of Standards and Technology. *Data Encryption Standard (DES)*, December 30, 1993. FIPS PUB 46-2, available from `http://www.itl.nist.gov/fipspubs/fip46-2.htm`. [Pages 51, 52]

[97] National Institute of Standards and Technology. *Secure Hash Standard*, April 17, 1995. FIPS PUB 180-1, available from `http://www.digistamp.com/reference/fip180-1.pdf`. [Page 82]

[98] National Institute of Standards and Technology. *AES Round 1 Technical Evaluation, CD-1: Documentation*, August 1998. [Pages 54, 327, 329, 337]

[99] National Institute of Standards and Technology. *Data Encryption Standard (DES)*, 1999. FIPS PUB 46-3, available from `http://csrc.nist.gov/publications/fips/fips46-3/fips46-3.pdf`. [Page 51]

[100] National Institute of Standards and Technology. *Proc. 3rd AES candidate conference*, April 2000. [Page 54]

[101] National Institute of Standards and Technology. *Secure Hash Standard (draft)*, 2008. FIPS PUB 180-3, available from `http://csrc.nist.gov/publications/fips/fips180-3/fips180-3_final.pdf`. [Page 82]

[102] Roger M. Needham and Michael D. Schroeder. Using Encryption for Authentication in Large Networks of Computers. *Communications of the ACM*, 21(12):993–999, December 1978. [Page 270]

[103] Bart Preneel and Paul C. van Oorschot. On the Security of Two MAC Algorithms. In Ueli Maurer, editor, *Advances in Cryptology—EUROCRYPT '96*, volume 1070 of *Lecture Notes in Computer Science*, pages 19–32. Springer-Verlag, 1996. [Page 93]

[104] R. Rivest. The MD5 Message-Digest Algorithm. RFC 1321, April 1992. [Page 81]

[105] Ronald Rivest, Adi Shamir, and Leonard Adleman. A Method for Obtaining Digital Signatures and Public-Key Cryptosystems. *Communications of the ACM*, 21:120–126, February 1978. [Page 195]

[106] Ronald L. Rivest. The MD4 Message Digest Algorithm. In Menezes and

Vanstone [89], pages 303–311. [Page 81]

[107] Ronald L. Rivest. The RC5 Encryption Algorithm. In B. Preneel, editor, *Fast Software Encryption, Second International Workshop, FSE'94*, volume 1008 of *Lecture Notes in Computer Science*, pages 86–96. Springer-Verlag, 1995. [Page 251]

[108] Ronald L. Rivest, M.J.B. Robshaw, R. Sidney, and Y.L. Yin. The RC6 Block Cipher. In National Institute of Standards and Technology [98]. See http://people.csail.mit.edu/rivest/Rc6.pdf. [Pages 58, 251]

[109] Phillip Rogaway, Mihir Bellare, John Black, and Ted Krovetz. OCB: A Block-Cipher Mode of Operation for Efficient Authenticated Encryption. In *Eighth ACM Conference on Computer and Communications Security (CCS-8)*, pages 196–205. ACM, ACM Press, 2001. [Page 112]

[110] RSA Laboratories. *PKCS #1 v2.1: RSA Cryptography Standard*, January 2001. Available from http://www.rsa.com/rsalabs/node.asp?id=2124. [Page 206]

[111] Bruce Schneier. *Applied Cryptography, Protocols, Algorithms, and Source Code in C*. John Wiley & Sons, Inc., 1994. [Page 323]

[112] Bruce Schneier. *Applied Cryptography, Second Edition, Protocols, Algorithms, and Source Code in C*. John Wiley & Sons, Inc., 1996. [Pages 18, 323]

[113] Bruce Schneier. Attack Trees. *Dr. Dobb's Journal*, 1999. Also available from http://www.schneier.com/paper-attacktrees-ddj-ft.html. [Page 5]

[114] Bruce Schneier. *Secrets and Lies: Digital Security in a Networked World*. John Wiley & Sons, Inc., 2000. [Pages 16, 18]

[115] Bruce Schneier, John Kelsey, Doug Whiting, David Wagner, Chris Hall, and Niels Ferguson. *The Twofish Encryption Algorithm, A 128-Bit Block Cipher*. John Wiley & Sons, Inc., 1999. [Pages 45, 57]

[116] Dr. Seuss. *Horton Hatches the Egg*. Random House, 1940. [Page 97]

[117] Adi Shamir. How to Share a Secret. *Communications of the ACM*, 22(11):612–613, 1979. [Page 310]

[118] C.E. Shannon. A Mathematical Theory of Communication. *The Bell Systems Technical Journal*, 27:370–423 and 623–656, July and October 1948. See http://cm.bell-labs.com/cm/ms/what/shannonday/paper.html. [Page 137]

[119] Victor Shoup, editor. *Advances in Cryptology—CRYPTO 2005*, volume 3621 of *Lecture Notes in Computer Science*. Springer-Verlag, 2005. [Pages 329, 338]

[120] Simon Singh. *The Code Book: The Science of Secrecy from Ancient Egypt to Quantum Cryptography*. Anchor, 2000. [Page 18]

[121] David Wagner, Niels Ferguson, and Bruce Schneier. Cryptanalysis of FROG. In *Proc. 2nd AES candidate conference*, pages 175–181. National Institute of Standards and Technology, March 1999. [Page 44]

[122] David Wagner and Bruce Schneier. Analysis of the SSL 3.0 protocol. In *Proceedings of the Second USENIX Workshop on Electronic Commerce*, pages 29–40, November 1996. Revised version available from `http://www.schneier.com/paper-ssl.html`. [Page 97]

[123] Xiaoyun Wang, Yiqun Lisa Yin, and Hongbo Yu. Finding Collisions in the Full SHA-1. In Shoup [119], pages 17–36. [Page 82]

[124] Xiaoyun Wang and Hongbo Yu. How to Break MD5 and Other Hash Functions. In Ronald Cramer, editor, *Advances in Cryptology—EUROCRYPT 2005*, volume 3494 of *Lecture Notes in Computer Science*, pages 19–35. Springer-Verlag, 2005. [Page 81]

[125] Mark N. Wegman and J. Lawrence Carter. New Hash Functions and Their Use in Authentication and Set Equality. *J. Computer and System Sciences*, 22(3):265–279, 1981. [Pages 94, 112]

[126] Doug Whiting, Russ Housley, and Niels Ferguson. Counter with CBC-MAC (CCM), June 2002. See `http://csrc.nist.gov/groups/ST/toolkit/BCM/documents/proposedmodes/ccm/ccm.pdf`. [Page 112]

[127] Michael J. Wiener. Cryptanalysis of short RSA secret exponents. *IEEE Transactions on Information Theory*, 36(3):553–558, May 1990. [Page 202]

[128] Robert S. Winternitz. Producing a One-way Hash Function from DES. In David Chaum, editor, *Advances in Cryptology, Proceedings of Crypto 83*, pages 203–207. Plenum Press, 1983. [Page 45]

[129] Thomas Wu. The Secure Remote Password Protocol. In *Proceedings of the 1998 Network and Distributed System Security (NDSS'98) Symposium*, March 1998. [Page 241]

[130] Phil Zimmermann and Jon Callas. The Evolution of PGP's Web of Trust. In Andy Oram and John Viega, editors, *Beautiful Security*, pages 107–130. O'Reilly, 2009. [Page 289]

索　引

索引中的页码为英文原书页码，与书中页边标注的页码一致。

N

计算机安全：原理与实践（原书第3版）

作者：威廉·斯托林斯 等　译者：贾春福 等
ISBN：978-7-111-52809-8　定价：129.00元

软件安全：从源头开始

作者：詹姆斯·兰萨姆 等　译者：丁丽萍 等
ISBN：978-7-111-54023-6　定价：69.00元

密码学：C/C++语言实现（原书第2版）

作者：迈克尔·威尔森巴赫　译者：杜瑞颖 等
ISBN：978-7-111-51733-7　定价：69.00元

应用密码学：协议、算法与C源程序（原书第2版）

作者：Bruce Schneier　译者：吴世忠 等
ISBN：978-7-111-44533-3　定价：79.00元